冶金工业出版社

高职高专“十四五”规划教材

金属材料化学分析

主　编　李　爽　王　真　杨晓彩

副主编　赵锦辉　曹　磊　孟　娜

　　　　梁　伟　张国涛

主　审　赵广江

北　京

冶金工业出版社

2024

内容提要

本书依据“双高计划”打造技术技能人才培养高地和技术技能创新服务平台，支撑国家重点产业、区域支柱产业发展，引领新时代职业教育实现高质量发展的总体目标进行编写。全书共分为九个单元，分别为金属材料、定量分析化学技术、化学滴定分析方法、试样的采集与制备、固体试样的分解及分析方法、常用仪器分析方法简介、钢铁材料化学分析、金相检验、金属材料化学分析实验。在吸收其他学科知识的前提下，强调理论应用，突出金属材料的化学分析特点，有助于学生提高金属材料化学分析的能力。

本书可作为高职、高专、各类职业教育金属材料检测类专业、工业化学分析类专业及钢材检测类专业教学用书，也可供科研或生产单位的相关工作人员进行参考。

图书在版编目(CIP)数据

金属材料化学分析/李爽，王真，杨晓彩主编.—北京：冶金工业出版社，2024.11

高职高专“十四五”规划教材

ISBN 978-7-5024-9813-9

Ⅰ.①金…　Ⅱ.①李…　②王…　③杨…　Ⅲ.①金属材料—化学分析—高等职业教育—教材　Ⅳ.①TG115.3

中国国家版本馆 CIP 数据核字(2024)第 064275 号

金属材料化学分析

出版发行	冶金工业出版社	**电　话**	(010)64027926
地　址	北京市东城区嵩祝院北巷 39 号	**邮　编**	100009
网　址	www.mip1953.com	**电子信箱**	service@mip1953.com

责任编辑　卢　敏　姜恺宁　美术编辑　吕欣童　版式设计　郑小利

责任校对　葛新霞　责任印制　禹　蕊

三河市双峰印刷装订有限公司印刷

2024 年 11 月第 1 版，2024 年 11 月第 1 次印刷

787mm×1092mm　1/16；13 印张；310 千字；199 页

定价 45.00 元

投稿电话　(010)64027932　投稿信箱　tougao@cnmip.com.cn

营销中心电话　(010)64044283

冶金工业出版社天猫旗舰店　yjgycbs.tmall.com

(本书如有印装质量问题，本社营销中心负责退换)

前 言

中国特色高水平高职学校和专业建设计划（简称“双高计划”）是国家为建设一批引领改革、支撑发展、中国特色、世界水平的高等职业学校和骨干专业（群）的重大决策建设工程，亦是推进中国教育现代化的重要决策。“双高计划”旨在打造技术技能人才培养高地和技术技能创新服务平台，引领职业教育服务国家战略、融入区域发展、促进产业升级。

本书依据“双高计划”的总体目标，结合高等职业教育的办学特点和教学目标，强调实践性、应用性和创新性，在高等职业教育教学实践和生产经验的基础上编写而成。全书共分为九个单元，分别为金属材料、定量分析化学技术、化学滴定分析方法、试样的采集与制备、固体试样的分解及分析方法、常用仪器分析方法简介、钢铁材料化学分析、金相检验、金属材料化学分析实验。在吸收其他学科知识的前提下，强调理论应用，突出金属材料的化学分析特点，有助于学生提高金属材料化学分析的能力。本书可供高职高专金属材料类、工业化学分析类等相关专业教学使用，还可供相关技术人员参考。

本书由河北工业职业技术大学李爽、王真、杨晓彩任主编，河北工业职业技术大学赵锦辉、曹磊、孟娜，首钢京唐公司质检监督部梁伟，河钢集团石家庄钢铁有限责任公司技术中心张国涛任副主编，河北省冶金研究院副院长赵广江任主审。

在本书的编写过程中，引用或参考了部分已出版的文献和资料，在此向原作者表示衷心的感谢。

由于作者水平有限，书中疏漏和不妥之处，敬请读者批评指正。

作 者

2023 年 5 月

目　录

0 绪　　论

0.1 化学分析技术

“化学分析技术”是高职高专材料工程技术类专业的一门重要的实用技术课程，与化学学科的重要分支——分析化学在原理上完全一致，但它更加突出知识的特色和实用性，注重培养学生分析和解决实际问题的基本技能。

分析化学是“表征和量测的科学”，是研究物质化学组成、含量、结构的分析方法及有关理论的一门学科。

化学分析技术对化学其他学科的发展起着重要的作用，促进了其他学科的发展和进步。

化学分析是人们获得物质化学组成和结构信息的科学。也就是说它是研究物质化学组成的表征和测量的科学，它所解决的问题是物质是由什么组分组成的，这些组分在物质中是如何存在的，以及各组分的含量有多少。

分析化学是研究物质及其变化规律的重要方法之一，它在涉及化学现象的各个学科中都发挥着重要的作用，例如：矿物学、地质学、生理学、医学、农学、物理学、生物学、环境科学、能源科学等。

分析化学在四个现代化建设中起着广泛的作用。

（1）在农业方面：土壤成分及性质的测定，化肥、农药的分析，作物生长过程的研究。

（2）在工业方面：有“工业眼睛”之称。资源的勘探、矿山的开发、原料的选择，流程控制、新产品试制、成品检验、三废处理及利用等都必须依赖分析结果作为依据。

（3）国防方面：武器装备的生产和研制，敌特及犯罪活动的侦破，也需分析化学的配合。

（4）科学技术方面：分析化学的作用已远远超出了化学领域，它在生命科学、材料科学、能源科学、环境科学、生物学等方面起着不可取代的作用，如病理诊断的化验、药品规格的检测、环境的监控等都需要分析化学的配合。

分析方法有如下分类：

（1）按分析任务分为定性分析、定量分析和结构分析；

（2）按分析对象分为无机分析和有机分析；

（3）按试样用量分为常量分析、半微量分析、微量分析和痕量分析；

（4）按组分含量分为常量组分分析、微量组分分析和痕量组分分析；

（5）按分析原理分为化学分析和仪器分析法。

0.2　材料化学分析技术

材料有广泛的品种和广泛的用途。这里所述材料是狭义的，主要指机械材料及相关材料。材料化学成分分析的目的至少包括以下一些方面。

（1）各种材料的性能与其组分有关，因而制订各种组分的规格、品牌与等级，以满足使用的需要。通过化学分析确定其是否符合规定，或确定品牌与等级。例如不锈钢按各相含量不同分为多种品牌，通过分析确定所属品牌与等级。钢铁冶金生产中炉前分析确定成分是否合格可以出炉。金属合金等材料中某些严重影响使用性能的有害杂质需要分析是否在限定值以下确定是否合格。

（2）监控原料、辅料的质量是否符合生产要求。

（3）监控生产工艺正常运行。如催化剂的效能是否正常或因中毒降低；电镀过程中电镀液成分的变化等。

（4）企业生产的三废排放的分析，确保生产合法顺利运行。

（5）生产环境的工艺卫生分析，确保生产人的健康。国家制订生产车间环境有害物质蒸气、气落胶及粉尘的限值标准。工艺卫生分析是防止职业病，确保安全生产的必要措施。

（6）开发新产品、新工艺，剖析新材料，消化引进的新工艺过程中，需要化学分析的密切配合。没有化学分析的配合或配合不成功，就不能完成剖析、消化的工作，只能永远受制于人，难以自主。

（7）与生产配套的相关项目的分析，如冶金工业中使用的循环冷却水的水质分析。

不同的分析目的需要不同的分析方法，分析方法的发展又促进了材料科学的发展。20世纪50年代前，以精密分析天平和滴定管为主要仪器的重量分析和滴定分析解决了主成分和高含量组分的定量测定。分光光度分析、发射光谱分析和极谱分析的发展使材料分析出现了微量组分分析和快速分析的新局面。原子吸收光谱分析、ICP光谱分析、质谱分析、X射线荧光光谱分析及其他仪器分析法推进了高纯材料的痕量组分测定、微损或无损分析。红外光谱法和各类色谱分析法的发展使材料的有机组分测定有了有力的手段。热分析使材料中热不稳定组分的测定成为可能，流动注射分析使化学分析可在非平衡状态下实现。辉光放电光谱/质谱解决了材料表面到内部的逐层分析的问题。现在，各种分析方法及其联用，已经能成功满足常量、微量、痕量组分的测定，微损、无损分析，多元素同时或顺序测定等需要。

0.3　材料分析检测的准备

材料分析工作不应仅仅理解为配什么试剂、洗净什么器皿备用之类的具体工作，当然这些工作是必须做的。且随分析测试方法的不同应当从材料分析测试实验室的管理制度和分析测试的能力两方面进行准备。一个通过管理制度认证和材料分析检测能力认可的实验室，各人员的职责分明，具体准备工作必定会落实到位，材料分析工作能够正常顺利进行。材料分析实验室的管理制度和材料分析检测的技术能力都必须全面达到《检测和校准实验室能力的通用要求》（GB/T 27025—2008/ISO/TEC 17025：2005）标准规定的要求并通过认可机构的认可。

在材料分析检测的技术能力方面，标准规定影响材料分析结果正确性和可靠性的因素有：人员、仪器设备、环境条件、分析方法、采样和被测试样的处置。因此准备工作要考虑所有这些因素。另外，这些因素对材料分析结果的影响在各种材料分析工作中是各不相同的，因此对各具体的材料分析任务，具体的准备工作会有所侧重。技术人员是实验室最宝贵的资源。GB/T 15481—2000 文件规定，分析技术人员必须经过教育培训和技能的资格确认，持有个人资格证书，持证上岗。管理人员、分析人员、支持人员（辅助人员）都应规定相应的职责并经过授权。

材料分析工作所用的仪器设备和器皿都应合乎材料分析工作的要求。仪器设备须经校验合格（绿色标志）并在有效期内使用，由经授权的人员操作。对材料分析结果有重要影响的关键参数要制订校准方案。在实际使用时需经操作人员自检确认正常。自检应有记录。

环境条件包括电源、实验室温度、相对湿度、清洁程度以及供气（氯气、乙炔、压缩空气等）是否正常。供电电压不正常时某些仪器的运行可能不正常。空气湿度大时，称量操作可能不能稳定进行。

材料分析方法通常遵循现行的国际标准、国家标准、地区标准、行业标准或经过确认的企业标准。这些方法的成熟性得到公认。当没有相应的标准方法可用时，可采用经确认过的非标准方法，包括实验室开发的方法。

材料分析中的测量值要可以溯源到国际单位制（SI 制）。为此材料分析实验室要备有标准溶液、标准物质（或称为有证标准物质），以便用于制作校准曲线（calibration curve，俗称工作曲线，working curve）。注意使用法定计量单位及术语，不使用已废弃的不规范单位及术语。

材料分析工作若包括采样步骤，则应按照标准规定的步骤进行，以确保试样的代表性。采得的试样要按规定作必要的处置和贮存，如测定重金属的环境水样要酸化，测定溶解氧的水样要在现场加锰盐和碱性碘化钾固定，有的试样要冷冻保存等。材料分析实验室根据自身的业务范围，按照《检测和校准实验室能力的通用要求》文件实现了认证认可，那么所有的准备工作都会有条不紊地就绪到位，确保材料分析工作的顺利进行。

0.4 综 合 训 练

0-1 分析化学方法按照分析任务、分析对象、试样用量、组分含量和分析原理等分类方法如何进行分类？

0-2 简述滴定分析法的概念及化学分析法的特点。

第一单元　金属材料

第一节　金属材料概述

金属材料的发展几乎是和人类的文明史相互并进的。金属材料发展史简单地可分为四个阶段。

一、第一阶段——原始金属材料的生产

公元前 4300 年，人类就能使用天然的金、铜，并有一些锻打、热加工等形式的工艺，以后又出现了铅、锌的熔炼。人们最早使用的是陨铁，它是从天空中落下来的陨石中发现的，铁的熔炼大约在公元前 2800 年。最早生产钢的年代难以确定，最初的钢是由熟铁渗碳得到的。我国在 16 世纪前，在冶金方面一直是居于世界领先地位，使用自然铜的时间也比西方早。在公元前 2000 年的商、周时期，就已经是青铜器的兴盛时代，编钟就是当时辉煌成就之一。春秋时期，我国已经掌握了生铁铸造法，并在农业上广泛应用。东汉时期，人们又发明了反复锻打钢的方法，也就是最原始的形变热处理工艺。淬火技术已有较大的发展，“浴以五牲之溺。淬以五牲之脂”，实际上就相当于现代的水淬、油淬。世界古代兵器最著名的有：中国的宝剑、西欧的大马士革刀和日本的武士剑。图 1-1 为青铜器。

图 1-1　青铜器

二、第二阶段——金属材料学科的基础

铁对人类文明做出了巨大的贡献。如 1787 年第一艘铁船下水，1788 年诞生第一座铁

桥，1825 年第一条铁路运行。人类对铁的研究与发展构成了金属材料科学的基础。19 世纪，冶金学家和晶体学家的工作对金属材料发展做出了重要的贡献，这一阶段主要是奠定了金属材料学科的基础，如金属学、金相学、相变和合金钢等。

在 19 世纪，晶体学发展很快。例如，1803 年，道尔顿提出了原子学说，阿伏伽德罗提出了分子论；1830 年 Hessel 提出了 32 种晶体类型；1839 年普及了晶体 Miller 指数；重要的是在 1891 年俄国、德国、英国等国家的科学家分别独立地创立了点阵结构理论。1864 年，Sorby 第一个对金属进行制片、抛光、腐蚀和照相，诞生了第一张金相组织照片，虽然放大倍数仅 9 倍，但意义重大。Sorby 还是金相显微镜的发明人，所以称 Sorby 为金相之父。1827 年，Karsten 从钢中分离出了 FeC，一直到 1888 年 Abel 才证明了这是 FeC。俄国契尔诺夫在 1861 年提出了钢的临界转变温度的概念，为钢的相变及热处理工艺研究迈出了第一步。19 世纪末，马氏体研究已成为当时的课题，钢的硬化理论得到了深入的研究。在有关合金相组成的发展中，相当重要的里程碑是 Willard Gibbs 推导得到了相律，为相图研究打下了基础。Robert-Austen 等人研究了奥氏体的固溶体特性，以后 Roozeboom 总结了他人的结果，建立了 Fe-FeC 系的平衡图。对于金属学发展有突出贡献的人，分别以他们的名字来命名钢的组织。例如，以英国金属学家 Austen 命名奥氏体（austenite）；为纪念美国科学家 Bain 命名了贝氏体（bainite）；英国科学家 Sorby 发明了金属显微镜，被命名为索氏体（sorbite）；德国金属组织学的奠基人 Marten，以马氏体（martensite）命名；托氏体（troostite）是以法国化学家 Troost 命名的，因为他支持了同素异构理论的创始人——法国金属学家 Osmond；莱氏体（ledeburite）是为了纪念德国学者 Ledebur。这一时期研究了许多新合金钢。如 1820 年 Berthier 成功研制了铁-铬合金；1857 年 Jacob 发明了钨钢，Mushet 发展了钨钢，为高速钢开发应用打下了基础：1871 年 RobertHadfield 研究成功了锰钢和硅钢。从此开始了合金钢的新纪元。图 1-2 为铁碳相图。

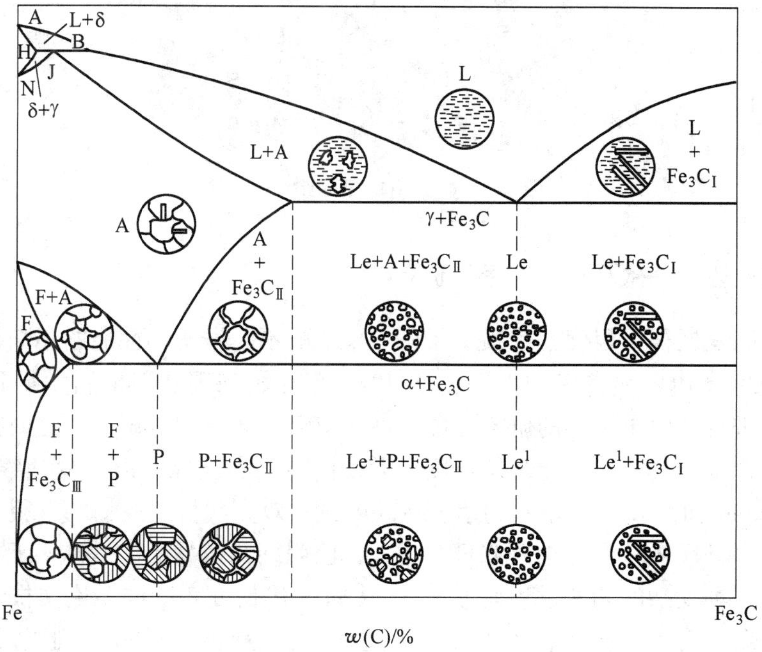

图 1-2 铁碳相图

三、第三阶段——微观组织理论的大发展

这一时期的主要成就是合金相图，X 射线的发明及应用，位错理论的建立。在 1900—1940 年期间，许多国家的大学已经设置了冶金系，工业上也开始了大量的生产与研究。Tammann 导出了合金相组成的一般规律，发现了合金相本质，得到了大量的合金相图。图 1-3 为显微镜拍摄的组织照片。1912 年 Von laue 发现了 X 射线，Bragg 加以发展。利用 X 射线证实了 α-Fe、β-Fe 是体心立方结构，γ-Fe 是面心立方结构。同时，相似点阵类型、原子尺寸、电化学因素对固溶度的影响也得到了很好的发展，其中 Hume-Rothery 的工作最为出色。Wever 在 1931 年发现扩大和缩小 γ 区的元素，不久 Laves 在金属间化合物的研究方面也有了很大的进展。对微观组织的研究，打破了晶体是完整性的传统观念。许多研究者提出了晶体中存在的各种缺陷、空位。1934 年，俄国 Polanyi、匈牙利 Orowan 和英国 Taylor 各自独立地提出了位错理论，用以解释钢的塑性变形。关于钢的冷热加工、应力应变及组织变化也进行了大量的研究。马氏体转变的晶体学研究也取得了一定的进展。Brinel1 于 1990 年发明了硬度计，即现在的布氏硬度计。Griffith 提出了应力集中会导致产生微裂纹的说法，成为以后断裂理论的基石。这个时期，出现了许多新的合金钢，如 Strauss 于 1910 年发明了奥氏体不锈钢，Brearly 在 1912 年发明了铁素体不锈钢。

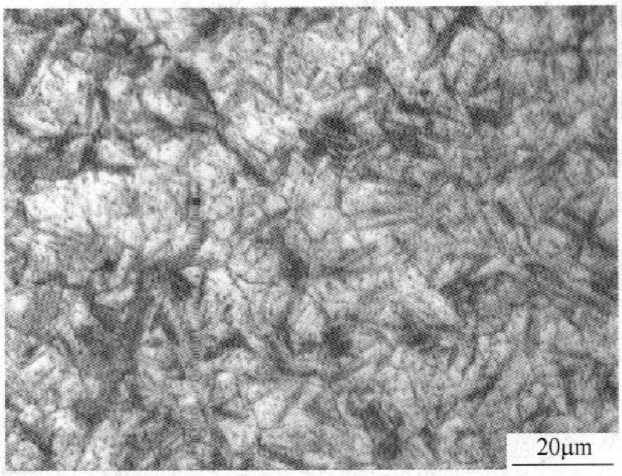

图 1-3　显微镜拍摄的组织照片

四、第四阶段——微观理论的深入研究

科学技术的发展很大程度上依赖于新科学仪器的不断发明和性能的不断提高，特别是材料学科。1938 年电子显微镜被发明，从 1940 年开始到现在，金属学得到了飞跃的发展。许多专家进行了原子扩散的研究，做了许多有色金属方面的试验。这时提出了扩散驱动力不是浓度梯度，其本质是化学位梯度。大量的钢的奥氏体等温转变曲线得到了测定，特别是 Hanemann 和 Schrader 用不同速度冷却的试样对先共析组成物的形貌进行了研究及分类。贝氏体、马氏体转变理论研究日益深入，已明确知道马氏体是许多无扩散相变的代表，它是通过一种复杂的切变过程而形成的。Cohen 等研究者的许多论文报道了马氏体相变的稳定化、爆发现象、相变临界点、回火过程变化等研究成果。由于电子显微镜的发明，使人们不仅看到了钢中第二相沉淀析出的情况，而且还可以看到位错的滑移行为，发

现了不全位错、层错、位错墙、亚结构等现象。因此，位错理论得到了完善的发展。金属学中许多典型的照片就是在这个时期研究中拍摄的。Cottrell 于 1948 年提出了碳或其他原子停留在位错上，能把位错钉扎住，这就是所谓的 Cottrell 气团。借助于电子显微镜，许多金属学理论方面的问题都得到了更深入的研究。

由于粒子光学的发展，除了显微镜向多功能方向发展外，现在又发明了一些新的仪器如电子探针分析器、场离子发射显微镜和场电子发射显微镜、扫描透射电镜（STEM）、扫描隧道显微镜（STM）、原子力显微镜（AFM）等。这些仪器提供了大量金属表面和界面的微观结构信息（见图 1-4），导致了金属表面和界面科学的产生。

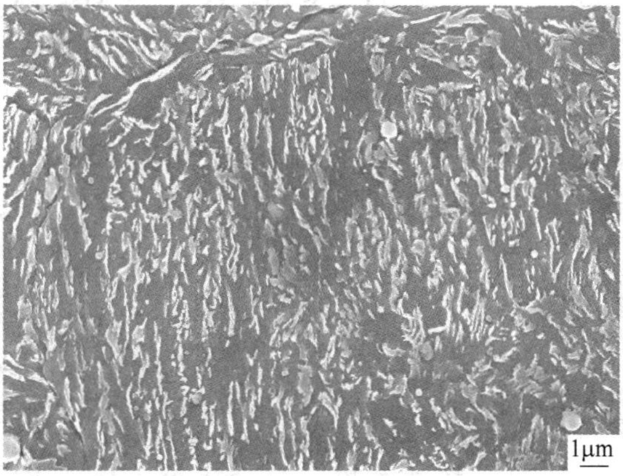

图 1-4　扫描透射电镜（STEM）照片

第二节　现代金属材料

20 世纪 50 年代初在美国产生了材料科学的新名词、新理念，它们源于冶金学，通过与物理学等学科的交叉融合，形成了材料科学与工程（materials science & engineering，简称 MSE）学科。长期以来，金属材料一直是最重要的结构材料和功能材料。可以预期，新型金属材料的发展和应用将成为 21 世纪金属材料工业的重要特征之一。主要是开发适应特殊条件下的金属材料，如超高强韧性钢、低温钢、耐磨钢、耐蚀钢、抗氧化钢等高性能合金钢，先进不锈钢，高温合金钢，低合金高强钢；还有铸造稀土镁合金，新型稀土发光材料，高性能稀土永磁材料，稀土磁致伸缩材料，形状记忆合金及制品，高性能钛合金，各种金属基复合材料等。这些将是我国未来发展的重点。下面列举几类简要介绍。

一、先进结构材料

先进结构材料的研究与开发是永恒的主题。结构材料一般数量大，资源与能源消耗高，污染严重，对可持续发展有巨大影响。高性能结构材料是指高比强度、高比刚度、耐高温、耐腐蚀、耐磨损等性能的结构材料。结构材料性能的提高，无疑会减缓上述压力，因性能的提高、使用寿命的延长，可减少材料的用量。高比强度、高比刚度对提高力学性能十分重要，耐磨、耐蚀、抗疲劳、抗老化是延长使用寿命的关键，因此，在材料的发展中必须给予高度重视。由于复合材料具有的优势，它已经广泛地应用于社会的各个方面。

如铝基复合材料制造各种车轮、门窗框、墙体、门窗内装饰件和生活设施等。金属在结构材料中仍然占有主要位置。因此，提高金属材料产品的质量，改善其使用性能和延长使用寿命，是实现节约能源和资源，减少环境污染的主要途径。我国虽然是钢铁生产大国，但仍然有 27%的钢材产品的质量和性能不能满足需要；8%的高性能钢材还不能生产，要靠进口；并且材料生产能耗高、污染严重，所以传统工业的技术改造任务也是很艰巨的。提高传统金属材料性能的重要途径之一是使材料的组织更细小、更均匀一些，材料更纯洁一些。细化晶粒从现有的亚毫米级到亚微米级时，钢的强度会得到显著的提高。通过细化组织等途径，可使碳钢和低合金钢的强度提高 1 倍，分别由 200MPa、400MPa 提高到 400MPa 和 800MPa。如鸟巢钢是一种钢材的品种（Q460）。Q460 是一种低合金高强度钢，它在受力强度达到 460MPa 时才会发生塑性变形，也只有这种属性，才能成为国家体育场特殊结构的材料。图 1-5 为鸟巢用钢。

图 1-5　鸟巢用钢

二、高温合金材料

对动力机械和运载机械来说，温度越高，比强度和比刚度越高，则效率也越高。从国际上发动机的发展趋势看，涡轮（见图 1-6）温度和推重比都在逐步提高，这要求材料及冷却技术要不断改进。研究表明，飞机及航空发动机性能的改进，其 2/3 和 1/2 是要靠材料性能的提高。对飞行速度更高的卫星和飞船来说，能减重 1kg 就能带来极高的效益。汽车节油有 37%靠材料的轻量化，40%靠发动机的改进，而绝热发动机（不需要冷却）主要靠材料性能的提高。所以，高温材料的研究与开发成为当务之急。从高温材料来看，碳复合材料可达到 2500℃，但抗氧化能力太差，只能用于火箭、导弹；现有的金属基复合材料虽然有比较好的综合性能，由于成本高，目前也只限于宇航，只有颗粒或短纤维增强的金属基复合材料有可能大量推广于民用。钛及铝中间化合物密度小、工作温度高（600～1000℃），在空间机械中应用前景广阔。新型的高温金属间化合物结构材料（如 Nb-Si、Mo-Si 等）在 1100～1400℃具有满足先进高温结构材料使用要求的潜力，是极具竞争力的新一代

图 1-6　涡轮

高温结构材料，将脱颖而出。

三、新型工具钢

除了改善传统材料外，新型工具钢的开发也日益受到关注。许多研究已取得了很大的成果，促进了工具钢的发展。利用气体雾化制粉后采取热等静压（HIP）的粉末冶金工艺可以生产出韧度和耐磨性都很好的合金工具钢。例如，日本神户钢铁公司开发的粉末工具钢 KAD181，基本成分（质量分数）为 Fe-18Cr-2Mo-1V-2. 2C，经 HIP 后不用锻造，具有很好的性能，在模具、辊子、刀具等方面应用很广泛。美国开发的甘埚粉末冶金法（CPM）大为改善了 4 种冷作工具钢的韧度和耐磨性，提高了使用寿命。CRMT440V 的基本成分（质量分数）为 Fe-17Cr-0. 4Mo-5. 5V，其耐腐蚀性与不锈钢 T-440C 差不多，但耐磨性是 T-440C 的几倍，制成的造球机刮刀的实际使用寿命是 T-440C 的 20 倍。经济合金化是高速钢的一个发展方向，在不降低性能的前提下尽可能降低钢中的 W 含量。涂层高速钢是高速工具发展的一个重要方面，近年来已经开发成功利用离子渗入法在高速钢工具表面涂覆 TiC、TiN、Ti(C,N) 等涂层高速钢（见图 1-7），发挥了极其优越的性能。利用 CVD、PVD 等先进方法生产的 TiC、TiN、Ti(C,N) 等硬质化合物涂层工具材料，以及利用超高压合成法生产的金刚石烧结体和立方晶氮化硼（C-BN）烧结体作为工具材料的应用，在新型工具材料的开发上具有重要的意义。这些研究改善和提高了工模具的性能，提高了使用寿命，从而带来了很大的效益。

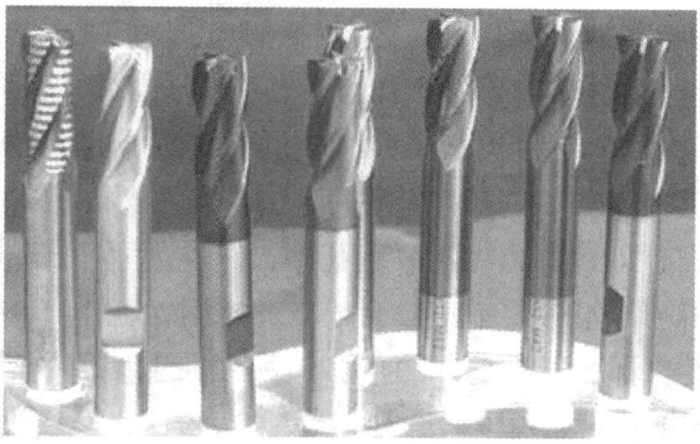

图 1-7　涂层高速钢

四、金属功能材料

金属功能材料是利用它的声、光、电、热、磁等物理或化学性能的特殊材料。按其性能特征可分为光学材料、磁性材料、超导材料、声学材料、生物医用材料、贮氢材料、电性材料、智能材料等。现代科学技术的迅速发展，使得适应各类高技术的各种新型功能材料如雨后春笋，不断涌现。目前，大部分开发的新材料都是属于功能材料。例如我国在新型稀土永磁材料、巨磁电阻材料、形状记忆合金等许多领域都取得了具有自主知识产权的成果，为相应的高技术产业的发展提供了技术支撑。

第三节　金属材料的可持续发展与趋势

传统的经济发展模式使世界资源短缺和环境污染。2004 年在北京召开了“国际新材料与加工、应用博览会暨研讨会”，会议主题是“循环型社会的材料产业——材料产业的可持续发展”。这不仅是最新成果的展示，更多的是人们观念与思维的洗礼。中国工程院左铁镛院士在报告中强调了我国建立循环型社会的必要性和紧迫性，指出了我国循环型材料领域的发展重点。国家自然科学基金会在金属材料学科发展战略研究报告中指出，传统金属材料量大面广，发展重点在于节约资源、降低能耗、综合利用、注意回收；高技术新材料方面的发展，注意开发新品种、提高性能，以满足不同需求。传统材料所积累的知识是发展新材料的基础，新材料在学科前沿的发展又丰富和拓展了金属材料学科的基础。

我国的材料产业应将生态环境意识贯穿于产品和生产工艺的设计之中，提高材料利用率、降低材料在生产和使用过程中的环境负担并且要研究其评价体系。用全生命周期思想考虑材料设计与生产是必然趋势。代替含稀缺合金元素的新型合金材料和不含毒害元素的材料，以及废弃物无害资源化转化技术等，是当前充分利用再生资源需解决的科技问题。要研究开发与人民生活、工作密切相关的绿色材料及环境友好材料，在设计中应首选环境兼容性好的材料。合金发展的主流方向是少合金化与通用合金。从材料的环境影响角度考虑，材料的强韧化应强调在保持金属材料性能指标基本不变的前提下，尽量采用地球储量丰富或对生态环境影响小的元素作为合金化组元；同时，尽量降低金属材料中强韧化元素的含量或减少合金元素的种类；另外，尽量采用同类元素作为强韧化复合合金化的第二组元，如 Fe-Fe 复合材料、F-M 双相钢等。即在设计材料时，不仅要考虑材料的使用性能，而且要充分考虑材料对环境的影响和资源的负担。所以，现在世界各国都在研究通用型合金钢、简单合金钢和节约型合金钢。在很多情况下，对现有合金钢的成分设计和使用的合理性可重新进行审查。根据科学发展观，我国正在探索循环经济可持续发展的道路，材料的全过程要逐步形成资源—材料—环境良性循环的产业。材料品种的发展要符合现代经济发展和国防的需求。从日本开发“超级钢”开始，正在发展“高洁净、均匀化、超细晶”的新一代钢铁材料。如高层建筑具有 $R_{eL}>500MPa$ 的钢材，$R_{eL}>980MPa$ 的大跨度重载桥梁用钢，在 5500m 以上的石油开采钻井用钢，电力工业上使用的高抗水（沙）蚀钢，地下和海洋设施用的耐蚀低合金钢和我国微合金结构钢等。有专家建议目前我国主要有三类钢材产品值得关注：第一类是能参与国际市场竞争的产品，其特点是高质量、高附加值、高技术难度、高使用要求的钢材，重点品种有轿车用面板、不锈钢光亮板、桥梁用板、耐候钢板、海洋与石油用板等；第二类是满足国内市场需求为主的产品，重点品种有普通机械用板、客货汽车用板、农业及运输机械用板、锅炉和容器板等民用板等；第三类是代替落后的叠轧薄板和窄带钢的产品。重点品种有小五金及家电用板带、金属家具用板带、一般民用板材等。钛合金被称为“空间金属”“未来的钢铁”。钛合金的比强度是最高的，在高温和低温下都能保持高的强度，而且其耐蚀性也是无可匹敌的。钛在地球中的含量也是不少的，约 0.6%，目前不能广泛使用的原因是提炼工艺复杂，冶炼比较困难。钛合金将是 21 世纪为人类作出重要贡献的金属材料之一。高温结构钛合金将向不断提高使用温度的方向发展，TiAl 和 TiAl 系金属间化合物大有取代镍基高温合金的趋势。有色金属资源面临着不可持续发展的严重问题，主要是资源破坏严重和资源综合利用率很低，而且浪费惊人。产品结构也很不合理，精深加工技术落后，高档产品缺乏；创新成果少，高新技术成果产业化程度不高，开发高性能结构有色金属材料及其先进工艺方法是主流。例如，将高性能铝-锂合金、铝-钪合金以及快速凝固铝合金的强度和耐热性推向更高。金属功能材料是现代工业高技术发展的重要物质基础和支撑材料，将向着更加精细、微型和高功能化的方向发展。稀土功能材料的多功能和高功能化特性，使其在电子和信息产业发挥着重要作用，而且是有待于开发的宝库。

第四节　钢 铁 材 料

一、钢中的元素

钢铁是由矿石经过冶炼而成，难免会含有一些杂质元素。一般有三种情况。

（1）常存杂质，由冶炼工艺所残余的杂质，如 Mn、Si、Al 是由脱氧剂带入。由铝脱氧生产了镇静钢，用 Mn、Si 脱氧的为沸腾钢。还有 S、P 难以彻底去除。它们作为杂质元素时，一般含量（质量分数，下同）限制在：0.3%～0.7% Mn；0.2%～0.4% Si；0.01%～0.02% Al；0.01%～0.05% P；0.01%～0.04% S。

（2）隐存杂质，钢中极其微量的 O、H、N，在钢中有一定的溶解度，难以测量。

（3）偶存杂质，这与炼钢过程中所使用的矿石和废钢有关，如 Cu、Sn、Pb、Ni、Cr 等。

杂质元素的存在，一般是有害的，往往会影响钢的性能，所以在冶金中都规定了其最高允许量。最典型的杂质元素是 S、P、H。S 容易和 Fe 结合形成熔点为 989℃的 FeS 相会使钢在热加工过程中产生热脆性；P 和 Fe 结合形成硬脆的 FP 相，使钢在冷变形加工过程中产生冷脆性；H 也可能留在钢中，形成所谓的白点，可导致钢的氢脆。

在许多情况下，碳素钢的性能不能满足要求。为了提高钢的性能，必须在钢中加入合金元素，以改变其工艺性能和力学或物理性能。为合金化目的加入含量有一定范围的元素称为合金元素，相应的钢就称为合金钢。根据需要，加入的合金元素量可多可少，多的可达到 20%～30%，如 Cr；一般加入量为 1%～2%，如 Mn；少的是微量，如 0.005% B。习惯上，把加入合金元素总量小于 5%的钢，称为低合金钢；合金元素总量大于 10%的钢称为高合金钢；在 5%～10%之间的钢称为中合金钢。

目前钢铁中常用的合金元素有十几个，主要有 Si、Mn、Cr、Ni、W、Mo、V、Ti、Nb、Al、Cu、B 等。不同国家常用的合金元素与各自的资源有关。

二、微量元素在钢中的作用

（一）微量元素的作用

常见的微量元素主要有：O、N、S、P、Se、As、Zr 和稀土元素等。根据它们的作用可分为：常用微合金化元素，如 B、N、V、Ti、Zr、Nb、RE 等；改善切削加工性元素，如 S、Se、Bi、Pb、Ca 等；能净化、变质、控制夹杂物形态的元素，如 Ti、Zr、RE、Ca 等；有害元素，如 P、S、As、Sn、Pb 等。微量元素在钢中虽然含量极少，但对钢的质量和性能有很大的影响。为改善切削加工性而有意加入的易切削微量元素，就成为专门的易切削钢。下面简单介绍微量元素的有益效应和有害作用。

（二）微量元素的有益效应

微量元素在钢铁冶炼过程中的有益效应主要有净化、变质、控制夹杂物形态。

（1）净化作用。硼和稀土元素对氧、氮有很大的亲和力，并能形成密度小易上浮的难熔化合物。所以它们有脱氧、去氮、降氢的作用，能减少非金属夹杂物，改善夹杂类型及分布。另外，B、Zr、Ce、Mg 和稀土元素加入钢中，与低熔点的 As、Sb、Sn、Pb、Bi 等杂质元素作用，能形成高熔点的金属间化合物，从而可消除由这些杂质元素所引起的钢的脆性，改善钢的冶金质量，保证钢的热塑性和高温强度。

（2）变质作用。硼和稀土元素在钢冶炼时，能改变钢的凝固过程和铸态组织。它们与钢液反应形成微细质点，而成为凝固过程中的非自发形核核心，降低了形核功，增大了形核率。硼和稀土元素在钢中都是表面活性元素，容易吸附在固态晶核表面，阻碍了晶体生长所需的原子供应，从而降低了晶体长大率。所以，在钢冶炼时加入这些元素，可细化铸态组织，减少枝晶偏析和区域偏析，改善钢化学成分的均匀性。另外，稀土元素可增大钢的流动性，提高钢锭的致密度。

（3）改变夹杂物性质或形态。夹杂物的形态和分布对钢的性能有很大的影响。夹杂物最理想的形态是呈球状，最不好的是共晶杆状。以夹杂物 MnS 为例，MnS 有球状、枝晶间共晶形态和不规则角状等三种形态。要得到球状 MS，可控制含氧量在 0.02%以上，能保证得到双相夹杂物 MnS-MnO。由于 MnO 比较硬，能防止 MnS 被拉长。若钢中不加 Mn，则 S 有可能形成 FeS 等其他化合物。FeS 分布在晶界，熔点又比较低，是非常有害的夹杂物，使钢产生热脆性。S 和 Mn 的结合力比 S 和 Fe 的结合力强，所以钢中有 Mn 能优先形成 MnS。因此钢中常有较多的 Mn，以消除杂质元素 S 的影响。

三、合金元素在钢中的分布及偏聚

（一）合金元素在钢中的分布

由于各种合金元素和铁及碳有不同的作用规律，所以它们的作用所反映的特性也是不同的。非碳化物形成元素一般只以原子态存在于钢的奥氏体或铁素体基体中，在碳化物中的溶解量极少，如 Si、Al、Ni、Cu 等。碳化物形成元素可存在于基体中，也可在碳化物中，其存在形式和相对量取决于工艺处理状态。合金元素在钢中的存在状态主要有以下几种形式：

（1）溶于固溶体（奥氏体、铁素体），有间隙固溶和置换固溶两类；

（2）形成各种碳化物或氮化物；

（3）存在于金属间化合物中，常在高合金钢中出现；

（4）各类夹杂物（如氧化物、硫化物等）；

（5）自由态，极少数元素，如铅（Pb）在超过其微量溶解度后以自由态存在。

合金元素在钢中的分布是不均匀的，合金元素在钢中的分布还受到热处理工艺条件的直接影响。例如，加热温度和时间影响了合金元素的溶解程度，冷却速度则影响了固溶体中合金元素的析出程度。下面简单介绍不同热处理状态下合金元素的分布规律。

（1）退火态：非碳化物形成元素绝大多数固溶于基体中，而碳化物形成元素视 C 和本身量多少而定。优先形成碳化物，余量溶入基体。

（2）正火态：与退火态没有本质区别。有些高合金钢的淬透性特别好，经过正火处理后可形成大量的马氏体或贝氏体组织，那么合金元素的分布与淬火状态下的分布相类似。

（3）淬火态：合金元素的分布与淬火工艺有关。溶入奥氏体的元素淬火后存在于马氏体、贝氏体或残余奥氏体中；未溶者仍在碳化物中。对于工具钢，常用不完全淬火，淬火后有一些未溶的碳化物，这些碳化物中往往含有相对较强的碳化物形成元素，如 Ti、V 等。而稳定性相对比较差的碳化物将先溶解，所以淬火后存在于马氏体等组织中。

（4）回火态：低温回火，置换式合金元素基本上不发生重新分布；大于 400℃，置换式合金元素开始重新分布。非碳化物形成元素仍然留在基体中，碳化物形成元素逐步进入析出的碳化物中，其程度决定于回火温度和时间。

四、合金钢的分类与编号

（一）钢的分类

钢的种类比较多，为了方便管理、选用和比较，根据钢的某些特性，从不同角度出发，可以将钢分成若干具有共同特点的类别。

1. 按用途分类

（1）工程结构用钢：这类钢应用量较大，在建筑、车辆、造船、桥梁、石油、化工、电站、国防等国民经济行业都广泛使用这类钢制备工程构件。这类钢有普通碳素结构钢、低合金高强度结构钢。

（2）机器零件用钢：主要制造各种机器零件，包括轴类零件、弹簧、齿轮、轴承等工模具用钢，又可分为刃具钢、冷变形模具钢、热变形模具钢、量具钢等特殊性能钢，特殊性能钢可分为耐热钢、不锈钢、无磁钢等。

2. 按金相组织分类

（1）根据平衡态或退火态组织，有亚共析钢、共析钢、过共析钢和莱氏体钢。

（2）按正火态组织，有珠光体钢、贝氏体钢、马氏体钢和奥氏体钢。

（3）根据室温时的组织分，有铁素体钢、马氏体钢、奥氏体钢和双相钢。

除了以上的分类方法外，还可按照化学成分分为碳素钢和合金钢，根据合金元素含量的多少，合金钢可分为低合金钢、中合金钢和高合金钢。也可按照冶金质量分为优质钢、高级优质钢和特级优质钢。它们的主要区别在于钢中所含有害杂质 S、P 元素的多少。如规定不同质量合金结构钢的 S、P 含量（质量分数）为：优质钢，S≤0.035%，P<0.035%；高级优质钢，S≤0.030%，P≤0.030%，在牌号尾部加符号“A”表示，如 30CrMnSiA；特级优质钢，S≤0.020%，P≤0.025%，在牌号尾部加符号“E”表示。

（二）合金钢的编号方法

1. GB 标准钢号表示方法及说明

关于我国钢铁牌号表示方法，根据标准 GB/T221—2000 的规定，采用汉语拼音、化学元素符号和阿拉伯数字相结合的原则；产品名称、用途、特性和工艺方法等，一般用汉语拼音的缩写字母表示；质量等级符号采用 A、B、C、D、E 字母表示；牌号中主要化学元素含量（质量分数,%）采用阿拉伯数字表示。不锈钢和耐热钢牌号表示方法按 GB/T 20878—2007 执行。常用各类钢号的表示方法见表 1-1。

表 1-1　常用各类合金钢钢号的表示方法

钢　类	钢号举例	表示方法及说明
合金结构钢	40Cr， 20CrMnTi， 18Cr2Ni4W， 38CrMoAlA， 40CrNiMo， 60Si2Mn， 50CrVA	碳的平均质量分数一般用万分之几表示。列于钢号开头。主要合金元素（除个别微合金元素外）一般以百分之几表示，当平均质量分数<1.5%时，一般只标出元素符号，但在特殊情况下为避免混淆，在元素符号后面可标数字“1”；当平均质量分数≥1.5%、≥2.5%、≥3.5%、…时，在元素符号后面相应地表示 2、3、4、…。 钢中的钒、钛、硼、稀土等微合金元素，虽然含量很低，仍在钢号中标明。如 20MnVB 钢中，含 0.07%~0.12% V，0.001%~0.005% B
低合金结构钢和耐候钢	Q345A， Q500C，16Mn， 14MnVTiRE， 09CuP， 12MnCuCr	在 GB/T 1591—2008 中称为低合金高强度结构钢。其钢号按国际标准采用屈服强度命名。钢号冠以“Q”，和碳素结构钢相统一，后面的数字表示屈服强度，分为八个强度等级。在强度等级中又有 5 个或 3 个质量等级。对于专业用低合金钢，在标准未修订前，仍用旧钢号加后缀。如汽车大梁的专用钢种为 16MnL；压力容器专用钢种为 Q345R；用于桥梁的专用钢种为 16Mnq，在新标准中为 Q345q
非调质机械结构钢	F35V， F45V， F35MnV	又称为微合金非调质钢，在 GB/T 15712—2008 中规定其名称为非调质机械结构钢，钢号冠以“F”表示非调质钢，字母后面的表示方法与合金结构钢相同
滚动轴承钢	GCr15， GCr15SiMn， G20CrMo， （G）95Cr18	现行标准分为四类，其钢号表示方法各不相同。高碳铬轴承钢，钢号冠以“G”，含碳量不标出，铬的平均质量分数以千分之几表示。渗碳轴承钢表示方法基本上和合金结构钢相同。但也冠以“G”。高碳铬不锈轴承钢和高温轴承钢，钢号不冠以“G”，其他与不锈钢，耐热钢表示方法相同
合金工具钢和高速钢	9SiCr， 5CrW2Si， Cr12MoV， 9Mn2V， 5Cr06NiMo， 3Cr2W8V， W18Cr4V， W6Mo5Cr4V2	平均含碳量 $w(C)\geq1.0\%$时，不标出；当 $w(C)<1.0\%$时，以千分之几表示，例如 CrWMn，9Mn2V。合金元素表示方法基本上与合金结构钢相同。但是对低铬合金工具钢，其铬含量以千分之几表示。并在表示含量的数字前加“0”。以便与其他一般元素含量按百分之几表示的方法区别开，如 Cr06。 塑料模具钢钢号冠以“SM”，其他表示方法与合金工具钢及优质碳素钢相同。如 SM3Cr2Mo，SM45。 高速钢一般不标出碳含量，合金元素平均含量以百分之几表示
不锈钢和耐热钢	30Cr13， 06Cr19Ni10， 022Cr19Ni10， 21Cr12MoV， 42Cr9Si2	一般当钢中平均碳含量 $w(C)\geq0.04\%$，取两位小数表示（以万分之几计）；当 $w(C)\leq0.030\%$，取 3 位小数表示（以十万分之几计）。其他合金元素表示法仍按 GB/T 221—2000 标准的规定，以百分之几表示。微量元素钛、铌、钒等仍按合金结构钢中微合金元素的表示方法标出

2. GB 标准 ISC 表示方法简介

ISC 是 iron and steel code 的缩写，全称为“钢铁及合金牌号统一数字代号体系”。现有的牌号表示方法存在不少缺点，如体系繁杂、混乱，多数牌号表示冗长，不便于操作和现代化管理。为了适应现代化管理的需要，在参考了许多国家的数字牌号系统，于 1998 年正式以国家标准发布了《钢铁及合金牌号统一数字代号体系》（GB/T 17616—1998），简称为“ISC”。标准规定，凡列入国家标准和行业标准的钢铁及合金产品应同时列入产品牌号和统一数字代号，相互对照，并列使用，共同有效。统一数字代号采用单个大写拉丁字母作前缀，后面为 5 位阿拉伯数字。第 1 位数字代表各类型钢铁产品的分类，第 2、3、4、5 位数字代表不同分类内的编组和同一编组内区别不同牌号的顺序号。对任何产品都规定统一的固定位数，对于每一个统一数字代号，只能适用于一个产品牌号。有关钢铁及合金类型与统一数学代号可查阅国家标准，这里不再介绍。但在教材中涉及的牌号尽量同时标注统一数字代号。

五、工程结构钢

工程结构钢是指专门用来制造工程结构件的一大类钢种。它广泛应用于国防、化工、石油、车辆、造船等领域，如用于制造船体、建筑钢结构件、油井或矿井架、高压容器、输送管道、桥梁等。在钢总产量中，工程结构钢占 90%左右。

工程结构钢包括碳素结构钢（也称非合金钢）和低合金高强度结构钢。根据国家标准 GB/T 700—2006，碳素结构钢分为 Q195、Q215、Q235、Q275 四个等级。低合金高强度结构钢是指在低于 0.25% C（质量分数，下同）的普通碳素钢的基础上，通过添加一种或多种少量合金元素，使钢的强度明显高于碳素钢的一类工程结构用钢，统称低合金高强度结构钢。这里的“低合金”和“高强度”是指相对于含量较高的合金钢和普通碳素钢而言的。低合金高强度结构钢的最低屈服强度为 345MPa，强度明显高于碳素结构钢。目前，对低合金高强度结构钢下一个严格的且被一致认可的定义尚有困难。美国把这种钢称为高强度低合金钢 HSLA steel（high strength low alloy steels）。低合金高强度结构钢有许多分类方法，根据国家标准 GB/T 1591—2008，按屈服强度可分为 Q345、Q390、Q420、Q460、Q500、Q550、Q620、Q690 八个等级的钢种；按用途可分为结构钢、耐腐蚀钢、低温用钢、耐磨钢、钢筋钢、钢轨钢及其他专业用钢等；国内外学术界比较重视按钢的显微组织进行分类，它容易把钢的组织与力学性能、化学成分、生产工艺等有机联系起来。按显微组织可分为：铁素体-珠光体、微珠光体钢、针状铁素体钢；低碳回火马氏体钢、低碳贝氏体钢和双相钢。图 1-8 为工程结构钢。

图 1-8　工程结构钢

一般用途的普通低合金高强度钢，大多用于制作工程结构件。根据工程结构件的服役条件，工程结构钢以工艺性能为主、力学性能为辅，主要性能要求如下：

（1）足够的强度与韧度在工程结构件中采用低合金高强度钢的主要目的是能承受较大的载荷和减轻整个金属结构件质量。例如目前我国大量使用的钢筋的屈服强度为

335MPa，若把它的屈服强度提高到 400MPa，则可节省钢筋用量 14%。因此首先要求钢材有尽可能高的屈服强度。

由于工程结构件一般在-50～100℃范围内使用，因此还要求工程结构钢具有较高的低温韧度。第二次世界大战期间，美国建造了 4000 多艘运输船，投入使用后，近 20%的船发生了断裂事故，事后调查和分析发现是钢材低温韧度不足造成的。低温韧度的指标常采用韧-脆转化温度 FATTS 来衡量。例如，我国对于军用船舰的最低工作温度定为-30℃。对管线用圆钢，韧-脆转化温度要求越来越低，已经从 20 世纪 60 年代 0℃以下要求有良好的韧度发展到 80 年代-45℃以下要求有良好的韧度，并有进一步下降的趋势。

其他力学性能方面，例如桥梁、船舶等，它们会受到像风力或海浪冲击等引起的交变载荷。因此，某些工程结构钢还要求有较高的抗疲劳强度。

(2) 良好的焊接性和成型工艺性。焊接是构成金属结构的常用方法。金属结构要求焊缝与母材牢固结合，强度不低于母材，焊缝的热影响区有较高的韧度，没有焊接裂纹，即要求有良好的焊接性。另外，工程结构件成型时，常需要剧烈的变形，如剪切、冲孔、热弯、深冲等。因此还要求有良好的冷热加工性和成型性等工艺性能。

(3) 良好的耐腐蚀性。这里主要指在各类大气条件下的抗腐蚀能力。金属结构使用普通低合金高强度结构钢后，由于减少了金属结构中材料的厚度，所以必须相应地提高钢的耐腐蚀性，以防止由于大气腐蚀而引起的构件截面的减少而使金属结构件过早失效。另外，根据使用情况还可以提出其他特殊要求。同时这类钢用量大，必须考虑到生产成本不能比碳钢高出太多。总之，低合金高强度结构钢既要有高的强度、良好的塑韧性等综合力学性能、良好的焊接性和成型性等工艺性能，同时又要有低的成本。

六、机械制造结构钢

机械制造结构钢用于制造轴、齿轮、紧固件、轴承等各种机械零件，广泛应用于汽车、拖拉机、机床、工程机械、电站设备等装置上，如图 1-9 所示。这些零件的尺寸虽然差别很大，但工作条件是相似的：主要是承受拉、压、弯、扭、冲击、疲劳应力，且往往是几种载荷同时作用；可以是恒载或变载，作用力的方向是单向或反复的；工作环境是大气、水和润滑油，温度在室温到 100℃范围之间。因此，机械零件要求有良好的服役性能，如具有足够高的强度、塑性、韧度、疲劳强度、耐磨性等。

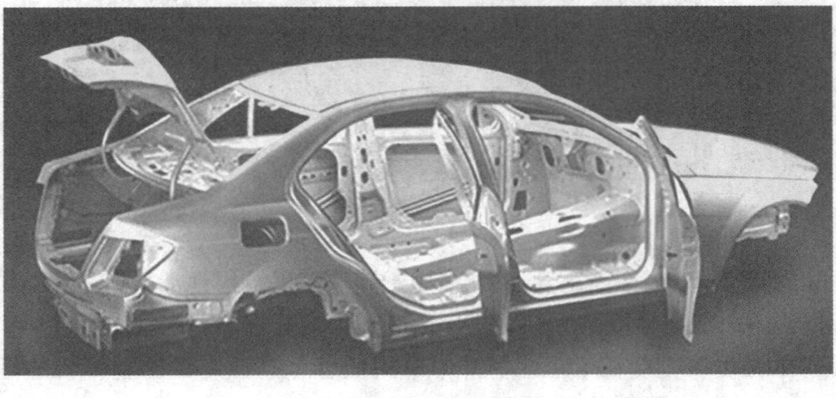

图 1-9　机械制造结构钢

按照强度，结构钢可分为三类：R_e<700MPa，为低强度钢，构件用钢大多数属于此类；R_L=700~1400MPa，为中强度钢，是大部分机械制造结构钢；R_L>1400MPa，为超高强度钢，大都用于宇航、重工业上。根据热处理强化工艺特点可分为整体强化态钢和表面强化态钢。根据钢的生产工艺和用途，可分为：调质钢、非调质钢、低碳马氏体钢、超高强度结构钢、渗碳钢、氮化钢、弹簧钢、轴承钢等。当然，实际应用情况并非这样严格区别，如有的零件既要求整体强化，又要求在局部进行表面硬化；轴承钢 GCr15 也可以制造其他零件。

表 1-2 列出了典型机械制造结构钢的服役条件、失效方式及材料选择的一般原则。实际零件的服役条件是比较复杂的，为了使材料能很好地满足零件的服役条件，关键是要找出零件的主要失效抗力指标作为解决矛盾的主要依据。机械制造结构钢的主要性能要求如下。

表 1-2　典型机械零件的服役条件、失效方式及材料选择的一般原则

零件类型	服役条件	常见失效方式	材料选择的一般标准
紧固螺栓	负荷种类：静载、疲劳 应力状态：拉、弯、切	过量变形，塑性断裂，脆性断裂，疲劳，腐蚀，咬蚀	疲劳、屈服及剪切强度
轴类零件	负荷种类：疲劳、冲击 应力状态：弯、扭 其他因素：磨损	脆性断裂，疲劳，咬蚀，表面局部变化	弯、扭复合疲劳强度
齿轮	负荷种类：疲劳，冲击 应力状态：压、弯、接触 其他因素：磨损	脆性断裂，疲劳，咬蚀，表面局部变化，尺寸变化	弯曲和接触疲劳强度，耐磨性，芯部屈服强度
螺旋弹簧	负荷种类：疲劳、冲击 应力状态：弯、扭 其他因素：磨损	过量变形，脆性断裂，疲劳，腐蚀	扭转疲劳，弹性极限
板弹簧	负荷种类：疲劳、动载荷 应力状态：扭 其他因素：磨损	过量变形，脆性断裂，疲劳，腐蚀	弯曲疲劳，弹性极限
滚动轴承	负荷种类：疲劳、冲击 应力状态：压、接触 其他因素：磨损、温度、介质	脆性断裂，表面变化，尺寸变化，疲劳，腐蚀	接触疲劳，耐磨性，耐蚀性
曲轴	负荷种类：疲劳、冲击 应力状态：弯、扭 其他因素：磨损、振动	脆性断裂，表面变化，尺寸变化，疲劳，咬蚀	扭转、弯曲、疲劳强度，耐磨性，循环韧度
连杆	负荷种类：疲劳、冲击 应力状态：拉、压 其他因素：磨损	脆性断裂	拉压疲劳

(1) 具有良好的冷热加工工艺性。因为机械零件在制造过程中，往往要经过锻造、轧制、拉削、挤压、车、铣、刨、磨等工序，能否具有良好的加工工艺性对零件的性能和

生产成本等都有很大的影响。

（2）具有良好的力学性能。对于钢的强度、塑性、韧度、疲劳性能、耐磨性等，不同类型的零件有其侧重点，由其服役条件而定。因为这些零件在工作时，一般要承受拉、压、弯、剪、扭、冲击、摩擦等复杂应力，有时是几种应力同时作用，在零件截面上产生拉应力、切应力。这些应力可以是恒定的，或者是变化的；在方向上可以是单向的，也可以是往复的；在加载方式上，可以是逐渐的，或者是突然的。工作温度大部分在 -50~100℃，有时还有介质的腐蚀。零件表面往往精度要求较高，有公差配合要求。机械零件用钢一般为亚共析钢。钢中合金元素总量一般是小于 5%，少数钢在 5%~10%。也就是大部分机械零件用钢为低合金钢和中合金钢。钢的质量大都是优质钢和高级优质钢，杂质含量控制较严，冶金质量有保证。机械零件用钢的合金化元素主要有 Cr、Mn、Si、Ni、Mo、W、V、B 等，或是单独加入，或是复合加入。其中，主加元素为 Cr、Mn、Si、Ni，主加元素的作用主要是提高钢的淬透性和力学性能；辅加元素有 Mo、W、V、B 等，这些元素的配合加入，能降低钢的过热敏感性，消除钢的回火脆性，进一步提高淬透性等作用，但含量一般都不高。每个合金元素加入都有一定的目的，并且合金元素加入量都有一定的限制。大多数情况下，每个合金元素都有一个最佳范围，可使钢获得最佳性能。往往是超过一定量，会导致钢的性能变坏。这种情况称为极限合金化理论。

在结构钢中，常用合金元素量（质量分数，下同）范围为：<1.2% Si，<2% Mn，1%~2% Cr，1%~4% Ni，<0.5% Mo，<0.2% V，0.4%~0.8% W，<0.1% Ti，<0.003% B。合金元素的主要作用是提高钢的淬透性，降低钢的过热敏感性，提高回火稳定性，消除回火脆性。

七、工模具钢

对各种材料进行加工，需要采用各种工具。用来制造刃具、模具和量具等各种工具的钢称为工模具钢，也简称为工具钢。工模具钢按其用途可分为刃具钢、模具钢和量具钢等，如图 1-10 所示。各类工具由于服役条件的不同，对所用钢的性能要求也有很大的不同。刃具钢在切削过程中受到弯曲、剪切、冲击、扭转、振动、摩擦等力的作用，产生热量，有可能使刀刃温度升到 600℃甚至更高，同时刃部发生磨耗。所以，要求刃具有高硬度、高耐磨性、一定的韧度和塑性，有的还要求热硬性。

模具钢根据工作状态可分为热作模具钢、冷作模具钢和塑料模具钢。热作模具用于加工赤热金属或液态金属，使之成型。模具在服役过程中，温度周期升降而产生“热疲劳”，还受到大的压力、冲击和磨损，因此要求具有一定的高温硬度和韧度，良好的抗热疲劳性。冷作模具如冷冲模、冷墩模、剪切片和冷轧辊等，要求高硬度、高耐磨性和一定韧度。塑料制品大部分用模压成型，塑料模具钢也逐渐发展成专用钢系列。

量规、卡尺、样板等工具是用来测量工件尺寸和形状的，测量精度是其首要的保证，因此高硬度、高耐磨和尺寸稳定性是量具钢的基本要求。

随着加工工业的快速发展，刀具和模具的负荷不断加大，要求也越来越高，因而要求采用更耐用的材料来制造。

大多数工模具是在承受很大局部压力和强烈磨损条件下工作的，所以工模具的主要矛盾是韧度和耐磨性之间的合理平衡。影响矛盾双方的因素主要有基体成分及硬度和第二相

图 1-10　工模具钢

碳化物的性质、数量、形态与分布。为了使工具钢获得高的耐磨性、热稳定性和足够的强度与韧度，应根据具体情况进行材料的科学设计和工艺的优化处理。大部分工模具钢具有高的含碳量，通常为 0.6%~1.3%的 C（质量分数，下同），高的含碳量可以使获得的马氏体硬度和切断抗力较高。高的含碳量可以形成足够数量的碳化物，以保证钢具有高的耐磨性。合金工具钢中加入各种合金元素主要也是为了提高钢的淬透性、耐磨性和热稳定性，如 Cr、W、Mo、V 等元素。在一些低合金工具钢中，也辅助加入些 Mn、Si 元素。加入 Mn 的主要目的是减少变形、增加淬透性，加入 Si 主要是为了增加钢的低温回火稳定性。工具钢的杂质含量一般都要比结构钢低，S、P 含量限制在 0.02%~0.03%，而结构钢一般限制在低于 0.04%。

对于大部分工模具钢来说，碳化物是钢中重要的第二相。一般要求碳化物呈球状、细小、均匀分布。这样的碳化物能保证钢的耐磨性和韧度，而且对热处理工艺也非常有利。因此，一般情况下工具钢的预先热处理都采用球化退火；而且为了得到良好的球化效果，其锻造工艺也相当重要，特别是高合金钢，锻造工艺是关键。工具钢的最终热处理工艺往往是采用不完全淬火，碳化物的存在既可以阻止淬火加热时奥氏体晶粒的长大，也有利于耐磨性的提高。调节淬火温度和保温时间可得到不同的组织状态，所以工具钢的工艺优化更为重要。

八、不锈钢

不锈钢是指一些在空气、水、盐水、酸、碱等腐蚀介质中具有高化学稳定性的钢。GB/T 20878—2007 定义为：以不锈、耐蚀性为主要特性，且铬含量至少为 10.5%（质量分数，下同），碳含量最大不超过 1.2%的钢。有时把仅能抵抗大气、水等介质腐蚀的钢叫作不锈钢，而把在酸、碱等介质中具有抗腐蚀能力的钢称为耐酸钢。能抵抗大气、水等介质腐蚀的不锈钢不一定耐酸，而耐酸钢肯定能抵抗大气、水等介质腐蚀，习惯上都称为不锈钢。

全世界每年因腐蚀而不能使用的金属件占产量的 15%，其中 2/3 能回收，损失是相当大的。腐蚀不仅消耗材料，而且还降低机械的精度，减少机械的寿命，所以研究材料的腐蚀是有很大的工程意义的。图 1-11 是部分不锈钢样例。

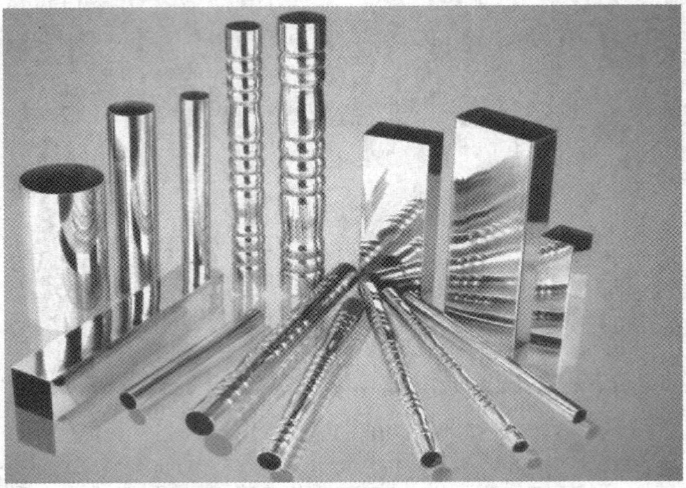

图 1-11　不锈钢

不锈耐蚀钢的基本组织，可分为五大类。

(1) 马氏体不锈钢。基体为马氏体组织，有磁性，通过热处理可调整力学性能的不锈钢。马氏体不锈钢主要有 Cr13 型不锈钢（12Cr13、20Cr13、30Cr13 和 40Cr13 等），14Cr17Ni2 和 95Cr18 等。其中含碳小于 0.10%的 06Cr13 钢在高温为奥氏体和铁素体复相组织，淬火后为马氏体加铁素体复相组织。

(2) 铁素体不锈钢。基体以铁素体组织为主，有磁性，一般不能通过热处理硬化，但冷加工可使其轻微强化的不锈钢，如 06Cr11Ti、10Cr17Mo、008Cr27Mo 等。

(3) 奥氏体不锈钢。基体以奥氏体组织为主，无磁性，主要通过冷加工使其强化（但可导致一定的磁性）的不锈钢。其中铬镍奥氏体钢有 06r19Ni10、06Cr18Ni11Ti、022Cr19Ni10N、06Cr18Ni12Mo2Cu2 等，铬镍氮奥氏体钢有 12Cr18Mn9Ni5N、20Cr15Mn15Ni2N 等。

(4) 奥氏体-铁素体复相不锈钢。基体兼有奥氏体和铁素体两相组织（其中较少相体积分数一般大于 15%），有磁性，可通过冷加工强化，如 12Cr21Ni5Ti、022Cr19Ni5Mo3Si2N、022Cr25Ni6Mo2N 等。

(5) 沉淀硬化不锈钢。基体为奥氏体或马氏体组织，并能通过时效硬化处理使其强化的不锈钢。经过适当热处理后，可发生马氏体相变，并在马氏体基体上析出金属间化合物，产生沉淀强化。这类钢属于高强度或超高强度不锈钢，如 05Cr17Ni4Cu4Nb、07Cr17Ni7Al。

九、耐热钢

由于燃气轮机、航空航天技术以及其他高温高压技术的发展，对有关机械零部件的要求越来越高。如火电厂的蒸汽锅炉、蒸汽涡轮（见图 1-12），航空工业的喷气发动机，以及航天、舰船、石油和化工等工业部门的高温工作部件，它们都在高温下承受各种载荷，如拉伸、弯曲、扭转、疲劳和冲击等。此外，它们还与高温蒸汽、空气或燃气接触，表面发生高温氧化或气体腐蚀。在高温下工作，钢和合金将发生原子扩散过程，并引起组织转变，这是与常温工作部件的根本不同点。因为是在高温下服役，所以对这些零部件的技术要求比较苛刻。通常把在高温条件下工作的钢称为耐热钢。耐热钢应具有两方面的基本性能：一是有良好的高温强度和塑性；二是有足够高的高温化学稳定性。根据不同服役条件，常常将耐热钢分为热强钢和抗氧化钢（也称为热稳定性钢）两大类。

图 1-12　蒸汽涡轮

（一）金属的抗氧化性

由于多数金属在高温下其氧化物的自由能低于纯金属，所以都能自发地被氧化腐蚀。铁的氧化物有 FeO、Fe_2O_3、Fe_3O_4 三种。FeO 结构疏松，原子容易扩散通过 FeO 层。离子由表向里扩散，而铁离子由里向外扩散，不断被氧化。冷却时 FeO 要分解，发生相变，有一定的应力，并且和基体结合力弱，因此氧化皮容易剥落；Fe_2O_3、FeO 的结构致密性比较高，和基体有较好的结合，能有较好的保护作用。铁与氧所形成的氧化膜结构与温度有关，当温度在 570℃以下时，形成的氧化膜由 Fe_2O_3 和 Fe_3O_4 组成；当温度高于 570℃时氧化膜由 Fe_2O_3、Fe_3O_4 和 FeO 三层氧化物组成，其厚度比例大约为 1∶10∶100，接近基体一端是 FeO，最外层是 Fe_2O_3。所以，在温度高于 570℃时，铁的氧化过程速度加快，遵守抛物线规律。

不同的氧化膜结构和性质，其氧化动力学过程也是不同的。氧化速度主要取决于化学反应的速度和原子扩散的速度。显然，温度高，化学反应速度和扩散速度都会增大，但随着时间的延长和膜的增厚或膜的致密度提高而减慢。金属的氧化速度有以下三种情况：

（1）直线关系。氧化膜不完整、不连续时，如氧化物比体积较小的镁、钠、钙等，它们的氧化膜增厚和时间的关系是线性关系，即 $y = Kt + A$，式中，y 为氧化膜厚度；t 为时间；K、A 为常数。也就是说氧化速度为一恒定值，如图 1-13 中的直线 OA。

（2）抛物线关系。氧化膜覆盖金属表面，膜层中可进行离子的扩散，如铁、钴、镍、铜、锰等形成的氧化膜。它们的氧化速度遵循着抛物线规律，即膜厚的增长为 $y=Kt+A$，这种情况如图 1-13 中的曲线 OB。

(3) 对数规律。氧化膜不仅能覆盖金属表面，而且膜层中离子扩散比较困难，像铬、铝、硅等元素形成的氧化膜。氧化膜形成速度符合对数规律，其膜层的增厚可表达为 $y=\ln Kt$，对数规律的氧化膜形成速度如图 1-13 中的曲线 OC。

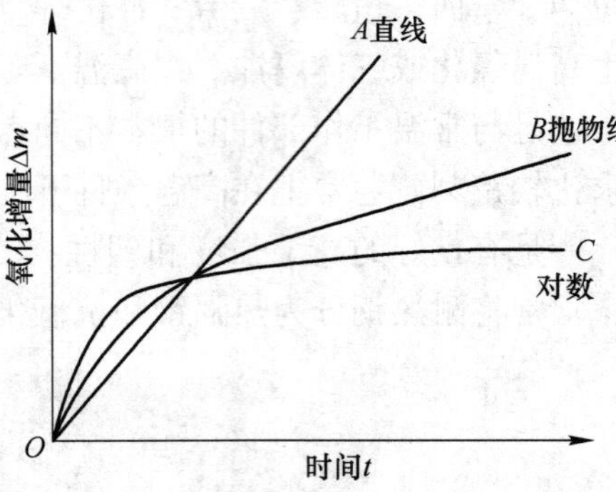

图 1-13　氧化增量与时间的关系

耐热钢和耐热合金的抗氧化和气体腐蚀能力可分为五级：腐蚀速率≤0.1mm/a，为完全抗氧化；0.1~1.0mm/a，为抗氧化；1.0~3.0mm/a，为次抗氧化；3.0~10.0mm/a，为弱抗氧化；>10.0mm/a，为不抗氧化。

(二) 钢的热强性

金属零件在高温下长时间承受负荷时，有可能会出现两种情况的失效：一种是在远低于抗拉强度的应力作用下，抗拉强度与塑性会随载荷持续时间的增长而显著降低，产生断裂；另一种情况是在工作应力低于屈服强度的情况下，工件会连续而缓慢地发生塑性变形，而导致失效。如蒸汽锅炉及化工设备中的一些高温高压管道，在长期的使用中，会产生缓慢而连续的塑性变形，使管径日益增大。这就是说，金属在高温下的力学性能及力学行为和温度及时间密切相关，或者说温度和时间对材料的高温性能有很大的影响，所以钢的热强性能指标的表达方式有其特殊性。钢的热强性能指标主要有：蠕变极限、持久强度、高温疲劳强度和持久寿命等。

十、超高强度结构钢

超高强度结构钢是为满足飞机、火箭等航空航天器结构上用的高比强度（强度/密度）材料而发展起来的一类结构钢，后来在常规武器的零件等方面也得到了应用。对于航空航天工业来说，降低飞行器或构件的自身质量是非常重要的，因此要求使用的材料具有高比强度。目前高强度铝合金的强度极限已达到 600MPa，这就要求钢的强度极限在 1800MPa 以上，才能与铝合金匹配。因此，一般情况只有当屈服强度超过 1400~1500MPa 以上，才能在航空航天工业上获得广泛应用。铝合金是飞行器马赫数（飞行速度与声速相比）$M\leqslant 2$ 时的主要结构材料。许多情况下，要求材料不仅具有高强度、高韧度等性能，还要求能在一定温度下工作。当飞行器马赫数 $M>2$ 时就需要采用合金或超高强度合金钢。超高强度合金钢已大量用于火箭发动机外壳、飞机起落架、机身骨架、高压容器和常规武器的某些零件上，其应用范围还在不断扩大。对于什么是超高强度目前还没有一致的规定，但一般认为屈服强度超过 1500MPa 以上可称为超高强度合金。超高强度合金钢一般可分为低合金超高强度钢、二次硬化型超高强度钢、马氏体时效钢和沉淀硬化超高强度不锈钢四类。

(一) 低合金超高强度钢

合金元素含量不超过 5%（质量分数，下同），经热处理强化后强度大于 1400MPa 的中碳低合金钢，一般均可称为低合金超高强度钢。低合金超高强度钢是以调质钢为基础发展起来的，可用作飞机起落架、飞机机身大梁、火箭发动机外壳（见图 1-14）、火箭壳体、高压容器等。

图 1-14　火箭发动机外壳

（二）二次硬化型超高强度钢

如果要求钢在较高温度下仍然保持高强度性能，则钢的高性能应在相应的热处理强化工艺（550~650℃回火）中获得，其强化途径应是二次硬化，显然钢的合金化应具有二次硬化效应。二次硬化型超高强度钢一般分为两类：中合金二次硬化型超高强度钢，最早是从热变形模具钢（H11 和 H13）移植而来的；高合金二次硬化型超高强度钢，它是在9Ni-4Co钢基础上发展起来的。

二次硬化现象在热作模具钢、工具钢中已应用了几十年，也进行了大量研究。钢中二次硬化现象与合金化有直接关系，选择合适的碳化物可以收到提高二次硬化的效果。选择合金元素及其量的基本原则包括最强的二次硬化效果、最小过时效和足够的淬透性等。

（三）马氏体时效钢

随着航空和宇航工业的迅速发展，对所用钢的强度提出了更高的要求。马氏体中的间隙原子碳含量增加，强度可大幅度地提高，但是塑性和韧度却大幅度地下降。这是间隙固溶强化造成的，这在一般钢中是一个强韧化基本矛盾。对于超高强度钢，同时要求很高的强度和韧度，必须消除这一根本的矛盾因素。强度的提高，可通过改变传统的合金化方法，利用其他的强化机制来实现。材料工作者经过研究分析，放弃了传统的以碳强化的途径，最终找到了以沉淀强化为主的马氏体时效钢，这在超高强度钢的发展历史上是一个具有突破性的进展。马氏体时效钢的开发是目前利用材料微观理论来解决强-韧化矛盾，进行合金优化设计的成功例子之一。马氏体时效钢是铁-镍超低碳高合金超高强度钢，实际上是 FeNi 为基的合金。基本成分是：小于 0.03% C，18%~25% Ni，还加入 Co、Ti、Al、Mo 等能产生时效硬化的元素，C、S、N 等元素是以杂质形式存在的，严格控制在很低的含量范围。因此，马氏体时效钢不是靠碳的过饱和固溶或碳化物沉淀来强化的，而是靠某些合金元素在时效时产生金属间化合物析出而强化的。

（四）沉淀硬化超高强度不锈钢

由于航空航天事业的发展，有些零部件的要求也在不断地提高，既要求耐热、耐蚀，又必须具有超高强度。因此，在不锈钢基础上发展了沉淀硬化超高强度不锈钢，它具有较高的抗拉强度和良好的耐腐蚀性。典型沉淀硬化不锈钢的牌号和化学成分见表 1-3。根据钢的基体组织和热处理强化工艺，主要有马氏体沉淀硬化型不锈钢和半奥氏体沉淀硬化型不锈钢两类。常用的马氏体沉淀硬化型不锈钢有 05Cr17Ni4Cu4Nb、05Cr15Ni5Cu4Nb 等，奥氏体-马氏体沉淀硬化型不锈钢有 07Cr17Ni7Al、07Cr15Ni7Mo2Al 等。

表 1-3　典型沉淀硬化不锈钢牌号和化学成分（GB/T 20878—2007）

牌号（统一数字代号）	化学成分（质量分数）/%							
	C	Si	Mn	Cr	Ni	Mo	Cu	其他
05Cr15Ni5Cu4Nb（S51550）	0.07	1.00	1.00	14.00~15.50	3.50~5.50	—	2.50~4.50	0.15~0.45Nb
05Cr17Ni4Cu4Nb（S51740）	0.07	1.00	1.00	15.00~17.50	3.00~5.00	—	3.00~5.00	0.15~0.45Nb
07Cr17Ni7Al（S51770）	0.09	1.00	1.00	16.00~18.00	6.50~7.75	—	—	0.75~1.50Al
07Cr15Ni7Mo2Al（S51570）	0.09	1.00	1.00	14.00~16.00	6.50~7.75	2.00~3.00	—	0.75~1.50Al
09Cr17Ni5Mo3N（S51750）	0.07~0.11	0.50	0.50~1.25	16.00~17.00	4.00~5.00	2.50~3.20	—	0.07~0.13N
06Cr17Ni7AlTi（S51778）	0.08	1.00	1.00	16.00~17.50	6.00~7.50	—	—	0.40Al 0.40~1.20Ti

注：表中所列成分除标明范围外，其余均为最大值；所有牌号 P≤0.040，S≤0.030。

马氏体时效硬化不锈钢兼有马氏体时效钢和不锈钢的优点。经固溶处理和时效强化，强度高（1500~1600MPa），而且具有较高的断裂韧度（90MPa · $m^{1/2}$以上），是很有发展途的高强度不锈钢，主要用于制造飞机高强度结构件、压力容器等部件。

奥氏体-马氏体沉淀硬化型不锈钢可用热处理方法来控制钢的马氏体相变温度，使钢在室温成型或制造零件过程中处于奥氏体状态。室温下的奥氏体是不稳定的，在成分设计时使 M_s 点略低于室温，以便以后通过适当的热处理使奥氏体转变为马氏体，在低碳马氏体基础上再通过时效产生沉淀硬化而提高强度。奥氏体和马氏体组织的比例决定了钢的强度等性能，因此该钢的特点是工艺和组织的可变性较大，可通过热处理工艺控制奥氏体和马氏体的相对数量，从而达到强度和韧度的合理配合。采用不同的工艺，获得的性能差异也是较大的，根据要求可设计合理的工艺过程和参数。但其缺点是化学成分和热处理温度的控制范围很窄，热处理工艺复杂，性能波动较大。由于在温度较高时，沉淀强化相会继续析出和粗化，使钢脆性增大，所以这类钢的使用温度应在 315℃以下。奥氏体-马氏体沉淀硬化型不锈钢常用于制造飞行器蒙皮、飞机薄壁结构及各种化工设备用管道、容器等。

十一、铸铁

从铁-碳相图可知，一般情况下，将含碳量大于 E 点（2.11% C，质量分数，下同）的铁-碳合金称为铸铁。铸铁具有优良的工艺性能和使用性能，生产工艺简单，成本低廉，

图 1-15　铸铁

因此在机械制造、冶金、矿山、石油化工、交通运输、建筑和国防等部门中广泛应用。例如，按质量计算，在机床和重型机械中铸铁件占60%~90%，在农业机械中铸铁件占40%~60%，在汽车、拖拉机中铸铁件占50%~70%。随着铸造技术的进步和新材料的开发，各种高性能铸铁（见图 1-15）和特殊性能铸铁还可代替部分昂贵的合金钢和有色金属材料。

铸铁一般是指含碳量大于 2.11%或组织中具有共晶组织的铁-碳合金，实际上铸铁是以铁-碳-硅为主的多元合金。铸铁化学成分的大致范围为：2.40% ~ 4.00% C、0.6% ~ 3.00% Si、0.20% ~ 1.20% Mn、0.04% ~ 1.2% P、0.04% ~ 0.20% S，P、S 一般为杂质。铸铁有时加入各种合金元素（硅、铝、铬、锰、铜等）以得到各种特殊性能，如耐磨铸铁、耐热铸铁、耐腐蚀铸铁和无磁铸铁等。铸铁中的碳主要有三种存在形式：固溶于铁的晶格中，形成间隙固溶体，如铁素体和奥氏体等；与铁作用形成渗碳体 FeC 等碳化物；以游离的形式析出。根据碳在铸铁中存在的形式和石墨形态，铸铁可分为以下几类：

（1）灰铸铁。碳全部或大部分以片状石墨析出，凝固后断口呈暗灰色。球铸铁。碳全部或大部分以球状石墨形态存在，通过球化处理而得到。

（3）蠕墨铸铁。碳全部或大部分以蠕虫状石墨形态存在，通过蠕化处理得到。

（4）可锻铸铁。碳全部或大部分以游离团絮状石墨形态存在，经石墨化退火处理得到，与灰口铸铁相比，它有较好的塑性和韧性，因此得名，实际上可锻铸铁不可锻造。

（5）白口铸铁。碳全部或大部分以化合态 FeC 形式存在，断口呈亮白色。如铸件表面一定深度是全白口组织，芯部是灰口组织，称为冷硬铸铁。

《铸铁牌号表示方法》（GB/T 5612—2008）标准规定了铸铁牌号用代号、化学元素符、名义百分含量及力学性能的表示方法，见表 1-4。

表 1-4　各种铸铁名称、代号及牌号表示方法实例

铸铁名称		代号	牌号表示方法实例
灰铸铁	灰铸铁	HT	HT250，HTCr-300
	奥氏体灰铸铁	HTA	HTANi20Cr2
	冷硬灰铸铁	HTL	HTLCr1Ni1Mo
	耐磨灰铸铁	HTM	HTMCu1CrMo
	耐热灰铸铁	HTR	HTRCr
	耐蚀灰铸铁	HTS	HTSNi2Cr
球墨铸铁	球墨铸铁	QT	QT400-18
	奥氏体球墨铸铁	QTA	QTANi30Cr3
	冷硬球墨铸铁	QTL	QTLCrMo
	抗磨球墨铸铁	QTM	QTMMn8-30
	耐热球墨铸铁	QTR	QTRSi5
	耐蚀球墨铸铁	QTS	QTSNi20Cr2

续表 1-4

铸铁名称		代号	牌号表示方法实例
蠕墨铸铁	—	RuT	RuT420
可锻铸铁	白心可锻铸铁 黑心可锻铸铁 珠光体可锻铸铁	KTB KTH KTZ	KTB350-04 KTH350-10 KTZ650-02
白口铸铁	抗磨白口铸铁 耐热白口铸铁 耐蚀白口铸铁	BTM BTR BTS	BTMCr15Mo BTRCr16 BTSCr28

第五节 有色金属合金

钢铁以外的金属材料称为有色金属材料或非铁金属材料。目前，全世界金属材料的总产量约 8 亿吨，有色金属材料约占 5%。有色金属如按金属性能分类，可分为下列五类：

（1）有色轻金属，即密度不大于 4. 5g/cm^3 的有色金属，如铝、镁、钛、钙、银等。

（2）有色重金属，即密度大于 4. 5g/cm^3 的有色金属，如铜、铅、锌、镍、钴、锡等。

（3）贵金属，如金、银和铂族元素。

（4）稀有金属，包含稀有轻金属，如锂、铍、铷、钝；稀有高熔点金属，如钨、钼、铌、锆等；稀土金属；分散金属，如镓、铟、锗、铊等；稀有放射性金属，镭、锕、钍、铀等。

（5）半金属，如硅、硼、硒、碲、砷。

随着航空、航海、汽车、石油化工以及空间技术等工业的发展，有色金属合金的使用量日益增加。例如在航空、航海等交通运输工业中，为了提高运载能力和速度，要求材料强度高，密度小。据资料统计，在制造飞机用的金属材料中，轻金属占总质量的 95%以上。再如目前的汽车工业正向着节能、高速方向发展，这就要求汽车减轻自重。汽车发动机的活塞大多数已用铝合金来代替铸铁，许多发动机的附件如壳体、小型汽油机的汽缸盖等，除了用铝合金外，还采用钛合金和镁合金来制造。此外，随着石油化工工业的发展，许多设备的零件都是在腐蚀性介质中工作，要求材料具备优良的耐蚀性能。铜合金、钛合金具有很好的耐蚀性能，适宜于制造石油化工工业中的耐酸、耐碱的化工用泵等零件。

本节主要介绍机械制造工业中常用的铝、铜、钛、镁等合金。重点讨论它们的合金化、热处理以及常用合金的成分、组织与性能。

一、铝合金

铝具有一系列比其他有色金属、钢铁和塑料等更优良的特性，如密度小，仅为 2. 7 g/cm^3，约为铜或钢的 1/3；优良的导电性、导热性；良好的耐蚀性；优良的塑性和加工性能等。但纯铝的力学性能不高，不适合作承受较大载荷的结构零件。为了提高铝的力学性能，在纯铅中加入某些合金元素，制成铝合金，如图 1-16 所示。铝合金仍保持纯铝的密度小和耐蚀性好的特点，且力学性能比纯铝高得多。有些铝合金经热处理后的力学性能可以和钢铁材料相比。

图 1-16　铝合金

（一）铝合金的分类

铝合金中常加入的元素为铜、锌、镁、硅、锰以及稀土元素等，这些合金元素在固态铝中的溶解度一般都是有限的，所以铝合金的组织中除了形成铝基固溶体外，还有第二相出现。以铝为基的二元合金大都按共晶相图结晶，如图 1-17 所示。加入的合金元素不同，在铝基固溶体中的极限溶解度也不同，固溶度随温度变化以及合金共晶点的位置不同也各不相同。根据成分和加工工艺特点，铝合金可分为变形铝合金和铸造铝合金。由图 1-17 可知，成分在 *B* 点以左的合金，当加热到固溶线以上时，可得到均匀的单相固溶体 α，由于其塑性好，适宜于压力加工，所以称为变形铝合金。常用的变形铝合金中，合金元素的总量小于 5%（质量分数，下同），但在高强度变形铝合金中，可达 8%~14%。

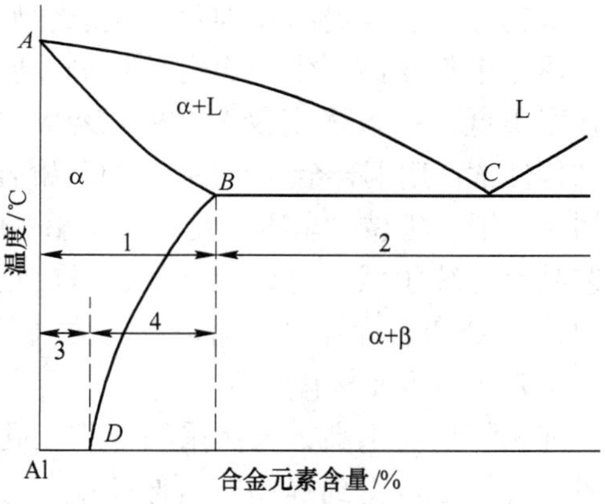

图 1-17　铝合金分类示意图

1—变形铝合金；2—铸造铝合金；3—不能热处理强化的铝合金；4—能热处理强化的铝合金

变形铝合金又可分为两类：

（1）不能热处理强化的铝合金，即合金元素的含量小于状态图中 *D* 点成分的合金，这类合金具有良好的抗蚀性能，故称为防锈铝；

（2）能热处理强化的铝合金，即成分处于状态图中 *B* 与 *D* 之间的合金，通过热处理能显著提高力学性能，这类合金包括硬铝、超硬铝和锻铝。一般来说共晶成分的合金具有优良的铸造性能，但在实际使用中，还要求铸件具备足够的力学性能。因此，铸造铝合金的成分只是合金元素的含量比变形铝合金高一些，其合金元素总量为 8%~25%。

(二) 铝合金热处理强化特点

铝合金的热处理强化虽然工艺操作与钢的淬火工艺操作基本上相似，但强化机理与钢有着本质的不同。铝合金尽管淬火加热时，也是由 α 固溶体加第二相转变为单相的 α 固溶体淬火时得到单相的过饱和 α 固溶体，但它不发生同素异构转变。因此，铝合金的淬火处理称之为固溶处理，由于硬脆的第二相消失，所以塑性有所提高。过饱和的 α 固溶体虽有强化作用，但是单相的固溶强化作用是有限的，所以铝合金固溶处理后强度、硬度提高并不明显，而塑性却有明显提高。铝合金经固溶处理后，获得过饱和固溶体。在随后的室温放置或低温加热保温时，第二相从过饱和固溶体中析出，引起强度、硬度以及物理和化学性能的显著变化，这一过程称为时效。室温放置过程中使合金产生强化的效应称为自然时效；低温加热过程中使合金产生强化的叫人工时效。因此，铝合金的热处理强化实际上包括了固溶处理与时效处理两部分。

二、铜合金

由于有自然铜的存在，导致铜是人类历史上使用最早的一种金属。铜带领人类走出了石器时代，创造了青铜时代的辉煌，并不断推进社会文明的进步。

铜具有许多可贵的物理化学性能，如电导率、热导率都很高，化学稳定性强等，但纯铜的强度很低，抗拉强度仅为 230～240MPa，因此结构件常使用铜合金（见图 1-18）。铜合金在电器、电子、机械、车辆、化工、船舶、航空、工艺品等传统领域具有广泛应用，目前也是无线通信、IC 卡、计算机、网络、电动汽车等新兴技术领域的重要材料。

图 1-18　铜合金

纯铜的强度不高，虽然采用冷作硬化的方法可使抗拉强度得到提高，但伸长率却急剧下降，所以要满足制作结构件的要求，必须对纯铜进行合金化。通过合金化可以实现时效强化和过剩相强化，从而获得高强度铜合金。铜合金中固溶强化的合金元素主要是锌、铝、锡、锰、镍等。许多元素在固态铜中的溶解度随温度降低而急剧减小，如铍、钛、锆、铬等，因而它们具有时效强化效果。过剩相强化在铜合金中的应用也较普遍。黄铜和青铜中的 Cu31Sn8 等相均产生过剩相强化作用。

铜合金按化学成分可分为黄铜、青铜和白铜三大类。

(一) 黄铜的牌号及表示方法

黄铜是以锌为主要元素的铜合金。最简单的黄铜是铜-锌二元合金，简称普通黄铜。工业上使用的黄铜其锌含量均在 50%（质量分数，下同）以下。在二元铜-锌合金基础上加入一种或多种其他合金元素的黄铜，称为特殊黄铜。黄铜按其生产工艺可分为压力加工黄铜和铸造黄铜。普通黄铜牌号用“黄”字的汉语拼音字头“H”后面加铜含量表示。如 H62 表示含 62% Cu、38% Zn 的普通黄铜。特殊黄铜的牌号用“H”加主添元素的化学符号，再加铜含量和添加元素的含量表示。如 HMn58-2 表示 58% Cu、2% Mn 的特殊黄铜。铸造黄铜牌号用“铸”字的汉语拼音字头“Z”再加铜的化学符号和主添元素的化学符号及含量表示。如 ZCuZn38 表示平均含 Zn 量为 38%的铸造黄铜。

（二）青铜的牌号及表示方法

青铜是人类历史上最早应用的一种合金。青铜最早指的是铜-锡合金。但近几十年来，在工业上应用了大量的含铝、硅、铵、锰和铅的铜基合金，这些也称青铜。为了加以区别，通常把铜-锡合金称为锡青铜（普通青铜），其他称为无锡青铜（特殊青铜）。青铜牌号的表示方法是“青”字的汉语拼音字头“Q”加上第一个主加元素的化学符号及含量，再加上其他合金元素的含量。如 QSn4-3 表示含 4%Sn，3%Zn 的锡青铜；QA15 表示含 5% Al 的铝青铜。铸造青铜的牌号中“Z”表示铸造，“Cu”表示铜基体元素符号，如 ZCuPb30 表示铸造铅青铜，铅的平均质量分数为 30%。

三、钛合金

钛实现工业生产至今才 50 多年，由于其具有密度小、比强度高、耐腐蚀等一系列优异的特性，发展非常快，短时间内已显示出了强大的生命力，成为航空航天、军事、能源舰船、化工以及医疗等领域不可缺少的材料。图 1-19 为钛合金医疗器械。

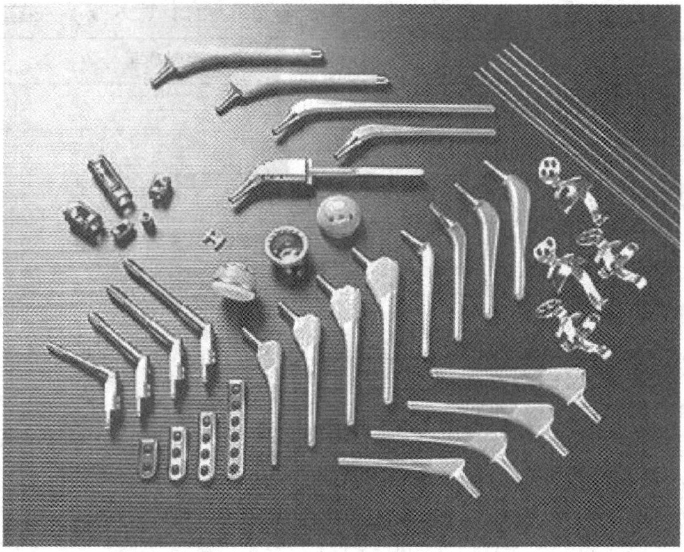

图 1-19　钛合金医疗器械

（一）钛的基本性质与合金化

钛主要有下列一些基本性质：

（1）钛存在两种同素异构转变，α-Ti 在 882℃以下稳定，具有密排六方结构，β-Ti 在 882℃以上稳定，具有体心立方结构。

（2）比强度高，钛的密度小（4.51g/cm³），比强度高且可以保持到 550～600℃，与高强合金相比，相同强度水平可降低质量 40%以上，因此在宇航上应用潜力大。

（3）耐蚀性好，钛与氧、氮能形成化学稳定性极高的氧化物、氮化物保护膜，因此，钛在低温和高温气体中有极高的耐蚀性，此外，钛在海水中的耐蚀性比铝合金、不锈钢和镍基合金都好，但在还原性介质中差一些，可通过合金化改善。

(4) 低温性能好，在液氮温度下仍有良好的力学性能，强度高，且塑性和韧度也好。

(5) 热导率低，铁比钛热导率高 4.5 倍，所以铁易产生温度梯度及热应力，但钛的线膨胀系数较低，可补偿因热导率低带来的热应力问题，钛的弹性模量约为铁的 54%。

合金化的主要目的是利用合金元素对 α 或 β 相起稳定作用，来控制 α 和 β 相的组成和性能。各种合金元素的稳定作用与其电子浓度有密切关系，一般来说，电子浓度小于 4 的元素能稳定 α 相，电子浓度大于 4 的元素能稳定 β 相，电子浓度等于 4 的元素，既能稳定 α 相，也能稳定 β 相。工业用钛合金的主要合金元素有 Al、Sn、Zr、V、Mo、Mn、Fe、Cr、Cu 和 Si 等，按其对转变温度的影响和在 α 或 β 相中的固溶度可以分为三大类：能提高相变点，在 α 相中大量溶解和扩大 α 相区的元素叫 α 稳定元素，如 Al；能降低相变温度，在 β 相中大量溶解和扩大 β 相区的元素叫 β 稳定元素，如 Mo；对转变温度影响小，在 α 和 β 相中均能大量溶解或完全互溶的元素叫中性元素。

(二) 常用钛合金

钛合金按退火组织可以分为 α、β 和 α+β 三大类，牌号分别以 TA、TB 和 TC 加上顺序号数字表示。工业纯钛在冶标（YB）中也划归为 α 合金，如 TA1～TA4。国产钛合金牌号，共有 60 余种。表 1-5 中列出了部分常用加工钛合金的牌号及主要化学成分。

表 1-5　部分加工钛合金牌号及主要合金元素（GB/T 3620.1—2007）

合金类型	牌号	主要合金元素含量（质量分数）/%
α 型	TA5	3.3～4.7 Al，0.005 B
	TA7	4.0～6.0 Al，2.0～3.0 Sn
	TA15	5.5～7.1 Al，0.5～2.0 Mo，0.8～2.0 V，1.5～2.5 Zr
β 型	TB2	2.5～3.5 Al，4.7～5.7 Mo，4.7～5.7 V，7.5～8.5 Cr
	TB8	2.5～3.5 Al，14.0～16.0 Mo，2.4～3.2 Nb，0.15～0.25 Si
α+β 型	TC3	4.5～6.0 Al，3.5～4.5 V
	TC4	5.5～6.75 Al，3.5～4.5 V
	TC8	5.8～6.8 Al，2.8～3.8 Mo，0.20～0.35 Si
	TC9	5.5～5.5 Al，1.8～2.8 Sn，2.8～3.8 Mo，0.2～0.4 Si
	TC12	4.5～6.5 Al，1.5～2.5 Sn，3.5～4.5 Mo，3.5～4.5 Cr，0.5～1.5 Nb，1.5～3.0 Zr
	TC24	4.0～5.0 Al，1.8～2.2 Mo，2.5～3.5 V，1.7～2.3 Fe

三大类钛合金各有其特点。α 合金高温性能好，组织稳定，可焊性好，但常温强度低，塑性不够高。α+β 合金可以热处理强化，常温强度高，中等温度的耐热性也不错，但组织不够稳定，可焊性差。β 合金的塑性加工性好，合金浓度适当时，通过热处理可获得高的常温力学性能，是发展高强度钛合金的基础，但组织性能不够稳定，冶炼工艺复杂。当前应用最多的是 α+β 合金，其次是 α 合金，β 合金应用较少。

四、镁合金

镁的资源十分丰富，镁在地壳中的含量为 2.35%，总储量估计为 100 亿吨以上。进入 21 世纪，全球原镁生产能力已超过 60 万吨。镁及镁合金广泛应用于冶金、汽车、摩托车、航空航天、光学仪器、计算机、电子与通信、电动、风动工具和医疗器械等领域。镁合金（见图1-20）以其优良的导热性、可回收性、抗电磁干扰性及优良的屏蔽性能等特点，被誉为新型“绿色工程材料”、21世纪的“时代金属”。随着国内外镁产品市场开发应用空间的增大，镁资源将发挥更重要的作用。

图1-20　镁合金

（一）镁的基本性质

镁主要有下列一些基本性质：

（1）镁的原子序数为12，相对原子质量为24.32，镁的晶体结构为密排六方，25℃时晶胞的轴比为$c/a=1.6237$。

（2）镁在20℃时的密度只有1.738g/cm^3，是常用结构材料中最轻的金属，镁的这一特征与其优越的力学性能相结合，成为大多数镁基结构材料应用的基础。

（3）镁的体积热容比其他所有的金属都低，镁在20℃时的体积热容为1781J/(dm^3·K)，在同样条件下铝的体积热容是2430J/(dm^3·K)，钛为2394J/(dm^3·K)，铜为3459J/(dm^3·K)，锌为2727J/(dm^3·K)，镁及镁合金的一个重要特性是升温与降温都比其他金属快。

（4）镁具有很高的化学活泼性，镁在潮湿大气、海水、无机酸及其盐类、有机酸、甲醇等介质中均会引起剧烈的腐蚀，但镁在干燥的大气、碳酸盐、氟化物、铬酸盐、氢氧化钠溶液、苯、四氯化碳、汽油、煤油及不含水和酸的润滑油中却很稳定。

（5）镁的室温塑性很差，纯镁多晶体的强度和硬度也很低。

（二）镁合金的特点

纯镁的优点很多，但是力学性能较低，其应用范围受到很大限制。通过在纯镁中添加合金元素，可以显著改善镁的物理、化学及力学性能。镁合金的密度比纯镁稍高，在1.75～1.85g/cm^{3}之间。现已开发出较多的镁合金体系，大多数镁合金具有如下特点：

（1）比强度、比刚度均很高，比强度明显高于铝合金和钢，比刚度与铝合金和钢相当而远远高于工程塑料。

（2）弹性模量较低，当受到外力时，应力分布将更均，可以避免过高的应力集中，在弹性范围内承受冲击载荷时，所吸收的能量比铝高 50%左右，所以，镁合金适宜于制造承受猛烈撞击的零件，此外，镁合金受到冲击或摩擦时，表面不会产生火花。

（3）良好的减振性，在相同载荷下，减振性是铝的 100 倍，合金的 300~500 倍。

（4）切削加工性能优良，其切削速度大大高于其他金属，镁合金的铸造性能优良，几乎所有的铸造工艺都可以铸造成型。

（三）镁合金的分类

目前，国际上倾向于采用美国试验材料协会（ASTM）使用的方法来标记镁合金。我国镁合金牌号的命名规则也基本上与国际接轨。GB/T 5153—2003 标准规定了牌号的命名规则：镁合金牌号以英文字母加数字再加英文字母的形式表示。前面的英文字母是其最主要的合金元素代号（元素符号有规定，如 A-Al，C-Cu，K-Zr，M-Mn，R-Cr，S-Si，T-Sn，Z-Zn 等），其后的数字表示其最主要合金元素的大致含量。最后面的英文字母为标识代号，用以标识各具体合金元素相异或元素含量有微小差别的不同合金。如 AZ91D 镁合金牌号，“A”表示镁合金中主要合金元素铝，“Z”为含量次高的元素 Zn，“9”表示铝质量分数含量大致为 9%，“1”表示锌质量分数含量大致为 1%，“D”为标识代号。部分镁合金牌号及主要化学成分见表 1-6。

表 1-6　部分国产镁合金牌号及主要合金元素

种　类	合金系	牌号	主要合金元素含量（质量分数）/%	杂质总量（不大于）/%
变形镁合金	Mg-Mn	M2M	1.3~2.5 Mn	0.20
		ME20M	1.3~2.2 Mn，0.15~0.35 Ce	0.30
	Mg-Al-Zn	AZ40M	3.0~4.0 Al，0.15~0.50 Mn，0.20~0.8 Zn	0.30
		AZ61M	5.5~7.0 Al，0.15~0.50 Mn，0.50~1.5 Zn	0.30
		AZ80M	7.8~9.2 Al，0.15~0.50 Mn，0.2~0.8 Zn	0.30
	Mg-Zn-Zr	ZK61M	5.0~6.0 Zn，0.30~0.9 Zr	0.30
铸造镁合金	Mg-Zn-Zr	ZK51A	3.5~5.3 Zn，0.3~1.0 Zr	0.30
		ZK61A	5.7~6.3 Zn，0.3~1.0 Zr	0.30
	Mg-RE-Ag-Zr	QE22A	≤0.2 Zn，≤0.15 Mn，0.8~1.0 Zr，1.9~2.4 RE，2.0~3.0 Ag	0.30
		EQ21A	1.5~3.0 RE，0.3~1.0 Zr，1.3~1.7 Ag	0.30
	Mg-Al-Zn	AZ81A	7.2~8.0 Al，0.15~0.35 Mn，0.5~0.9 Zn	0.30
		AZ91D	8.5~9.5 Al，0.17~0.4 Mn，0.45~0.90 Zn	≤0.10（单个）
	Mg-Al-Mn	AM20S	1.7~2.5 Al，0.35~0.60 Mn，≤0.2 Zn	≤0.01（单个）
		AM60B	5.6~6.4 Al，0.26~0.50 Mn，≤0.2 Zn	≤0.01（单个）

镁合金一般按化学成分、成型工艺和是否含锆三种方式分类。大多数镁合金都含有多种合金元素，为突出最主要的合金元素，习惯上总是依据最主要合金元素，将镁合金划分为二元合金系：Mg-Mn、Mg-Al、Mg-Zn、Mg-RE、Mg-Th、Mg-Ag 和 Mg-Li 系。按成型工

艺，镁合金可分为两大类，即变形镁合金和铸造镁合金，变形镁合金和铸造镁合金在成分、组织和性能上存在着很大的差异。如前所述，固溶体合金的塑性变形性能优良，但强度较低。含金属间化合物的两相合金，其强度高，但塑性变形能力低。特别是当第二相很脆时，变形往往不均匀，容易造成开裂。因此，早期的变形镁合金由于要求其兼有良好的塑性变形能力和尽可能高的强度，对其组织的设计大多要求不含金属间化合物，其强度的提高主要依赖合金元素对镁合金的固溶强化和塑性变形引起的形变强化。铸造镁合金比变形镁合金的应用要广泛得多。铸造镁合金主要应用于汽车零件、机件壳罩和电气构件等。铸造镁合金多用压铸工艺生产，其主要工艺特点为生产效率高、精度高、铸件表面质量好、铸态组织优良、可生产薄壁及复杂形状的构件等。

依据合金中是否含锆，镁合金又可分为含和不含两大类。Mg-Zr 合金中一般都含有另一组元，最常见的合金系列是：Mg-Zn-Zr、Mg-RE-Zr、Mg-Th-Zr 和 Mg-Ag-Zr 系列，不含锆的镁合金有：Mg-Zn、Mg-Mn 和 Mg-Al 系列。应用最多的是不含锆压铸镁合金 Mg-Al 系列。含锆与不含锆的镁合金中均包含变形镁合金和铸造镁合金。

第六节　新型金属材料

金属材料是国民经济建设中重要的基础材料，随着科学技术的发展对金属材料提出了更高的要求，因此除了传统金属材料的发展外，新型金属材料也在不断地涌现。如各种金属功能材料、金属基复合材料、金属间化合物结构材料、金属类生态环境材料等。这里仅简单介绍金属功能材料、金属基复合材料和金属间化合物结构材料。

一、金属功能材料

功能材料往往在能量与信息的显示、转换、传输、存储等方面具有独特功能，这些特殊功能是以它们所具有优良的电学、磁学、光学、热学、声学等物理性能为基础的。功能材料对现代科学技术的进步和社会的发展起着巨大的作用。金属功能材料与无机非金属功能材料、有机功能材料一样具有多方面突出的物理性能，主要表现在导电性、磁性、导热性、热膨胀特性、弹性及一些特殊的性能，如马氏体相变引发的形状记忆特性、某些合金对氢具有超常吸收能力的特性等。它们在功能材料中占有重要地位，在工程实际中应用日益广泛。金属功能材料主要有金属磁性材料、金属催化材料、机敏金属材料、金属电子材料等。本节简单介绍磁性合金、电性合金、形状记忆合金。

（一）*磁性合金*

磁性材料是指利用其较强的磁性在一定空间中建立磁场或改变磁场分布状态的一类功能材料。磁性材料有金属磁性材料和铁氧体陶瓷材料两类，金属磁性材料以合金为主，一般称为磁性合金。早期的磁性合金主要是软铁、硅钢片、铁氧体等。20 世纪 60 年代以后，随着材料科学与技术的发展，出现了大量的高性能新型磁性材料，如非晶态软磁材料、纳米晶软磁材料、稀土永磁材料等，并广泛应用于电力、电子、电机、仪表、电子计算机、通信等领域，在工业生产与日常生活中起着举足轻重的作用。

磁性材料通常是根据矫顽力的大小进行分类：软磁材料（矫顽力 H_c 低于 10^2A/m）；硬磁材料（H_c 高于 10A/m）和半硬磁材料（H_c 介于 $10^2 \sim 10^4$A/m 之间）。对软磁材料和硬磁材料的共同要求是有高的饱和磁感应强度和高的磁导率，此外，软磁材料应有小的磁滞损失和小的矫顽力。其磁滞线所围的面积应该小，在交变磁场下还应有小的涡流损失，以达到最低的铁损。而用作永久磁铁的硬磁材料需要有较高的矫顽力和剩余磁感应强度，使它既难以磁化，又难以退磁，所以其磁滞回线所围的面积应该大；半磁材料的性能介于永磁材料与软磁材料之间，材料既具有较高的剩磁（>09T，1T = 1Wb/m^2，1Wb = 1V · s）又易于改变磁化方向，矫顽力在 0. 8~2. 4kA/m 之间，此类材料主要用于磁滞电动机、继电器和磁离合器等。

（二）电热合金

电性合金材料主要包括具有特殊导电性的导电合金、超导材料、电热合金、精密电阻合金和具有显著热电效应的热电偶材料等。本节主要介绍电热合金。电热合金是通过其自身电阻将电能转化成热能的合金。金属电热合金与石墨、碳化硅二硅化钼等非金属材料是主要的电热转化材料。作为电热合金，首先要求具有高的电阻率值和低的温度变化率。高电阻率可使设备质量轻、体积小，电阻率随温度变化率小有利于温度调节及控制。其次，需要合金具有一定的高温强度及高温下的化学和组织稳定性。此外，还要求材料易于加工、价格低。金属电热材料包括纯金属与合金两类。纯金属电热材料主要是钨、钼等，合金的性能优于纯金属，特别是单相、无相变合金最为理想。应用广泛的电热合金是 Ni-Cr 系、FeCr-Al 系及 Fe-Al-Mn 系电热合金。

（三）形状记忆合金

合金在低温下被施加应力产生变形，应力去除后，形变保留，但加热会逐渐消除形变，并恢复到高温下的形状，即具有能够记忆高温所赋予的形状的功能，这种现象称为形状记忆效应（shape memory effect），简称 SME。具有形状记忆效应的合金称为形状记忆合金（shape memery alloy），简称 SMA。在 20 世纪 30 年代，Greninger 等人首先就在 Cu-Zn 合金中观察到形状记忆现象，随后发现 Cu-Al-Ni、Cu-Sn、Au-Cd 等合金也具有形状记忆效应，并对机理进行了研究。1963 年，Buehler 等人发现 T-Ni 合金具有良好的形状记忆效应，从此形状记忆合金作为一类重要的功能材料被广泛研究并开始应用。70 年代，人们发现了铜基形状记忆合金（Cu-A-Ni）；80 年代又在铁基合金 Fe-Mn-Si 中发现了形状记忆效应，从而大大推动了形状记忆合金的研究开发工作。目前利用记忆效应进行工作的元件、机构和装置的应用领域遍及温度继电器、玩具、机械、电子、自动控制、机器人、医学应用等领域。

二、金属基复合材料

复合材料是由两种或两种以上物理和化学性质不同的物质组合而成的一种多体材料。在复合材料中，通常有一相为连续相，是基体；另一相为分散相，称为增强体。虽然复合材料的各组分保持其相对独立性，但复合材料的性能却不是组分材料性能的简单加和，而是有着重要的改进。复合材料各组分之间可以“取长补短”“协同作用”，极大地弥补了单一材料的缺点，显示出单一材料所不具有的新性能。复合材料的出现和发展，是现代科学技术不断进步的必然，也是材料设计方面的一个质的飞跃。

金属基复合材料（metalmatrix composite，简称 MMC）是以金属及其合金为基体，与一种或几种金属或非金属增强相人工结合而成的复合材料。其增强体大多为无机非金属，如陶瓷、炭、石墨及硼等，也可以用金属丝。金属基复合材料与聚合物基复合材料、陶瓷基复合材料以及碳/碳复合材料一起构成现代复合材料体系。

金属基复合材料是一种新型工程材料，除具有金属的一些共同性能外，由于与高强度、高模量、耐热性好的纤维或颗粒、晶须等复合，可以获得比基体金属或合金更高的比强度、比模量、高温性能等性能。作为结构材料或特殊性能要求的材料，在航空、航天、军事工业和民用工业中具有无可替代的作用，并已得到广泛的应用。增强体强化的作用主要受增强体的性质、形态及其与金属基体的界面状态的影响。在金属基复合材料中，界面的作用是关键的。界面结合、界面结构、界面反应产物及其控制和界面优化对复合材料的性能发挥是极其重要的。增强材料的表面改性（涂覆）和基体合金化（改性）可在一定程度上改善增强材料与基体之间浸润性及界面反应。原位自生复合法可有效地解决金属基复合材料界面结合问题。根据国内外的研究与需求趋势，今后发展的重点是轻质、高强、多功能一体化的金属基复合材料，以及低成本、高效率、高可靠性、多元化的制备和加工技术。

三、金属间化合物结构材料

金属间化合物简称 IMC（intermetallics compounds），是指金属与金属、金属与类金属间形成的化合物。一般金属材料都是以相图中端固溶体为基体，而金属间化合物材料则以相图中间部分的有序金属间化合物为基体。金属间化合物可以具有特定的组成成分，也可在一定范围内变化，从而形成以化合物为基体的固溶体。因此，与传统的金属材料相比，它是一种完全不同的新材料。金属间化合物是长程有序的，具有特殊的晶体结构、电子结构与能带结构。因此，它具有许多新的特点和规律。

元素周期表的 103 个元素中有金属元素 82 种、类金属元素 9 种、非金属元素 12 种。82 种金属元素与 9 种类金属元素之间就可形成数以万计的金属间化合物，这些物质中多数为尚未研究或开发的新物质。金属间化合物材料是当前正在发展的一种新型金属材料，不仅可作结构材料使用，而且在电学、磁学和光学等领域内也具有出色的功能特性。它们有的已是或将是重要的新型功能材料和新型结构材料。

金属间化合物结构材料是当前正在发展的一种新型金属材料。金属间化合物具有高比强度、低塑性和反常温度强度的特性，此外还具有耐高温、抗腐蚀、抗氧化、耐磨损等优点，这是一类极具发展潜力的高温结构材料，在航空、航天、汽车、化工、机械等许多工业领域有着广阔的应用前景。

第二单元　定量分析化学技术

第一节　定量分析的一般步骤

定量分析的目的是获得物质中待测组分的含量，定量分析过程一般包括采样、样品的处理、样品测量、分析结果的表示与评价这四个步骤。

一、采样

采样是实施具体分析过程的第一步，其正确与否将直接影响到最终的结论。由于分析测试的目的是从小样本中获得的数据来表征对象全体的无偏信息，这就要求所采集的样本必须首先能代表对象全体，即采样必须有代表性。

获得有代表性采样的一种简单方式是随机采样，如图 2-1 所示。具体的采样方式还需根据样品的类型和分析的目的来进行，并根据分析的准确度要求确定采样的数量。

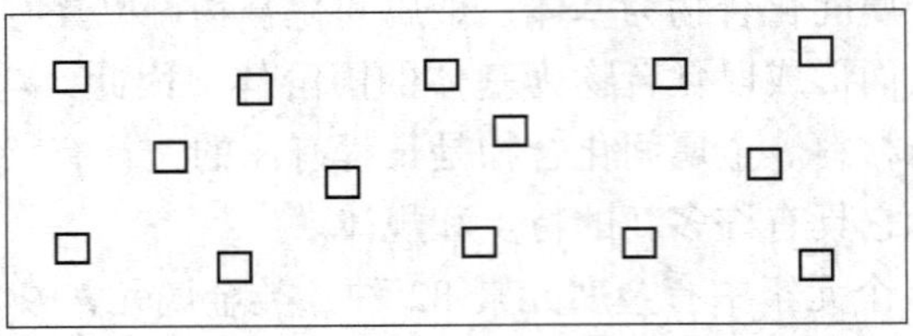

图 2-1　随机采样的示意图

二、样品的处理

（一）样品的制备

以固体样品为例，样品的制备包括样品的破碎和缩分。采集的固体样品通常并不均匀，且样品量相对较大，不适于直接用于定量分析。对采集的样品首先要经过多次破碎、研磨、过筛，使样品颗粒达到一定的粒径，以此来保证样品总体的均匀性。

对于研磨均匀的样品要进行缩分，以获得可进行定量分析的最小量。常用的缩分方式是四分法，其做法是将样品混匀后堆为锥形，然后压为圆饼状，通过中心将其分为四等份，弃去对角的两份，将保留的两份继续缩分，直至达到一定的量。样品制备的一般过程如图 2-2 所示。

上述样品的制备过程可能要进行多次循环才可达到要求，最终所需试样的最小质量可用式（2-1）进行估计：

$$m_q \geqslant kd^2 \tag{2-1}$$

式中　m_q——所需试样的最小质量，kg；

k——缩分常数，通常取值范围为 0.05~1kg/mm^2。

d——试样的最大粒径，mm；

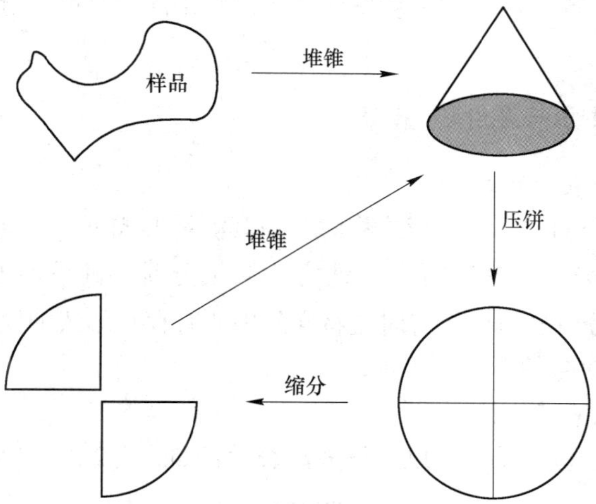

图 2-2　样品制备的一般过程

【例 2-1】　有试样 20kg，要求最终的样品粒径不大于 3.36mm，应缩分几次？已知 k=0.2kg/mm^2。

解： $m_q \geqslant kd^2$=0.2kg/mm^2×3.362mm^2=2.26kg

缩分三次剩余的试样量为 20×0.53 =2.5kg，与 2.26kg 接近，故应缩分三次。

（二）样品的预处理

从样品制备过程中获得的样品通常包含待测组分和其他杂质，它们的存在形式往往也很复杂，在进行定量分析之前，通常要将此样品进行分解，使待测组分定量地转入溶液中，并设法消除各种可能存在的干扰，这一过程通常称为样品的预处理。

对样品进行预处理的方式有很多，通常要根据样品的形态和分析的目的选择合适的预处理方式。对于无机固体样品，通常采用溶解法和熔融法对样品进行分解。溶解法采用的溶剂有水、酸、碱和混合酸，样品与溶剂作用后发生氧化还原反应从而使其溶解。例如，盐碱通常可用于溶解纯金属类样品，也可溶解以碱土金属为主的矿石。熔融法通常采用某些固体化合物作为熔剂，使其与样品在高温下熔融，再用水或酸浸取融块。例如，测定土壤中的硅含量时，通常将 KOH 与土壤样品共熔，融块经溶解后再进行滴定分析。

对于有机固体样品，通常可采用干式灰化法和湿式消化法。干式灰化法是将样品置于马弗炉中高温分解，待有机物燃烧完后将留下的无机物残渣以酸提取制备成分析试样。湿式消化法是将硝酸和硫酸的混合物作为溶剂与样品一同加热煮解。

三、样品的测量

样品的测最应该兼顾分析的准确度与速度两个方面。当待测组分含量较高时，要求测量的准确度也较高。例如，当组分含量在50%~100%的范围内时，要求测量的相对误差在 0.01%~1%的范围内时，对准确度的要求可放宽至相对误差为 2%~10%。此时宜采用仪器分析法。

分析速度也是实际分析过程中需要考虑的问题。例如，现代化的化工厂通常是大规模的连续生产，其中每一个工段的产品质量是否合格都将直接影响到整个工厂的正常运转，这就需要采用快速的分析方法，以便在短时同内测定中间产品的组分含量，为工况的调整提供参数。

四、分析结果的表示与评价

（一）分析结果的表示形式

样品中的待测组分的实际存在形式有时会与其测量形式不同，这就会涉及分析结果的表示形式的问题。例如，当铁矿石中的铁为待测组分时，其可能的存在形式有 Fe_2O_3、FeO 等。而在实际的分析过程中，有时是将样品中所有存在形式的铁都转化为 Fe^{3+}，故测量结果通常是以 Fe^{3+} 含量的形式来表示。

（二）分析结果的表示方法

对于固体样品，分析结果通常以质量分数表示，如式（2-2）所示：

$$w(\mathrm{B}) = \frac{m(\mathrm{B})}{m(\mathrm{S})} \times 100\% \qquad (2\text{-}2)$$

式中　$w(\mathrm{B})$——待测组分 B 的质量分数；

$m(\mathrm{B})$——待测组分 B 的质量；

$m(\mathrm{S})$——样品的质量。

当 $m(\mathrm{B})$ 和 $m(\mathrm{S})$ 的单位一致时，$w(\mathrm{B})$ 通常以百分数的形式表示。当目标组分的含量非常低时，可用 μg/g，mg/g 来表示。

对于液体样品，分析结果通常是以待测组分的物质的量浓度来表示，有时也以质量分数、体积分数等来表示。

对于气体样品，分析结果通常以体积分数来表示。

（三）分析结果的评价

定量分析通常涉及多个步骤，每一个步骤都会引入一定的误差，而这些误差最终会传递到最后的结果中。因而，如何评价每一个步骤的误差及最终结果的可信度，是定量分析必不可少的一个步骤。

第二节　滴定分析方法

一、滴定分析法的特点

滴定分析法充分利用了化学反应的计量关系来实现定量分析，这种计量关系可以是直接的，也可以是间接的。如下反应为直接滴定反应的一个例子。

$$\mathrm{T} + \mathrm{S} \rightleftharpoons \mathrm{P} \qquad (2\text{-}3)$$

根据这个反应，如果想要知道物质 S 的含量，可以用已知准确浓度的 T 物质与之反应，根据 T 物质所消耗的量就可确定 S 的含量。在这里 T 物质的溶液称为标准溶液或滴定剂，它是以逐滴加入的方式与 S 进行反应的。当滴加的准溶液恰好与待测物质反应完全时，称滴定反应达到化学计量点。

判定滴定反应是否达到化学计量点的方法通常有化学指示剂法和仪器法。化学指示剂法是通过某种化学试剂颜色的改变来指示化学计量点；而仪器法则根据某种装置的电位（或其他物理量）来指示化学计量点。后者比前者准确，但前者比后者操作方便，故在实际分析过程中更为常用。但是，在采用化学指示剂法时，由于其变色点并不一定与化学计量点一致，以及人眼在判定颜色变化时存在一定的偏差，故此时判定的仅仅是滴定反应的终点，而不一定是化学反应的计量点。滴定反应终点与化学反应计量点的不一致会导致滴定误差，称为滴定反应的终点误差。

滴定分析法要实现准确滴定，一般要满足如下几个条件：（1）滴定反应必须具备确定的化学计量关系；（2）反应必须定量地进行完全；（3）滴定反应有较快的反应速度；（4）必须有合适的方法确定化学计量点。

二、常用的滴定方式

常用的滴定方式有直接滴定法、返滴定法、置换滴定法和间接滴定法。

（1）直接滴定法。直接滴定法是将滴定剂直接滴加到待测物质的溶液中的一种滴定方法，它是滴定分析中最常用和最基本的滴定方法，凡能满足前述的四个条件的体系都可以采用该法进行定量分析。

（2）返滴定法。返滴定法是先往待测组分的溶液中加入一定过量的某种标准溶液，使之与溶液中的待测组分反应完全，再用另一种标准溶液滴定前一种标准溶液剩余的量，从而实现间接的定量分析。返滴定法通常用于滴定剂与待测组分的反应很慢，或用滴定剂直接滴定固体试样的情况，有时也用于没有合适的指示剂的情况。例如，Al^{3+}与 EDTA 的反应为慢反应，故宜加入已知量的过量的 EDTA 使二者反应完全，过量的 EDTA 可用锌标准溶液返滴定。

（3）置换滴定法。置换滴定法是先用适当试剂与待测组分反应，定量地生成另一种物质，然后用标准溶液滴定该物质。置换滴定法用于直接滴定待测组分没有确定的化学计量关系时的情况，也用于存在副反应的情况。例如，$Na_2S_2O_3$ 不能直接滴定 $K_2Cr_2O_7$，因为在酸性溶液中滴定时 $S_2O_3^{2-}$ 易发生歧化反应，生成 $S_4O_6^{2-}$、SO_4^{2-} 等的混合物，且反应没有确定的计量关系。此时，可以先让 $K_2Cr_2O_7$ 与过量的 KI 反应，定量地生成 I_2，然后再用 $K_2Cr_2O_7$ 滴定 I_2。

（4）间接滴定法。间接滴定法通常用于某种滴定无法进行的情况。例如，Ca^{2+}，无法直接用 $KMnO_4$ 滴定。然而，由于 Ca^{2+}可以被 $H_2C_2O_4$ 定量沉淀为 CaC_2O_4，此沉淀用酸溶解后可生成与 Ca^{2+}等量的 $C_2O_4^{2-}$，再用 $KMnO_4$ 滴定就可间接地测定 Ca^{2+}的含量。

三、基准物质和标准溶液

（一）基准物质

滴定分析法中，能直接用于配制或标定标准溶液的物质称为基准物质。基准物质必须是纯金属或纯化合物。基准物质应满足要求：（1）基准物质的组成与化学式完全相符。如果该物质含有结晶水，其结晶水的含量应与化学式相符。（2）基准物质主要成分的含量应在 99.9%以上。（3）基准物质应有很好的稳定性，不易与空气中的物质发生化学反应，也不易吸附空气中的物质。（4）基准物质的摩尔质量要大。

（二）标准溶液

标准溶液是指其中组分浓度已知的溶液，在滴定分析中通常用作滴定剂。配制标准溶液的常用方法是直接配制法和标定法。

直接配制法是用天平准确称取一定量的某种基准物质，溶解于适量水中，然后定量转入容量瓶中定容。根据称取的质量数及容量瓶的体积，即可计算出标准溶液的浓度。

标定法用于直接配制无法进行的情况，通常是因为试剂不能满足基准物质的要求。例如，市售的盐酸中 HCl 的准确含量难以确定，故无法直接将其配制成标准溶液。要配制 HCl 标准溶液，可先用浓 HCl 溶液稀释到需配制的浓度附近，然后用硼砂或已经标定过的 NaOH 标准溶液进行标定，以此求得该溶液的准确浓度。

四、滴定分析法的计算

（一）标准溶液浓度的表示方法

标准溶液的浓度一般用物质的量浓度来表示，其计算式如下：

$$c(\mathrm{B})=\frac{n(\mathrm{B})}{V} \tag{2-4}$$

式中　$c(\mathrm{B})$——物质 B 的浓度，mol/L；

$n(\mathrm{B})$——溶液中组分 B 的物质的量，mol 或 mmol；

V——溶液的体积，m^3，在分析化学中，最常用的单位为 L（升）或 mL（毫升）。

需要说明的是，物质的量 $c(\mathrm{B})$ 取决于所采用的基本单元，基本单元不同，其摩尔质量的数值就不同，浓度值也不同。例如，对于硫酸溶液的浓度，可以有如下几种表示方式：

$$\begin{gathered}c(\mathrm{H_2SO_4})=0.1\mathrm{mol/L}\\ c\left(\frac{1}{2}\mathrm{H_2SO_4}\right)=0.2\mathrm{mol/L}\\ c(2\mathrm{H_2SO_4})=0.05\mathrm{mol/L}\end{gathered} \tag{2-5}$$

在上面三个浓度表示中，硫酸分别以 H_2SO_4，$\frac{1}{2}H_2SO_4$ 和 $2H_2SO_4$ 为基本单元。当以 $\frac{1}{2}H_2SO_4$ 为基本单元时，相当于将一个 H_2SO_4 分子“拆”成两个单元，摩尔数增加了一倍，故浓度相应增加一倍；而以 $2H_2SO_4$ 作为基本单元时，相当于把两个 H_2SO_4 分子“缩”减为一个单元，摩尔数减少了一半，故浓度相应减小一半。

在工业生产中，常用滴定度表示标准溶液的浓度。滴定度是指每毫升滴定剂相当于被测物质的量。例如，当每毫升 $K_2Cr_2O_7$ 溶液恰好能与 0.0060g Fe^{2+} 反应时，则 $K_2Cr_2O_7$ 的滴定度为 $T(\mathrm{Fe/K_2Cr_2O_7})=0.0060\mathrm{g/mL}$。

（二）滴定分析的计量关系

设滴定剂 T 与被滴定物质 S 之间存在如下反应：

$$t\mathrm{T}+s\mathrm{S}=\!=\!=p\mathrm{P} \tag{2-6}$$

则被滴定物质的量 $n(\mathrm{S})$ 与滴定剂的物质的量 $n(\mathrm{T})$ 之间存在如下关系：

$$tn(\mathrm{S}) = sn(\mathrm{T}) \tag{2-7}$$

也可以通过等物质的量的规则来建立计量关系。例如，对于如下反应：

$$2MnO_4^- + 5C_2O_4^{2-} + 16H^+ \xlongequal{} 2Mn^{2+} + 10CO_2 + 8H_2O \tag{2-8}$$

如果选择 $KMnO_4$ 的基本单元$\frac{1}{5}KMnO_4$，$H_2C_2O_4$ 的基本单元为$\frac{1}{2}H_2C_2O_4$，则化学计量关系为：

$$n\left(\frac{1}{5}KMnO_4\right) = n\left(\frac{1}{2}H_2C_2O_4\right) \tag{2-9}$$

（三）标准溶液浓度的计算

对于采用标准物质直接配制的标准溶液，其浓度直接用式（2-4）计算。对于采用标定法配制的标准溶液，要根据所采用的标定反应的计量关系来计算其浓度，见例 2-2。

【例 2-2】 用硼砂为基准物标定由市售盐酸溶液配制的 HCl 标准溶液。称取硼砂的量为 0.4710g，滴定至终点时消耗 HCl 溶液的体积为 25.20mL。求 HCl 溶液的浓度。已知 $M(Na_2B_4O_7 \cdot 10H_2O) = 381.36$g/mol。

解：滴定反应式如下：

$$Na_2B_4O_7 + 2HCl + 5H_2O \xlongequal{} 4H_3BO_3 + 2NaCl$$

所以，

$$n(HCl) = 2n(Na_2B_4O_7 \cdot 10H_2O)$$

即：

$$c(HCl)V(HCl) = \frac{2m(Na_2B_4O_7 \cdot 10H_2O)}{M(Na_2B_4O_7 \cdot 10H_2O)}$$

HCl 溶液的浓度：

$$c(HCl) = \frac{2 \times 0.4710}{381.36 \times 25.20 \times 10^{-3}}\text{mol/L} = 0.09802\text{mol/L}$$

第三节　分析误差与数据处理

一、定量分析中的误差

定量分析的任务是测定试样中组分的含量。要求测定的结果必须达到一定的准确度，方能满足生产和科学研究的需要。不准确的分析结果将会导致生产的损失、资源的浪费。在分析测试过程中，由于主、客观条件的限制，使得测定结果不能与真实含量完全一致。即使是技术很熟练的人，用同一分析方法和同一精密仪器，对同一试样进行多次分析，其结果也不会完全一样，而是在一定范围内波动。这就说明分析过程中客观上存在难以避免的误差。因此，人们在进行定量分析时，不仅要得到被测组分的含量，而且必须对分析结果进行评价，判断分析结果的可靠程度，检查产生误差的原因，以便采取相应的措施减小误差，使分析结果尽量接近客观真实值。

（一）误差的表征——准确度与精密度

分析结果的准确度指分析结果与被测组分的真实值相接近的程度。它们之间的差值越

小，则分析结果的准确度越高。为了获得可靠的分析结果，在实际分析中，人们总是在相同条件下对试样平行测定几份，然后以平均值作为分析结果。如果平行测定的几个数据比较接近，说明分析方法的精密度高。所谓精密度就是几次平行检测结果相互接近的程度。如何从精密度和精确度两方面来评价分析结果呢？甲、乙、丙、丁等人测定同一硅酸盐试样中 SiO_2，质量分数的结果如图 2-3 所示。图中 25. 15%处的虚线表示真实值，“.”为个别测定值，“|”表示平均值。由此，可评价四人的分析结果如下：甲所得结果准确度与精密度均好，结果可靠；乙的精密度较好，结果可靠；乙的精密度虽高，但准确度较低；丙的精密度与准确度均很差；丁的平均值虽然也很接近于真实值，但几个数据彼此相差甚远，而仅是由于正负误差相互抵消才使结果接近真实值。如果只取 2 次或 3 次数值来平均，结果就会与真实值相差很大，因此这个结果是凑巧得来的，也是不可靠的。

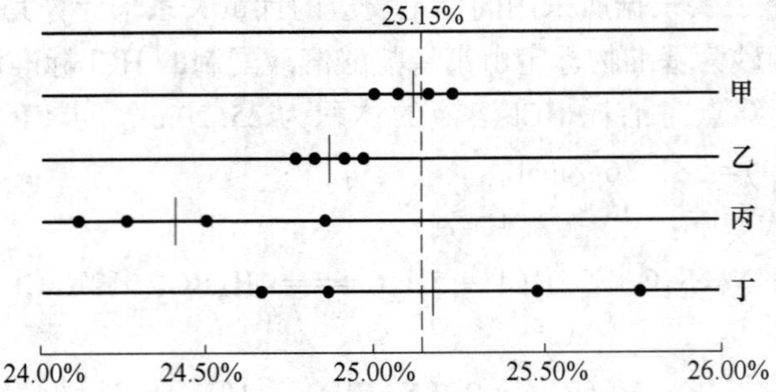

图 2-3 SiO_2 质量分数

准确度与精密度：实验值与真实值越接近，则准确度越高。各实验值彼此越接近，则精密度越高。

综上所述，可以得到如下结论：

（1）精密度是保证准确度的先决条件。精密度差，所测结果不可靠，就失去了衡量准确度的前提。在分析工作中，首先要重视测量数据的精密度。

（2）高的精密度不一定能保证高的准确度，但可以找出精密而不准确的原因，而后加以校正，就可以使测定结果既精密又准确。

（二）误差的表示——误差和偏差

1. 误差

准确度的高低用误差来衡量。误差表示测定结果与真实值的差异。差值越小，误差就越小，即准确度越高。误差一般用绝对误差和相对误差来表示。绝对误差（E_a）是表示测定值 x_i 与真实值 μ 之差，即

$$E_a = x_i - \mu \tag{2-10}$$

相对误差（E_r）是指绝对误差在真实值中所占的百分率：

$$E_r = \frac{E_a}{\mu} \times 100\% \tag{2-11}$$

可疑值：如将一组测定值从小到大排列起来，往往可以发现，其中最小值或最大值有时会与临近的数据相差较大，其可靠性值得怀疑，通常将这些最小使或最大值为可疑值。

【例 2-3】 测定硫酸铵中氨的含量为 20. 84%，已知真实值为 20. 82%，求其绝对误差和相对误差。

解：

$$E_a = 20.84\% - 20.82\% = 0.02\%$$

$$E_r = \frac{0.02\%}{20.82\%} \times 100\% = 0.1\%$$

绝对误差和相对误差都有正值和负值，分别表示分析结果偏高或偏低。由于相对误差能反映误差在真实值中所占的比例，故常用相对误差来表示或比较各种情况下测定结果的准确度。

2. 偏差

在实际分析工作中，并不知道真实值，一般是取多次平行测定值的算术平均值 $\overline{x}$ 来表示分析结果。

$$\overline{x} = \frac{x_1 + x_2 + \cdots + x_n}{n} = \frac{1}{n}\sum_{i=1}^{n} x_i \tag{2-12}$$

各次测定值与平均值的差称为偏差。偏差的大小可表示分析结果的精密度，偏差越小，说明测定值的精密度越高。偏差也分为绝对偏差和相对偏差。

绝对偏差：
$$d_i = x_i - \overline{x} \tag{2-13}$$

相对偏差：
$$d_{ir} = \frac{d_i}{\overline{x}} \times 100\% \tag{2-14}$$

3. 公差

由前面的讨论可以知道，误差与偏差具有不同的含义。前者以真实值为标准，后者是以多次测定值的算术平均值为标准。严格地说，人们只能通过多次反复的测定，得到一个接近于真实值的平均结果，用这个平均值代替真实值来计算误差。显然，这样计算出来的误差还是偏差，因此在生产部门并不强调误差与偏差的区别，而用“公差”范围来表示允许误差的大小。

公差是生产部门对分析结果允许误差的一种限量，又称为允许误差。如果分析结果超出允许的公差范围称为“超差”。遇到这种情况，则该项分析应该重做。公差范围的确定一般是根据生产需要和实际情况而定，所谓实际情况是指试样组成的复杂情况和所用分析方法的准确程度。

4. 误差的分类

在图 2-3 中，为什么乙做的结果精密度很好而准确度差呢？为什么每人所做的四次平行测定结果都有或大或小的差别呢？这是由于在分析过程中存在着各种不同性质的误差。

误差按性质不同可分为两类：系统误差和随机误差。

（1）系统误差。这类误差是由某种固定的原因造成的，它具有单向性，即正负、大小都有一定的规律性。当重复进行测定时系统误差会重复出现。若能找出原因，并设法加以校正，系统误差就可以消除，因此也称为可测误差。乙所做的结果精密度高而准确度差，就是由于存在系统误差。

系统误差产生的主要原因如下。

1）方法误差——分析方法本身所造成的误差。例如滴定分析中，由指示剂确定的滴定终点与化学计量点不完全符合以及副反应的发生等，都将系统地造成测定结果偏高或偏低。

2）仪器误差——仪器本身不够准确或未经校准所引起的误差。如天平、砝码和容量器皿刻度不准等，在使用过程中就会使测定结果产生误差。

3）试剂误差——试剂不纯或蒸馏水中含有微量杂质所引起的误差。

4）操作误差——由于操作人员的主观原因造成的误差。例如，对终点颜色变化的判断，有人敏锐，有人迟饨，滴定管读数偏高或偏低等。

（2）随机误差。随机误差也称偶然误差。这类误差是由一些偶然和意外的原因造成的，如温度、压力等外界条件的突然变化，仪器性能的微小变化，操作稍有出入等原因所引起的。在同一条件下多次测定所出现的随机误差，其大小、正负不定，是非单向性的，因此不能用校正的方法来减少或避免此项误差。

5. 误差的减免

从误差的分类和各种误差产生的原因来看，只有熟练操作并尽可能地减少系统误差和随机误差，才能提高分析结果的准确度。减免误差的主要方法分述如下：

（1）对照试验。对照误差是用来检验系统误差的有效方法。进行对照试验时，常用已知准确含量的标准试样（或标准溶液），按同样方法分析测定以资对照，也可以用不同的分析方法，或者由不同单位的化验人员分析同一试样来互相对照。

（2）在生产中，常常在分析试样的同时，用同样的方法做标样分析，以检查操作是否正确和仪器是否正常，若分析标样的结果符合“公差”规定，说明操作与仪器均符合要求，试样的分析结果是可靠的。

（3）空白试验。在不加试样的情况下，按照试样的分析步骤和条件而进行的测定叫作空白试验。得到的结果称为“空白值”。从试样的分析结果中扣除空白值，就可以得到更接近于真实含量的分析结果。由试剂、蒸储水、实验器皿和环境带入的杂质所引起的系统误差，可以通过空白试验来校正。空白值过大时，必须采取提纯试剂或改用适当器皿等措施来降低误差。

（4）校准仪器。在日常分析工作中，因仪器出厂时已进行过校正，只要仪器保管妥善，一般可不必进行校准。在准确性要求较高的分析中，对所用的仪器如滴定管、移液管、容量瓶、天平砝码等，必须进行校准，求出校正值，并在计算结果时采用，以消除由仪器带来的误差。

（5）方法校正。某些分析方法的系统误差可用其他方法直接校正。例如，在重量分析中，使被测组分沉淀绝对完全是不可能的，必须采用其他方法对溶解损失进行校正。如在沉淀硅酸后，可再用比色法测定残留在滤液中的少量硅；在准确度要求高时，应将滤液中该组分的比色测定结果加到重量分析结果中去。

（6）进行多次平行测定是减小随机误差的有效方法，随机误差初看起来似乎没有规律性，但事实上偶然中包含着必然性。经过人们大量的实践发现，当测量次数较多时，随机误差的分布服从一般的统计规律。

大小相近的正误差和负误差出现的机会相等，即绝对值相近而符号相反的误差是以同等的机会出现的。

小误差出现的频率较高，而大误差出现的频率较低。

上述规律可用误差的正态分布曲线表示，其中横坐标代表误差的大小，以标准偏差 σ 为单位，纵坐标代表误差发生的频率。

可见在消除系统误差的情况下，平行测定的次数越多，则测得值的算术平均值越接近真实值。显然，无限多次测定的平均值，在校正了系统误差的情况下，即为真实值。

应该指出，由于操作者的过失，如器皿不洁净、溅失试液、读数或记录出错等造成的错误结果，是不能通过上述方法消除的，因此必须严格遵守操作规程，认真仔细地进行实验，如发现错误的测定结果，应予以剔除，不能用来计算平均值。

二、有效数字及其运算规则

（一）有效数字及位数

为了得到准确的分析结果，不仅要准确测量，而且还要正确地记录和计算，即记录的数字不仅表示数量的大小，而且要正确地反映测量的精确程度。例如，用通常的分析天平称得某物体的质量为0.3280g，这一数值中0.328是准确的，最后一位数字是可疑的；可能有上下一个单位的误差，即其真实质量在（0.3280 ±0.0001）g范围内的某一数值。此时称量的绝对误差为±0.0001g；相对误差为$\frac{\pm 0.0001\text{g}}{0.3280\text{g}}\times 100\% = \pm 0.03\%$。

若将上述称量结果记录为0.328g，则该物体的实际质量为（0.328±0.001）g范围内的某一数值，即绝对误差为±0.001g，相对误差则为±0.3%。可见，记录时在小数点后末尾多写一位或少写一位“0”数字，从数学的角度看关系不大，但是记录所反映的测量精确程度无形中被夸大或缩小了10倍。所以在数据中代表一定量的每一个数字都是重要的。这种在分析工作中实际能测量得到的数字称为有效数字。其最末一位是估计的、可疑的，是“0”也得记上。

数字“0”在数据中具有双重意义。若作为普通数字使用，它就是有效数字；若它只起定位作用，就不是有效数字。例如：

1.0002g	五位有效数字
0.3000g，38.05%，2.059×10^{2}	四位有效数字
0.0460g，2.09×10^{-5}	三位有效数字
0.0077g，0.60%	两位有效数字
0.7g，0.008%	一位有效数字

在1.0002g中间的三个“0”，0.3000g中后边的三个“0”，都是有效数字；在0.0077g中的“0”只起定位作用，不是有效数字；在0.0460g中，前面的“0“起定位作用，最后一位“0”是有效数字。同样，这些数字的最后一位都是可疑数字。

因此，在记录测量数据和计算结果时，应根据所使用的测量仪器的准确度，使所保留的有效数字中，只有最后一位是估计的“可疑数字”。

分析化学中常用的一些数值，有效数字位数见表2-1。

表2-1　分析化学中常用的一些数值，有效数字位数

试样的质量	0.4370g（分析天平称量）	四位有效数字
滴定剂的体积	18.34mL（滴定管读取）	四位有效数字
试剂的体积	12mL（量筒量取）	两位有效数字
标准溶液的浓度	0.1000mol/L	四位有效数字

续表 2-1

被测组分的含量	23. 47%	四位有效数字
解离常数	K_b = 1. 8×10^{-5}	两位有效数字
配合物稳定常数	K_{MY} = 1. 00×10$^{8.6}$	三位有效数字
pH 值	4. 30，11. 02	两位有效数字

（二）数字修约规则

对分析数据进行处理时，必须根据各步的测量精度用有效数字的计算规则，合理保留有效数字的位数。我国的国家标准对数字修约有如下规定：

（1）“四舍六入五成双”的规则。当尾数≤4 时则舍；尾数≥6 时则入；尾数等于 5 而 5 后面的数为 0 时，若“5”前面为偶数时则舍，为奇数时则入；若“5”后面还有不是 0 的任何数字时，无论“5”前面是偶数还是奇数皆入。例如，将下列数字修约为四位有效数字：

$$0.52664 \rightarrow 0.5266$$

$$0.36266 \rightarrow 0.3627$$

（2）“一次修约”原则，所拟舍去的数字，若为两位以上时，不得连续进行多次修约。例如，需将 215. 4546 修约成三位，应一次修约为 215。若 215. 4546→215. 455→215. 46→215. 5→216 则是不正确的。

（三）有效教字的运算规则

1. 加减法

当几个数据相加或相减时，它们的和或差只能保留一位可疑数字，应以小数点后位数最少（即绝对误差最大）的数据为依据。如 53. 2、7. 45 和 0. 66382 三数相加，若各数据都按有效数字规定所记录，最后一位均为可疑数字，则 53. 2 中的“2”已是可疑数字，因此三数相加后第一位小数已属可疑，它决定了总和绝对误差，因此上述数据之和，不应写作 61. 31382，而应修约为 61. 3。

2. 乘除法

几个数据相乘除时，积或商的有效数字位数的保留，应以其中相对误差最大的那个数据为准，即有效数字位数最少的那个数据为依据。

在计算和取舍有效数字位数时，还要注意以下几点。

（1）若某一数据中第一位有效数字大于或等于 8，则有效数字的位数可多算一位。如 8. 15，可视为四位有效数字。

（2）在分析化学计算中，经常会遇到一些倍数、分数，如 2、5、10 及 1/2、1/5、1/10 等。这里的数字可视为足够准确，不考虑其有效数字位数，计算结果的有效数字位数，应由其他测量数据来决定。

（3）在计算过程中为了提高计算结果的可靠性，可以暂时多保留一位有效数字位数，得到最后结果时，再根据数字修约的规则弃去多余的数字。

（4）在分析化学计算中，对于各种化学平衡常数，一般保留两位或三位有效数字。对于各种误差的计算，取一位有效数字即已足够，最多取两位。对于 pH 的计算，通常只取一位或两位有效数字即可，如 pH 值为 3. 4、7. 5。

（5）定量分析的结果，对于高含量组分（如不低于 10%），要求分析结果为四位有效数字；对于微量组分（小于 1%），一般只要求两位有效数字。通常以此为标准，报出分析结果。

使用计算器计算定量分析结果，特别要注意最后结果中有效数字的位数，应根据前述数字修约规则决定取舍，不可全部照抄计算器上显示的八位数字或十位数字。

三、分析结果的数据处理

在分析工作中，最后处理分析数据时，都要在校正系统误差和剔除由于明显原因而与其他测定结果相差甚远的那些错误测定结果后进行。

在例行分析中，一般对单个试样平行测定两次。两次测定结果差值如不超过双面公差（即 2 乘以公差），则取它们的平均值报出分析结果，如超过双面公差，则需重做。例如，水泥中 SiO_2 含量的测定，有关国家标准规定同一实验室内公差（允许误差）为±0. 20%，如果实际测得的数据分别为 21. 14%及 21. 58%，两次测定结果的差值为 0. 44%，超过双面公差（2×0. 20%），必须重新测定，如又进行一次的测定结果为 21. 16%，则应以 21. 14% 和 21. 16%两次测定的平均值 21. 15%报出。

在常量分析实验中，一般对单个试样平行测定 2~3 次，此时测定结果可作如下简单处理：计算出相对平均偏差，若其相对平均偏差不超过 0. 1%，可认为符合要求，取其平均值报出测定结果，否则需重做。

对结果要求非常准确的分析，如标准试样成分的测定，考核新拟定的分析方法，对同一试样，往往由于实验室不同或操作者不同，做出的一系列测定数据会有差异，因此需要用统计的方法进行结果处理。首先把数据加以整理，剔除由于明显原因而与其他测定结果相差甚远的错误数据，对于一些精密度似乎不甚高的可疑数据，根据实验要求或按其他有关规则决定取舍，然后计算 n 次测定数据的平均值（$\overline{x}$）与标准差（s），有了 $\overline{x}$、s、n 这三个数据，即可表示出测定数据的集中趋势和分散情况，就可进一步对总体平均值可能存在的区间作出估计。

（一）数据集中趋势的表示方法

根据有限次测定数据来估计真值，通常采用算术平均值或中位数来表示数据分布的集中趋势。

1. 算术平均值 $\overline{x}$

对某试样进行 n 次平行测定，测定数据为 x_1，x_2，…，x_n。

$$\overline{x} = \frac{x_1 + x_2 + \cdots + x_n}{n} = \frac{1}{n}\sum_{i=1}^{n} x_i \tag{2-15}$$

根据随机误差的分布特性，绝对值相等的正、负误差出现的概率相等，所以算术平均值 $\overline{x}$ 是真值的最佳估计值。当测定次数无限增多时，所得的平均值即为总体平均值 μ。

$$\mu = \lim_{n \to +\infty} \frac{1}{n}\sum_{i=1}^{n} x_i \tag{2-16}$$

2. 中位数

中位数是指一组平行测定值按由小到大的顺序排列时的中间值。当测定次数 n 为奇数时，位于序列正中间的那个数值，就是中位数；当测定次数 n 为偶数时，中位数为正中间相邻的两个测定值的平均值。

中位数不受平均值大小的影响，但用以表示集中趋势不如平均值好，通常只有当平行测定次数较少而又有离群较远的可疑值时，才用中位数来代表分析结果。

（二）数据分散程度的表示方法

随机误差的存在影响测量的精密度，通常采用平均偏差或标准偏差来表示数据的分散程度。

（1）平均偏差 $\overline{d}$。计算平均偏差 $\overline{d}$ 时，先计算各次测定结果对于平均值的偏差：

$$d_i = x_i - \overline{x} \quad (i = 1,\ 2,\ \cdots,\ n) \tag{2-17}$$

然后求其绝对值之和的平均值：

$$\overline{d} = \frac{1}{n}\sum_{i=1}^{n} |d_i| = \frac{1}{n}\sum_{i=1}^{n} |x_i - \overline{x}| \tag{2-18}$$

则相对平均偏差为

$$\frac{\overline{d}}{\overline{x}} \times 100\% \tag{2-19}$$

（2）标准偏差。标准偏差又称均方根偏差。当测定次数趋于无穷大时，总体标准偏差 σ 的表达式为

$$\sigma = \sqrt{\frac{\sum_{i=1}^{n}(x_i - \mu)^2}{n}} \tag{2-20}$$

式中　μ——总体平均值，在校正系统误差的情况下即为 μ 真值。

在一般的分析工作中，有限测定次数时的标准偏差 s 的表达式为

$$s = \sqrt{\frac{\sum_{i=1}^{n}(x_i - \overline{x})^2}{n - 1}} \tag{2-21}$$

相对标准偏差也称变异系数（CV），其计算式为

$$CV = \frac{s}{\overline{x}} \tag{2-22}$$

用标准偏差表示精密度比用算术平均偏差更合理，因为将单次测定值的偏差平方之后，较大的偏差能显著地反映出来，故能更好地反映数据的分散程度。

例如，有甲、乙两组数据，其各次测定的偏差分别为

甲组：+0.11，−0.73*，+0.24，+0.51*，−0.14，0.00，+0.30，−0.2

$$n_1 = 8,\ \overline{d} = 0.28,\ s_1 = 0.38$$

乙组；+0.18，+0.26，−0.25，−0.37，+0.32，−0.28，+0.31，−0.27

$$n_2 = 8,\ \bar{d} = 0.28,\ s_2 = 0.38$$

甲、乙两组数据的平均偏差相同，但可以明显地看出甲组数据较为分散，因其中有两个较大的偏差（标有 * 号者），因此用平均偏差反映不出这两组数据的好坏。但是，如果用标准偏差来表示时，甲组数据的标准偏差明显偏大，因而精密度较低。

第三单元　化学滴定分析方法

第一节　酸碱滴定法

酸碱滴定法是以酸碱中和反应为基础的滴定分析法，该法一般都是用强酸或强碱作标准溶液来测定被测物质。一般的酸、碱以及能与酸、碱直接起反应的物质，几乎都可以用酸碱滴定法来测定。所以，酸碱滴定法在实际工作中的应用非常广泛，是一种最基本的滴定分析方法。

为了正确运用酸碱滴定法进行分析测定，必须了解滴定过程中溶液 pH 的变化规律，特别是化学计量点附近 pH 的变化，才有可能选择合适的指示剂，正确地指示滴定终点。表示滴定过程中溶液 pH 随标准溶液用量变化而改变的曲线称为滴定曲线。

一、酸碱指示剂

由于酸碱反应一般没有外观变化，常用的方法是在被测溶液中加入适当的指示剂，根据指示剂的颜色变化来确定滴定终点。酸碱滴定法中所应用的指示剂叫作酸碱指示剂。

（一）变色原理

酸碱指示剂一般是有机弱酸、有机弱碱或两性物质。下面以有机弱酸型酸碱指示剂为例，来说明酸碱指示剂的变色原理。

有机弱酸型酸碱指示剂可以用符号 HIn 来表示，它在水中存在如下电离平稳：

$$\underset{（酸式色）}{HIn} \rightleftharpoons \underset{（碱式色）}{H^+ + In^-} \tag{3-1}$$

其中未电离的分子和电离后生成的离子具有不同的颜色，分别叫作酸式色和碱式色，当溶液的 pH 发生变化时，上述平衡发生移动，从而使指示剂的颜色发生改变。

例如，酚酞是一种有机弱酸（$K_a = 6\times10^{-10}$），在溶液中的电离平衡可用下式表示：

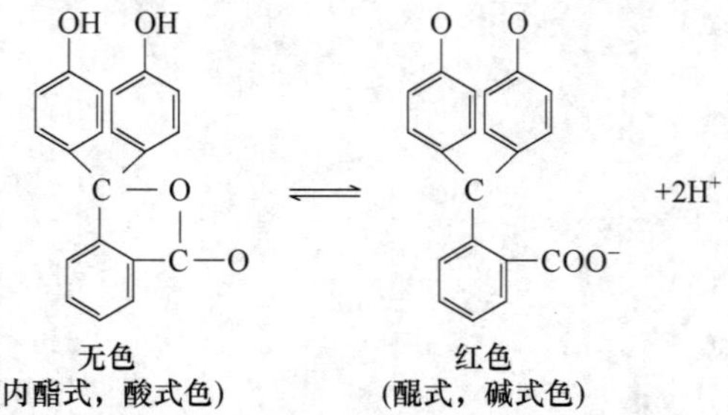

(3-2)

无色（内酯式，酸式色）　　红色（醌式，碱式色）

在酸性溶液中，平衡向左移动，主要以未离解的分子形式存在，呈无色。在碱性溶液中，平衡向右移动，主要以醌基结构的阴离子存在，呈红色。可见，指示剂结构的改变是颜色变化的依据，溶液 pH 的改变是颜色变化的条件。

（二）变色范围

对有机弱酸型酸碱指示剂 HIn，其电离常数 K_{HIn} 可简写为

$$K_{HIn} = \frac{c_{H^+} \cdot c_{In^-}}{c_{HIn}} \tag{3-3}$$

移项得

$$c_{H^+} = K_{HIn} \times \frac{c_{HIn}}{c_{In^-}} \tag{3-4}$$

即

$$pH = pK_{HIn} - \lg \frac{c_{HIn}}{c_{In^-}} \tag{3-5}$$

在一定温度下，K_{HIn} 是一个常数，所以，指示剂酸式色与碱式色的浓度之比（c_{HIn}/c_{In^-}）取决于溶液中的变化。当 $pH = pK_{HIn}$ 时，$c_{HIn} = c_{In^-}$，溶液呈酸式色和碱式色的混合色，所以，$pH = pK_{HIn}$ 称为酸碱指示剂的理论变色点。例如，酚酞指示剂的理论变色点是 $pH = 9.1$。

实验观察表明：当 $c_{HIn}/c_{In^-} \geqslant 10$，即 $pH \leqslant pK_{HIn} - 1$ 时，人眼只能看到酸式色；$c_{HIn}/c_{In^-} \geqslant \frac{1}{10}$，即 $pH \geqslant pK_{HIn} + 1$ 时，人眼只能看到碱式色。因此，当 pH 由 $pK_{HIn} - 1$ 变到 $pK_{HIn} + 1$ 时，人眼就能明显地看到溶液由酸式色变为碱式色。所以，$pH = pK_{HIn} \pm 1$ 被称为酸碱指示剂的理论变色范围。

但是，由于人眼对不同颜色的敏感程度不同，指示剂的变色范围不一定刚好是 $pK_{HIn} \pm 1$，通常是在 $pK_{HIn} \pm 1$ 附近。例如，酚酞的 $pK_{HIn} = 9.1$，理论变色范围应该是8.1~10.1，但实际变色范围是8.0~9.8，这是因为人眼对红色比较敏感。常用的酸碱指示剂见表3-1。

表 3-1　常用的酸碱指示剂

指示剂	变色范围(pH值)	pK_{HIn}	酸式色	碱式色	配制方法	用量/滴·$(10mL)^{-1}$
百里酚蓝（第一次变色）	1.2~2.8	1.6	红	黄	0.1%的20%酒精溶液	1~2
甲基橙	3.1~4.4	3.4	红	黄	0.1%或0.05%水溶液	1
溴甲酚绿	3.8~5.4	4.9	黄	蓝	0.1%水溶液	1~2
甲基红	4.4~6.2	5.0	红	黄	0~1%的60%酒精溶液或其钠盐水溶液	1
溴百里酚蓝	6.0~7.6	7.3	黄	蓝	0.1%的20%酒精溶液或其钠盐水溶液	1~2
中性红	6.8~8.0	7.4	红	黄橙	0.1%的60%酒精溶液	1~2
百里酚蓝（第二次变色）	8.0~9.6	8.9	黄	蓝	0.1%的60%酒精溶液	1~2
酚酞	8.0~9.8	9.1	无色	红	0.1%的90%酒精溶液	1
百里酚酞	9.4~10.6	10	无色	蓝	0.1%的90%酒精溶液	1~2

（三）混合指示剂

指示剂的变色范围越窄越好，这样有利于提高测定结果的准确度。但单一指示剂的变色范围都比较宽，变色不够敏锐，且变色过程还有过渡颜色。混合指示剂克服了单一指示剂的缺点，具有变色范围窄、变色敏锐等优点。其配制方法有两类。

一类是在指示剂中加入一种不随 pH 值变化而改变颜色的染料。例如，在甲基橙中加入靛蓝二横酸钠（蓝色染料），靛蓝在溶液中不因 pH 值改变而变色，在 pH =4.1 时，甲基橙显示酸式色（红色），它与蓝色混合后，使溶液呈浅灰色（接近无色）；在 pH≤3.1 时，甲基橙的酸式色（红色）与蓝色混合后，使溶液呈紫色；在 pH≥4.4 时，甲基橙的碱式色（黄色）与蓝色混合后，使溶液呈绿色。因此，到达滴定终点时，溶液由紫变灰或由绿变灰，颜色变化十分明显。

另一类是由两种或两种以上的指示剂混合而成。例如，溴甲酚绿和甲基红的混合指示剂，其变色点 pH =5.1，正好在两种指示剂的变色范围内，都显中间色，溴甲酚绿的绿色与甲基红的橙红色混合，溶液呈灰色。在 pH <5.1 时，其酸式色为酒红色；在 pH >5.1 时，其碱式色为绿色；颜色变化极为明显。

二、酸碱滴定的基本原理

在酸碱滴定的过程中，随着标准溶液的加入，被测溶液的 pH 值不断发生变化。如果用标准酸溶液滴定碱，被测溶液的 pH 值逐渐降低；相反，如果用碱来滴定酸，被测溶液的 pH 值逐渐升高。如果把酸碱滴定中，被测溶液的 pH 值变化规律用图像来表示，就可以得到一条曲线，这条曲线就称为酸碱滴定曲线。酸碱滴定曲线在酸碱滴定中非常有用，它可以帮助我们选择酸碱指示剂。

（一）一元酸碱的滴定

1. 强酸与强碱的滴定曲线和滴定突跃

在强酸与强碱的滴定过程中，溶液 pH 值的变化规律可以用酸度计来测定，也可以通过理论计算求出。下面以 0.001mol/L 的 NaOH 标准溶液滴定 20.00mL，0.1000mol/L 的 HCl 溶液为例，为了便于讨论，把滴定过程分为四个阶段：

计量前：因为 HCl 是强酸，在溶液中完全电离，所以 $c_{H^+}=0.1000$mol/L，pH = 1.00。

计量点前：从滴定开始到计量点前的任一时刻，溶液中的 c_{H^+} 取决于溶液中剩余 HCl 的浓度。设用 c_1、V_1 分别表示 HCl 的浓度和体积，c_2、V_2 分别表示 NaOH 溶液的浓度和加入的 NaOH 溶液的体积，则

$$c_{H^+}=\frac{c_1V_1-c_2V_2}{V_1+V_2}=\frac{20.00-V_2}{20.00+V_2}\times 0.1000$$

当加入 18.00mL NaOH 溶液（即 90%的 HCl 被中和）时

$$c_{H^+}=\frac{20.00-18.00}{20.00+18.00}\times 0.1000=5.26\times 10^{-3}(\text{mol/L}),\ \text{pH}=2.28$$

当加入 19.98mL NaOH 溶液（即 99.9%的 HCl 被中和）时

$$c_{H^+}=\frac{20.00-19.98}{20.00+19.98}\times 0.1000=5.00\times 10^{-3}(\text{mol/L}),\ \text{pH}=4.30$$

计量点时：NaOH 与 HCl 已完全中和，生成的 NaCl 不水解，溶液呈中性，pH=7.00。

计量点后：NaOH 过量，所以溶液的 pH 取决于过量的 NaOH 溶液的浓度。

$$c_{OH^-} = \frac{c_2V_2 - c_1V_1}{V_1 + V_2} = \frac{V_2 - 20.00}{20.00 + V_2} \times 0.1000$$

当加入 20.02mL NaOH 溶液（即 NaOH 过量 0.1%）时

$$c_{OH^-} = \frac{20.02 - 20.00}{20.00 + 20.02} \times 0.1000 = 5.00 \times 10^{-5}(mol/L)$$

$$pOH=4.30$$

$$pH=14.00-4.30=9.70$$

当加入 22.00mL NaOH 溶液（即 NaOH 过量 10%）时

$$c_{OH^-} = \frac{22.00 - 20.00}{20.00 + 22.00} \times 0.1000 = 4.76 \times 10^{-3}(mol/L)$$

$$pOH=2.32$$

$$pH=14.00-2.32=11.68$$

如果以加入 NaOH 标准溶液的体积为横坐标，以溶液的 pH 值为纵坐标作图就可以得到一条曲线，这就是强碱滴定强酸的滴定曲线，如图 3-1 所示。

从上述计算和图 3-1 中可以看出：从滴定开始到加入 19.98mL 时，溶液的 pH 值从 1.00 增加到 4.30，只改变了 3.3 个 pH 值单位，pH 值的变化比较缓慢，曲线平坦。但在计量点附近，从加入 19.98mL 到 20.02mL NaOH，只加了 0.04mL（相当于 1 滴）NaOH，溶液的 pH 值却从 4.30 增加到 9.70，pH 增加了 5.4 个单位，这一段滴定曲线几乎与纵轴平行。从这以后，过量的 NaOH 溶液对 pH 值的影响越来越小，曲线又变得平坦。

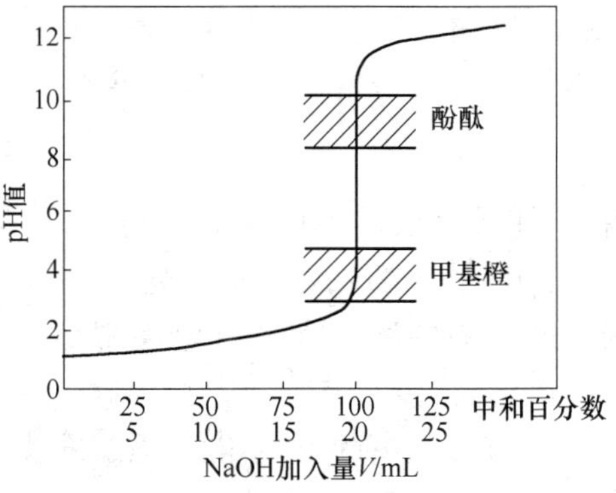

图 3-1　0.1000mol/L 的 NaOH 滴定 0.1000mol/L HCl 的滴定曲线

这种在计量点附近加入一滴标准溶液而引起溶液 pH 值的突变，称为滴定突跃。滴定突跃所在的 pH 值范围，称为滴定突跃范围。

2. 选择酸碱指示剂的原则

在酸碱滴定中，最理想的指示剂应该是恰好在计量点时变色，但这种指示剂实际上很难找到，而且也没有必要。因为在计量点附近，溶液的 pH 值有一个突跃，只要指示剂在突跃范围内变色，其终点误差都不会大于 0.1%。所以，酸碱指示剂的选择原则是：凡是变色范围内全部或部分落在滴定的突跃范围内的指示剂都可以选用。

由于强酸与强碱的滴定，其突跃范围大，所以，甲基红和酚酞都是合适的指示剂。甲基橙的变色范围几乎在突跃范围外，用它作指示剂进行滴定时，必须加以控制，使误差不超过0.2%。

3. 浓度对突跃范围的影响

酸碱滴定突跃范围的大小与滴定剂和被测物质的浓度有关，浓度越大，突跃范围就越大，如图3-2所示。例如，用0.1mol/L的NaOH滴定0.1mol/L的HCl，突跃范围是4.3~9.7；用0.01mol/L的NaOH滴定0.01mol/L HCl，突跃范围是5.3~8.7。可见，当酸碱浓度降到原来的1/10，突跃范围就减少2个pH值单位。浓度太小，突跃不明显，不容易找到合适的指示剂。浓度越大，突跃范围就越大，可供选择的指示剂多；但浓度太大，样品和试剂的消耗量大，造成浪费，并且滴定误差也大。因此，在酸碱滴定中，标准溶液的浓度一般都选择0.01~0.1mol/L。图3-3为0.1000mol/L的NaOH滴定0.1000mol/L HAc的滴定曲线。

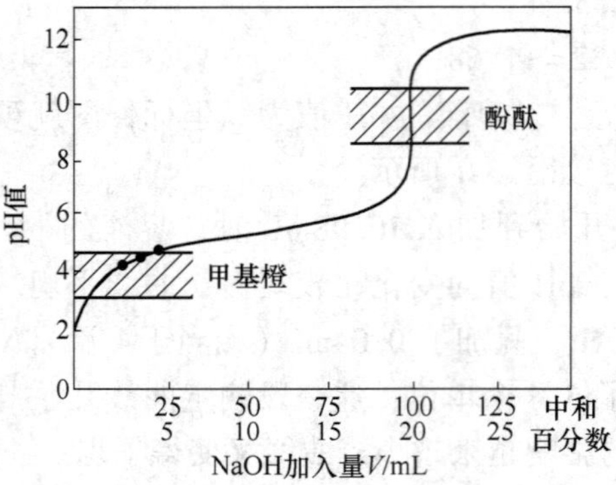

图3-2　不同浓度NaOH滴定不同浓度HCl的滴定曲线

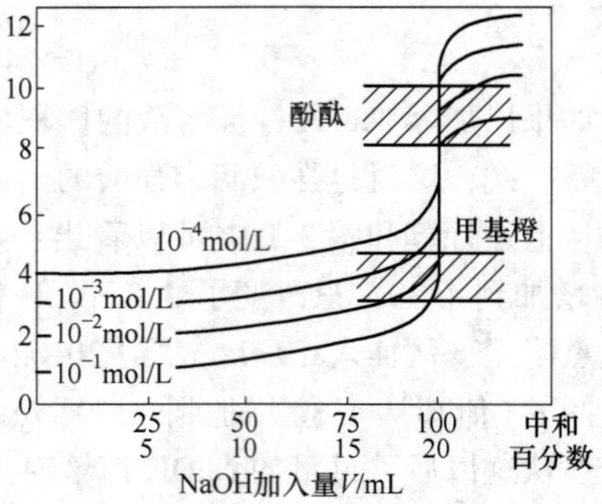

图3-3　0.1000mol/L的NaOH滴定0.1000mol/L HAc的滴定曲线

（二）多元酸的滴定

用强碱滴定多元酸，情况比较复杂。多元酸分步电离，它与强碱的中和反应也是分步进行的。但是，各级电离出的H^+是否都可以准确滴定；是否二元酸的滴定有两个突跃，三元酸的滴定有三个突跃，这与酸的浓度和各级电离常数的大小密切相关。以二元酸为例：

（1）如果$c \cdot K_{a1} < 10^{-8}$，则该级电离的H^+不能被强碱准确地滴定。

（2）如果$c \cdot K_{a1} \geqslant 10^{-8}$，$c \cdot K_{a2} < 10^{-8}$，$\dfrac{K_{a1}}{K_{a2}} > 10^4$，则第一级电离出的$H^+$可以准确地滴定，但第二级电离出来的$H^+$不能。因此，只能在第一计量点附近形成一个突跃。

（3）如果$c \cdot K_{a1} \geqslant 10^{-8}$，$c \cdot K_{a2} \geqslant 10^{-8}$，$\dfrac{K_{a1}}{K_{a2}} > 10^4$，则两级电离出的$H^+$都可以被强碱准确地滴定，分别在第一、第二计量点附近形成两个突跃。也就是说，两级电离出来的H^+可以分步滴定。

（4）如果$c \cdot K_{a1} \geqslant 10^{-8}$，$c \cdot K_{a2} \geqslant 10^{-8}$，$\dfrac{K_{a1}}{K_{a2}} < 10^4$，则两级电离出的$H^+$也都可以被强碱准确地滴定，但只能在第二计量点附近形成一个突跃，即两级电离出来的H^+一次被滴

定，不能分步滴定。

其他多元酸的情况可依此类推。

例如，用 0. 1mol · L^{-1}NaOH 滴定 0. 1mol · $L^{-1}H_3PO_4$，由 H_3PO_4 的电离常数 $K_{a1}=7.5\times10^{-3}$，$K_{a2}=6.2\times10^{-8}$，$K_{a3}=2.2\times10^{-13}$，有

$$c \cdot K_{a1} = 0.1 \times 7.5 \times 10^{-3} = 7.5 \times 10^{-4} > 10^{-8}$$

$$c \cdot K_{a2} = (0.1/2) \times 6.2 \times 10^{-8} = 0.31 \times 10^{-8} \approx 10^{-8}$$

$$c \cdot K_{a3} = (0.1/3) \times 2.2 \times 10^{-13} = 7.3 \times 10^{-15} < 10^{-8}$$

$$\frac{K_{a1}}{K_{a2}} = 1.2 \times 10^{5} > 10^{4},\ \frac{K_{a2}}{K_{a3}} = 2.8 \times 10^{6} > 10^{4}$$

三、酸碱滴定的应用示例

（一）酸碱标准溶液的配制

在酸碱滴定中，用以配制标准溶液的酸有 HCl 和 H_2SO_4（HNO_3 有氧化性，一般不用）；碱有 NaOH、KOH 和 $Ba(OH)_2$，其中 NaOH 最常用。如果碱标准溶液无须碳酸盐时，则用 $Ba(OH)_2$。标准溶液的浓度一般在 0. 01～1mol/L，常用的浓度是 0. 1mol/L。由于浓 HCl 易挥发，浓 H_2SO_4 吸湿性强，NaOH 易吸收水及空气中的 CO_2，所以都不能用直接法配制。只能先配成近似浓度的溶液，然后通过比较滴定和标定来确定其准确浓度。

（二）酸碱标准溶液的比较滴定

酸碱标准溶液的比较滴定，就是用酸标准溶液滴定碱标准溶液，或是用碱标准溶液滴定酸标准溶液的操作过程。以 HCL 标准溶液滴定 NaOH 标准溶液为例，当反应达到计量点时

$$c_{HCl} \times V_{HCl} = c_{NaOH} \times V_{NaOH} \tag{3-6}$$

移项得：

$$\frac{c_{HCl}}{c_{NaOH}} = \frac{V_{HCl}}{V_{NaOH}} \tag{3-7}$$

进行酸碱比较滴定的目的在于测定计量点时两者的体积比，即等于浓度之比，只要标定出其中任何一种溶液的浓度，由比较滴定的结果，就可以算出另一种溶液的浓度。

第二节　配位滴定法

一、配位滴定法概述

配位滴定法是以配位反应为基础的滴定分析方法。它是用配位剂作为标准溶液直接或间接滴定被测物质。在滴定过程中通常需要选用适当的指示剂来指示滴定终点。

配位剂分无机和有机两类，但由于许多无机配位剂与金属离子形成的配合物稳定性不高，反应过程比较复杂或找不到适当的指示剂，所以一般不能用于配位滴定。20 世纪 40 年代以来，很多有机配位剂，特别是氨羧配位剂用于配位滴定后，配位滴定法得到了迅速的发展，已成为目前应用最广泛的滴定分析方法之一。

在这些氨羧配位剂中，乙二胺四乙酸最常用。乙二胺四乙酸简称为 EDTA，其结构式为

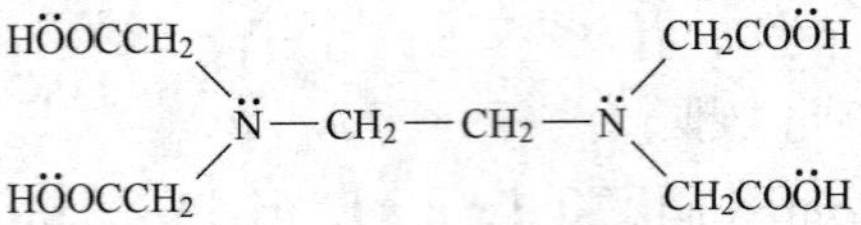

分子中含有 2 个氨基氮和 4 个羧基氧共 6 个配位原子，可以和很多金属离子形成十分稳定的螯合物。用它作标准溶液，可以滴定几十种金属离子，所以，现在所说的配位滴定一般就是指 EDTA 滴定。

二、EDTA 配位滴定法的基本原理

（一）EDTA 的性质

从结构式可以看出，EDTA 是四元酸，通常用符号 H_4Y 表示。它在水中分四步电离：

$$
\begin{aligned}
H_4Y &\rightleftharpoons H^+ + H_3Y^- &\quad K_{a1} &= 1.00\times10^{-2}\\
H_3Y^- &\rightleftharpoons H^+ + H_2Y^{2-} &\quad K_{a2} &= 2.16\times10^{-3}\\
H_2Y^{2-} &\rightleftharpoons H^+ + HY^{3-} &\quad K_{a3} &= 6.92\times10^{-7}\\
HY^{3-} &\rightleftharpoons H^+ + Y^{4-} &\quad K_{a4} &= 5.50\times10^{-11}
\end{aligned}
\tag{3-8}
$$

从 EDTA 的四级电离常数来看，它的第一、第二级电离比较强，第三、第四级电离比较弱，故具有二元中强酸的性质。由于分步电离，EDTA 在溶液中以多种形式存在。很明显加碱可以促进它的电离，所以溶液的 pH 值越高，其电离度就越大，当 pH > 10.3 时，EDTA 几乎完全电离，以 Y^{4-} 的形式存在。

EDTA 微溶于水（室温下溶解度为 0.02g/100g），难溶于酸和一般有机溶剂，但易溶于氨水和 NaOH 溶液，并生成相应的盐。所以在实际生活中，一般用含有 2 分子结晶水的 EDTA 二钠盐（用符号 $Na_2H_2Y \cdot 2H_2O$ 表示），习惯上仍简称 EDTA。室温下它在水中的溶解度约为 11g/100g，浓度约为 0.3mol/L，是应用最广的配位滴定剂。

EDTA 具有很强的配位能力，它与金属离子的配位反应有以下特点：

（1）普遍性。EDTA 几乎能与所有的金属离子（碱金属离子除外）发生配位反应，生成稳定的螯合物。

（2）组成一定。在一般情况下，EDTA 与金属离子形成的配合物都是 1∶1 的螯合物。这给分析结果的计算带来很大方便。

$$
\begin{aligned}
M^{2+} + H_2Y^{2-} &\rightleftharpoons MY^{2-} + 2H^+\\
M^{3+} + H_2Y^{2-} &\rightleftharpoons MY^- + 2H^+\\
M^{4+} + H_2Y^{2-} &\rightleftharpoons MY + 2H^+
\end{aligned}
\tag{3-9}
$$

（3）稳定性。EDTA 与金属离子所形成的配合物一般都具有五元环的结构，所以稳定常数大，稳定性高。

（4）可溶性。EDTA 与金属离子形成的配合物一般都可溶于水，使滴定能在水溶液中进行。此外，EDTA 与无色金属离子配位时，一般生成无色配合物，与有色金属离子则生成颜色更深的配合物。例如 Cu^{2+} 显浅蓝色，而 CuY^{2-} 显深蓝色；Ni^{2+} 显浅绿色，而 NiY^{2-} 显蓝绿色。

（二）酸度对 EDTA 配位滴定的影响

EDTA 在溶液中以多种形式存在，但只有 Y^{4-} 能与金属离子直接配位，其配位平衡可

表示为

$$\begin{array}{l} M + Y \rightleftharpoons MY(\text{省去电荷}) \\ \quad \Updownarrow + H^+ \\ HY \rightleftharpoons H_2Y \rightleftharpoons \cdots \end{array} \qquad (3\text{-}10)$$

增加 H^+浓度，会使 EDTA 的电离平衡逆向移动，从而使 EDTA 的配位能力降低。这种由于 H^+的存在而使 EDTA 的配位能力降低的现象称为酸效应。因此，在配位滴定中溶液的 pH 值不能太低，否则，配位反应就不完全。由于不同金属离子的 EDTA 配合物的稳定性不同，所以滴定时所允许的最低 pH 值（即金属离子能被准确滴定所允许的 pH 值）也不相同；K 越大，滴定时所允许的最低 pH 值也就越小。将各种金属离子的 $\lg K_{MY}$ 与其滴定时允许的最低 pH 值作图，得到的曲线称为 EDTA 的酸效应曲线，如图 3-4 所示。应用这种酸效应曲线，可以比较方便地解决如下几个问题：

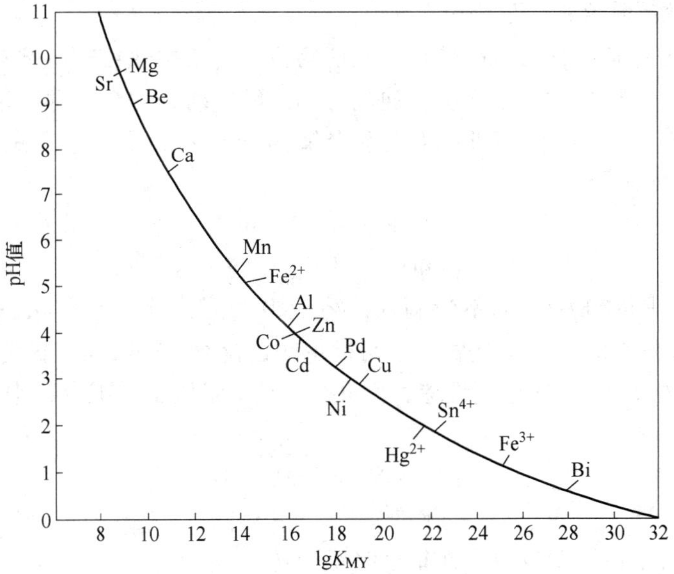

图 3-4　EDTA 的酸效应曲线

（1）确定单独滴定某一金属离子时，所允许的最低 pH 值。例如，EDTA 滴定 Fe^{3+}时，pH 值应大于 1；滴定 Zn^{2+}时，pH 值应大于 4。由此可见，EDTA 配合物稳定性较高的金属离子，可以在较高酸度下进行滴定。

（2）判断在某一 pH 值下测定某种离子，什么离子有干扰。如 pH = 4 ~ 6 滴定 Zn^{2+}时，若存在 Fe^{2+}、Cu^{2+}、Mg^{2+}等离子，Fe^{2+}、Cu^{2+}有干扰，而 Mg^{2+}无干扰。绝大多数金属离子与 EDTA 螯合物的组成比都是 1∶1。

（3）判断当有几种金属离子共存时，能否通过控制溶液酸度进行选择滴定或连续滴定。例如，当 Fe^{2+}、Zn^{2+}和 Mg^{2+}共存时，由于它们在酸效应曲线上相距较远，可先在 pH = 1 ~ 2 时滴定 Fe^{3+}，然后在 pH = 5 ~ 6 时滴定 Zn^{2+}，最后再调节溶液 pH = 10 左右滴定 Mg^{2+}。

需要说明的是：酸效应曲线给出的是配位滴定所允许的最低 pH 值（最高酸度）。在实践中，为了使配位反应更完全，通常采用的 pH 值要比最低 pH 值略高，但也不能过高。否则，金属离子可能水解，甚至生成氢氧化物沉淀。例如，用 EDTA 滴定 Mg^{2+}时所允许的最低 pH = 9.7，实际采用 pH = 10，若 pH>12 则生成 $Mg(OH)_2$ 沉淀而无法被滴定。

另外，在配位滴定中，既要考虑滴定前溶液的酸度，又要考虑滴定过程中溶液酸度的变化。因为在 EDTA 与金属离子反应时，不断有 H^+离子释放出来，使溶液的酸度增加，所以，在配位滴定中，常常需要用缓冲溶液来控制溶液酸度。一般在 pH<2 或 pH>12 的溶液中滴定时，可直接用强酸或强碱控制。

三、金属指示剂

配位滴定和其他滴定分析方法一样，也需要用指示剂来指示终点。配位滴定中的指示剂可用来指示溶液中金属离子浓度的变化情况，所以称为金属离子指示剂，简称金属指示剂。

（一）金属指示剂的变色原理

金属指示剂本身是一种有机配位剂，它能与金属离子生成与指示剂本身的颜色明显不同的有色配合物。当加指示剂于被测金属离子的溶液中时，它即与部分金属离子配位，此时溶液呈现该配合物的颜色。若以 M 表示金属离子，In 表示指示剂的阴离子（略去电荷），其反应可表示如下：

$$\underset{\text{(甲色)}}{M + In} \rightleftharpoons \underset{\text{(乙色)}}{MIn} \tag{3-11}$$

滴定开始后，随着 EDTA 的不断滴入，溶液中大部分处于游离状态的金属离子即与 EDTA 配位，至计量点时，由于金属离子与指示剂的配合物（MIn）的稳定性比金属离子与 EDTA 的配合物（MY）的稳定性差，因此，EDTA 能从 MIn 配合物中夺取 M 使 In 游离出来，即

$$\underset{\text{(乙色)}}{MIn} + Y = MY + \underset{\text{(甲色)}}{In} \tag{3-12}$$

此时，溶液由乙色转变成甲色而指示终点到达。

（二）金属指示剂应具备的条件

金属离子的显色剂很多，但只有具备下列条件者才能用作配位滴定的金属指示剂。

（1）在滴定的 pH 值条件下，MIn 与 In 的颜色应有显著的不同，这样终点的颜色变化才明显。

（2）MIn 的稳定性要适当，且其稳定性小于 MY 。如果稳定性太低，它的电离度太大，造成终点提前，或颜色变化不明显，终点难以确定。相反，如果稳定性过高，在计量点时，EDTA 难以夺取 MIn 中的 M 使 In 游离出来，终点得不到颜色的变化或颜色变化不明显。

（3）MIn 应是水溶性的，指示剂的稳定性好，与金属离子的配位反应灵敏性高，并具有一定的选择性。

（三）金属指示剂在使用中存在的问题

1. 指示剂的封闭现象

某些离子能与指示剂形成非常稳定的配合物，以致在达到计量点后，滴入过量的

EDTA 也不能夺取 MIn 中的 M 使 In 游离出来，所以看不到终点的颜色变化，这种现象称为指示剂的封闭现象。

例如，Al^{2+}、Fe^{3+}、Cu^{2+}、Ni^{2+}、Co^{2+}等离子对铬黑 T 指示剂和钙指示剂有封闭作用，可用 KCN 掩蔽 Cu^{2+}、Ni^{2+}、Co^{2+}和用三乙醇胺掩蔽 Al^{3+}、Fe^{3+}。如发生封闭作用的离子是被测离子，一般利用返滴定法来消除干扰。Al^{3+}对二甲酚橙有封闭作用，测定 Al^{3+}时可先加入过里的 EDTA 标准溶液，使 Al^{3+}与 EDTA 完全配位后，再调节溶液 pH = 5 ~ 6，用 Zn^{2+}标准溶液返滴定，即可克服 $A1^{3+}$对二甲酚橙的封闭作用。

2. 指示剂的僵化现象

有些金属离子与指示剂形成的配合物溶解度小或稳定性差，使 EDTA 与 MIn 之间的交换反应慢，造成终点不明显或拖后，这种现象叫指示剂的僵化。可加入适当的有机溶剂促进不溶物的溶解，或将溶液适当加热以加快置换速度而消除僵化现象。

3. 指示剂的氧化变质现象

金属指示剂多数是具有共轭双键体系的有机物，容易被日光、空气、氧化剂等分解或氧化。有些指示剂在水中不稳定，时间长了会分解。所以，常将指示剂配成固体混合物或加入还原性物质，或临用时配制。

(四) 常用的金属指示剂

1. 铬黑 T

铬黑 T 简称 BT 或 EBT，它属于二酚羟基偶氮类染料。在溶液中，随着 pH 值不同而呈现出三种不同的颜色：当 pH <6 时，显红色；当 7 < pH < 11 时，显蓝色；当 pH> 12 时，显橙色。铬黑 T 能与许多二价金属离子如 Ca^{2+}、Mg^{2+}、Mn^{2+}、Zn^{2+}、Cd^{2+}、Pb^{2+}等形成红色的配合物，因此，铬黑 T 只能在 pH = 7 ~ 11 的条件下使用，指示剂才能有明显的颜色变化（红色→蓝色）。在实际工作中常选择 pH = 9 ~ 10 酸度下使用铬黑 T，其道理就在于此。虽然固体的铬黑 T 比较稳定，但其水溶液或醇溶液均不稳定，仅能保存数天。在酸性溶液中铬黑 T 容易聚合成高分子；在碱性溶液中易被氧化褪色。因此，常把铬黑 T 与纯净的惰性盐如 NaCl 按 1∶ 100 的比例混合均匀，研细，密闭保存于干燥器中备用。

2. 钙指示剂

钙指示剂简称 NN 或钙红，它也属于偶氮类染料。钙指示剂的水溶液也随溶液 pH 的不同而呈现不同的颜色：当 pH <7 时，显红色；当 pH = 8 ~ 13. 5 时，显蓝色；当 pH > 13. 5 时，显橙色。由于在 pH = 12 ~ 13 时，它与 Ca^{2+}形成红色配合物，所以在 pH = 12 ~ 13 的酸度下，常用作测定钙含量的指示剂，终点时溶液由红色变成蓝色，颜色变化很明显。钙指示剂纯品为紫黑色粉末，很稳定，但其水溶液或乙醇溶液均不稳定，所以一般取固体试剂与 NaCl 按 1∶100 的比例混合均匀，研细，密闭保存于干燥器中备用。

第三节　氧化还原滴定法

一、氧化还原滴定法概述

(一) 氧化还原滴定法的特点

氧化还原滴定法是以氧化还原反应为基础的滴定分析方法。利用氧化还原滴定法可以直接或间接测定许多具有氧化性或还原性的物质，某些非变价元素（如 Ca^{2+}、Sr^{2+}、Ba^{2+} 等）也可以用氧化还原滴定法间接测定。因此，它的应用非常广泛。

氧化还原反应是电子转移的反应，比较复杂，电子转移往往分步进行，反应速率比较慢，也可能因不同的反应条件而产生副反应或生成不同的产物。因此，在氧化还原滴定中，必须创造和控制适当的反应条件，加快反应速率，防止副反应发生，以利于分析反应的定量进行。

在氧化还原滴定中，要使反应定量地进行完全，常常用强氧化剂和强还原剂作为标准溶液。根据所用标准溶液的不同，氧化还原滴定法可分为高锰酸钾法、重铬酸钾法、碘量法、铈量法、溴酸钾法等。本节介绍最常用的第一种方法。

（二）氧化还原滴定曲线

前面讨论的酸碱滴定曲线是以溶液的 pH 值变化为特征的曲线，在化学计量点附近溶液的 pH 值发生突跃。而在氧化还原滴定中，随着滴定剂的加入，溶液的电极电势 E 不断发生变化，在化学计量点附近溶液的电极电势 E 也将会产生突跃。氧化还原滴定曲线就是以 E 为纵坐标，加入滴定剂的量为横坐标作出的曲线。E 的大小可以通过实验方法测得，也可用 Nernst 方程式进行计算。图 3-5 所示为 0.1000mol/L $Ce(SO_4)_2$ 标准溶液滴定 20.00mL 0.1000mol/L $FeSO_4$ 溶液的滴定曲线。从曲线可以看出，计量点前后有一个相当大的突跃范围，这对选择氧化还原指示剂很有用处。滴定突跃范围的大小，与两电对的标准电极电势 E 有关，两电对的标准电极电势差值 $\Delta E^{\ominus}$ 越大，滴定突跃范围越大。一般当 $\Delta E^{\ominus} \geq 0.40V$ 时，才有明显的突跃，可选择指示剂指示终点，否则不易进行氧化还原滴定分析。

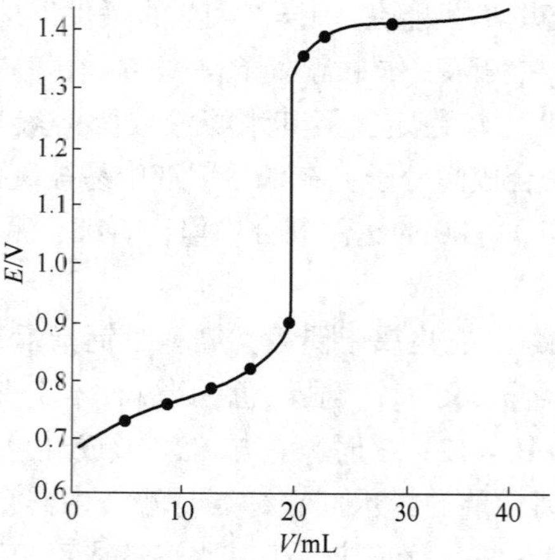

图 3-5　$Ce(SO_4)_2$ 标准溶液滴定 $FeSO_4$ 溶液的滴定曲线

二、氧化还原滴定法指示剂

在氧化还原滴定中，可以用电动势法确定滴定终点，但更常用指示剂来指示终点。氧化还原滴定中所使用的指示剂有以下三种。

（1）自身指示剂。有些滴定剂本身有很深的颜色，而滴定产物无色或颜色很浅，则滴定时就无需另加指示剂。例如 MnO_4^- 就具有很深的紫红色，用它来滴定 Fe^{2+} 或 $C_2O_4^{2-}$ 溶液时，反应的产物 Mn^{2+}、Fe^{3+}、CO_2 颜色都很浅甚至无色，滴定到计量点后，稍过量的 MnO_4^- 就能使溶液呈现浅粉红色。这种以滴定剂本身的颜色变化就能指示滴定终点的物质称为自身指示剂。

（2）特殊指示剂。有些物质本身并不具有氧化还原性，但它能与滴定剂、被测物或反应产物产生很深的特殊颜色，因而可指示滴定终点。例如淀粉与碘生成深蓝色的配合物，此反应极为灵敏。因此碘量法中常用淀粉作指示剂，可根据蓝色的出现或褪去来判断终点的到达。

（3）氧化还原指示剂。这类指示剂本身是氧化剂或还原剂，其氧化态与还原态具有不同的颜色。在滴定过程中，因被氧化或被还原而发生颜色变化从而指示终点。若以 InOx 和 InRed 分别表示指示剂的氧化态和还原态，滴定中指示剂的电极反应可表示为

$$\underset{\text{（氧化态颜色）}}{\mathrm{InOx}} + ne^- \rightleftharpoons \underset{\text{（还原态颜色）}}{\mathrm{InRed}} \tag{3-13}$$

氧化还原指示剂的选择原则与酸碱指示剂的选择类似，即使指示剂变色的电势范围全部或部分落在滴定曲线突跃范围内。

三、氧化还原滴定法中的预处理

在氧化还原滴定中，通常将待测组分氧化为高价态，或还原为低价态后，再进行滴定。例如，将 Mn^{2+}在酸性条件下氧化为 MnO_4^-，然后用 Fe^{2+}直接滴定，这种预处理应符合下列要求：

（1）反应进行完全，速度快；

（2）过量氧化剂或还原剂易于除去；

（3）反应具有一定的选择性。

第四单元　试样的采集与制备

第一节　采制样的重要性及取样理论

一、采制样的重要性

工业分析的具体对象是大宗物料（千克级、吨级甚至万吨级），而实际用于分析测定的物料却只能是其中很小的一部分（克甚至毫克量）。显然，这很小的一部分物料必须能代表大宗物料，即和大宗物料有极为相近的平均组成。否则，即使分析工作十分精密、准确，其分析结果因不能代表原始的大宗物料而没有意义，甚至可能把生产引入歧途，造成严重的生产事故。这很小一部分用于分析测试的物料称为分析试样。在规定的采样点采集的规定量物料称为“子样”（或小样、分样）。合并所有的子样得到“原始平均试样”或称为“送检样”。应采取一个原始平均试样的物料总量，称为“分析化验单位”（或称基本批量）。由送检样制备成分析试样的过程，称为样品制备（或称样品加工）。

显然，样品的采集与制备是工业分析工作的一部分，是分析结果准确可靠的前提与基础。经前人研究得知，分析结果总的标准偏差 S_0 是与取样（含制样）的标准偏差 S_s 和分析操作（含分析方法本身）的标准偏差 S_a 有关，并且符合下述关系式：

$$S_0^2 = S_s^2 + S_a^2 \tag{4-1}$$

显然，样本变异的方差分量与测量变异的方差分量具有同等重要性。然而，过去许多分析工作者主要着力于降低分析测量的不确定度，而忽视了样本的质量问题。W. J. Youden 曾指出，一旦分析的不确定度降低到样本不确定度的 1/3 或更低时，再进一步降低分析的不确定度就没有意义了。对于样品中待测组分呈不均匀分布的固体试样，这一点尤其突出。另外，样品中待测组分含量愈低，所采用的分析测定方法的灵敏度愈高，样本变异对分析结果的影响愈大。

二、取样误差

取样误差的研究，很早就引起了人们的注意，他们从不同对象和不同角度进行了各种研究。

早在 1928 年，B. Baule 等就对固体样品的取样误差进行估计：

$$S_a = \left| \frac{\rho_2 q}{100p\sqrt{m}} \sqrt{a^3 w(100\rho_1 - w\rho)} \right| \times 100\% \tag{4-2}$$

式中　S_a——取样的标准偏差；

w——混合物中矿石的质量分数；

ρ_1——矿石的密度；

q——矿石中金属的质量分数；

ρ_2——矿渣的密度；

ρ——混合物的密度；

m——样品的质量；

a——颗粒的边长或直径。

从式（4-2）可见，矿石的特性、样品的粒度与质量及待测组分的质量分数对取样误差有着明显的影响。

N. H. 普拉克辛根据误差理论，在把各项偏差代入平均偏差的基本公式之后，得出取样误差的计算公式为

$$y = \frac{0.6745}{\sqrt{n-1}}\sqrt{x(1-x)} \tag{4-3}$$

式中 y——取样体积误差；

n——样品的颗粒数；

x——物料中所测组分的体积分数的近似值。

从式（4-3）可以看出，取样误差与样品的颗粒数及组分的含量密切相关。

W. E. Harrs 等在 1974 年发表文章指出，在由 A 和 B 所组成的二元总体的情况下，当纯组分颗粒 A 的质量分数很小时，若要相对取样标准偏差小至可以忽略，则样品的颗粒数就要非常多。Beneditti-Pichler 进一步证明，在一个颗粒数为 n，待测组分为 A 的试样中，取样误差 Δn 与组分质量分数的取样误差 Δp_{av} 有以下关系：

$$\Delta P_{av} = \frac{\Delta n \rho_A \rho_B}{n\rho^2}(w_A - w_B) \tag{4-4}$$

式中 ρ_A，ρ_B——A 和 B 的密度；

w_A，w_B——A 和 B 组分的质量分数；

ρ——均密度。

从式（4-4）可知，样品中颗粒数 n 越小，颗粒 A 和 B 中被测组分的质量分数之差越大，取样误差也越大。

三、取样量

在充分保证样品具有代表性的前提下，取样量越小，取制样的工作量也越少。但取样量太少则不能保证其代表性。能代表研究对象整体的样品最小量，称为样品的最低可靠质量。在满足取样误差要求的前提下，确定最小取样就显得十分重要。

对于某一特定的测定对象，样品的特性和其中待测组分的含量是客观存在的，只是样品的粒度和取样量的多少可由采制者控制。因此，根据试样粒度的大小确定采集试样的最小质量，以及确定制样程序和最后粒度，就成为取样理论的基本问题之一。

早在 1908 年理查德（R. Richards）就提出了根据试样质量确定试样颗粒极限度的“理查表”。之后，苏联学者 P. O. 切乔特根据理查表中的数据，提出适合最小样品质量与颗粒大小关系的理查-切乔特公式：

$$Q = Kd^2 \tag{4-5}$$

式中　Q——最小样品质量（或称为样品最低可靠质量），kg；

K——与试样密度等有关的矿石特性系数；

d——最大颗粒直径，mm。

K 值的确定一般都是用实验的方法。常用求取 K 值的方法有两种：一种是连续缩分法，另一种是预定不同 K 值法。

连续缩分法：设有需要确定 K 值的铀矿石 480kg，破碎至 $d \leqslant 10$mm，混匀。然后将此样品连续缩分 8 次，得到质量不同的 8 组，即每组质量分别为 240kg、120kg、60kg、30kg、15kg、7.5kg、3.75kg、1.875kg。将每组样品等分成 5~8 份，分别粉碎至分析方法所需的粒度，用相同的或等精度的分析方法，测定每组各份样品中某一元素或某几种元素的含量，并计算每组分析结果的平均相对偏差。根据各组相对偏差的比较，即可确定该样品破碎至某一粒度时，缩分后能代表全样的样品最小质量，如图 4-1（a）所示，并进一步计算出 K 值。

预定不同 K 值法：将所采具有代表性的样品破碎至一定粒度，分成若干份（4~8），然后分别用不同 K 值进行缩分，制成分析试样，进行分析，将分析结果进行对比，以确定 K 值。如上例 480kg 铀矿石，破碎到 $d \leqslant 10$mm。然后预定 1.2、0.6、0.3、0.15、0.075、0.0325、0.0163 这些 K 值。将这些 K 值代入理查切乔特公式，从 $d \leqslant 10$mm 的原样中分取七组试样，再将每组试样分成 5~8 份，分别粉碎后进行分析，计算每组分析结果的相对偏差，并作图确定样品的合适 K 值，如图 4-1（b）所示。

图 4-1（a）表明，该铀矿石破碎至 $d \leqslant 10$mm 后缩分，样品的最小质量为 7.5kg，$K = 7.5/100 = 0.075$。图 4-1（b）表明，对于同一矿石，合适的 K 值为 0.15。从而可知，对于这一类型样品，在制样时，所取的缩分系数应为 0.075~0.15。

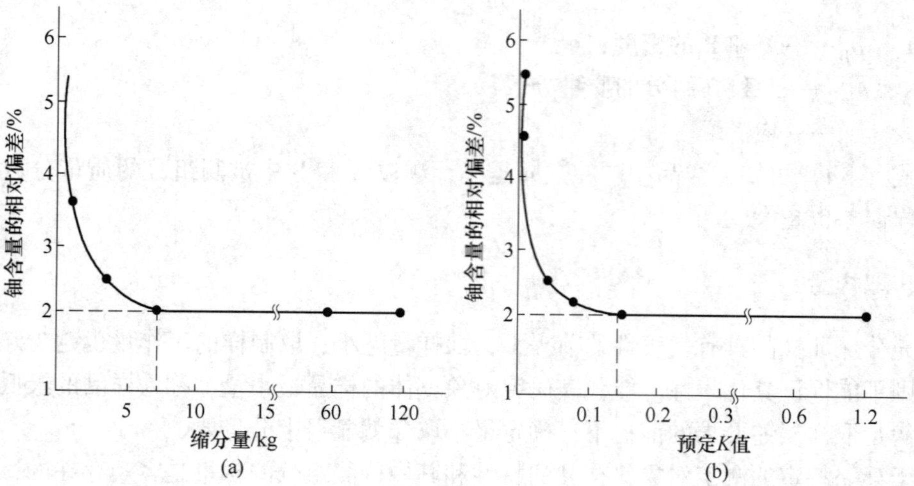

图 4-1　用两种方法求缩分系数
（a）连续缩分法求 K 值；（b）预定 K 值法

求样品缩分系数时须注意两个问题：一是所用分析方法应是高精度的方法；二是除分析主要元素之外，还应选择样品中若干重组分和轻组分进行分析，并综合考虑其分析结果，最后确定 K 值。因此，样品缩分系数的确定是比较繁琐的工作。在实践中，基层实验室一般都不做求取 K 值的工作，根据样品的种类和性质，按上级主管部门规定的 K 值制样。

四、取样单元

从统计学的观点出发，为了取得具有代表性的试样，最重要的是要考虑应选取多少个取样单元，而不是应取多少质量样品的问题。一般来说，取样单元数愈多，即取份样（子样）数多，取样误差就愈小。但取样单元数多了，给取样、制样以及测定都可能造成麻烦。因此适当确定取样单元数，也是取样理论研究的重要问题之一。

取样单元的多少，主要取决于物料的均匀性和对取样准确度的要求。物料越不均匀或要求取样误差越小，则取样单元数就越多。对于这方面的研究，早在 20 世纪 30 年代 T. A. 克拉克就做过不少工作。他指出，取样的平均误差随取样时份数的增加而急剧下降，并提出了矿石物料取样时份样数（即取样单元数）的计算公式：

$$n = \left(\frac{r}{MR}\right)^2 \tag{4-6}$$

式中　n——成样单元数（份样数）；

r——份样的偶然误差；

R——总样的偶然误差；

M——系数值，它随取样的可靠程度而改变。

五、取样方式

从统计学上讲，为了获得具有代表性的样品，不仅要考虑取样单元，而且要考虑取样方式。研究取样方式的目的，是选取尽可能少的试样（样本），而使所获得的结果又能最大限度地反映被研究对象的全体（总体）的特征。

之前长期采用随机取样方式，到 20 世纪 70 年代初逐步发展到系统取样、分层取样和二步取样等规则取样方式。在实际过程中还常将随机取样与规则取样结合起来应用。

随机取样又称概率采样，其基本原理是物料总体中每份被取样的概率应相等。例如，将取样对象的全体划分成不同编号的部分，应用随机数进行取样，在某些情况下是行之有效而且简单方便的取样方法。

分层取样，即当物料总体中有明显的不同组成时，将物料分成几个层次，按层数大小成比例地取样。分层时，层间物料组成可以有较明显的差别，但层内物料应是均匀的。

系统取样是将物料分成几个部分。例如，按时间间隔或物料量的间隔取样。

二步取样是将物料分成几个部分（例如，袋装或桶装的物料就可按袋或桶计），首先用随机取样方式从物料批中取出若干个一次取样单元，然后再分别从各单元中取出几份样。

因此，一个成功采集的试样（样本），在统计学上应满足下述要求：（1）样本均值应能提供总体均值的无偏估计，一般来说，随机取样是保证这种无偏性的基本方法；（2）样本分析结果应能提供总体方差的无偏估计，例如系统取样，应能提供分析对象有关参量随时间的变化等；（3）在给定的时间和人力消耗下，采样方法应给出尽可能精密的估计。将随机取样与规则取样巧妙地结合，能收到良好的效果。例如，8 筒粉末样品每瓶按上、中、下三部分各 100 层构成，把每层样品分装到 400 个小瓶中，则可装成 960000 小瓶。若随机抽取 1%的样本，则需要分析 9600 瓶。而考虑到 8 个筒之间的差异要比 1 个筒内的差异大；而 1 个筒内的差异是由于粉状物的密度、粒度不完全一致造成的，从 1 个筒的上、中、下部位取样，能充分反映筒内的不均匀性。对筒内的每一层样品来说是均匀的，任取一瓶均可代表本层，而在 100 层中随机抽 5%，这样既充分保证其代表性，还可减少取份样数：

$$5 \times 3 \times 8 = 120$$

即分析 120 瓶就可以了。

上述各种取样方式中，从分析结果的方差出发，取样份数或一次取样单元数的计算公式如下。

（1）单纯随机取样：

$$n = \left(\frac{\sigma_b^2}{\sigma_s}\right)^2 \tag{4-7}$$

（2）分层取样：

$$n = \left(\frac{\sigma_w^2}{\sigma_s}\right)^2 \tag{4-8}$$

（3）系统取样：

$$n = \left(\frac{\sigma_w}{\sigma_s}\right)^2 \tag{4-9}$$

式中　n——从一批物料中采取的份样数；

σ_b——一次取样单元间的分散度，用标准偏差表示；

σ_w——一次取样单元内或层内份样间的分散度，用标准偏差表示；

σ_s——取样精度，用标准偏差表示。

第二节　试样采集方法

一、固态物料的采样

工业生产战线上各个行业的生产，对于原材料分析、生产工艺过程控制分析、产品质量检定的采样等分析方法大多都有国家或行业标准。尚无国家或行业标准的，要根据采样理论和行业生产实际，制定企业标准。不同行业、不同工厂的不同对象的采样方法大同小异。这里以商品煤采样方法为例，综合介绍采取不均匀固态物料平均试样的一般原则和方法。

（一）物料堆中采样

从商品煤堆中采样时，子样数目按规定计算，见表 4-1 及表 4-2。然后，根据煤堆的不同形状，将子样数目均匀地分布在顶、腰、底的部位上。底部应距地面 0.5m。顶部采样时，先除去表层的 0.1m，沿和煤堆表面垂直方向挖深度为 0.3m 的坑，在坑底部取样 5kg。

表 4-1 灰分小于 20%的商品煤应取子样数

批量/kt	≤1	1~2	2~3	3~4	4~5	5~6	6~7	7~8	8~9	9~10
应采子样数目/个	40	55	75	80	90	100	105	110	120	130

表 4-2 灰分大于 20%的商品煤应取子样数

批量/kt	≤1	1~2	2~3	3~4	4~5	5~6	6~7	7~8	8~9	9-10
应采子样数目/个	80	110	140	160	180	200	210	230	240	250

工业生产中散装的固体原材料或产品，可按类似方法取样，其分析化验单位及子样数目可按有关规定确定。对于袋（或桶）为一件，多少件为一个分析化验单位，视不同产品而定。对于袋装化学肥料，通常为

50 件以内，抽取 5 件；

51~100 件，每增 10 件，加取 1 件；

101~500 件，每增 50 件，加取 2 件；

501~1000 件，每增 100 件，加取 2 件；

1001~5000 件，每增 100 件，加取 1 件。

例如，若某批化学肥料为 2000 件，则应抽取的件数为

$$5 + 5 \times 1 + 8 \times 2 + 5 \times 2 + 10 \times 1 = 46 \text{（件）}$$

从物料堆的各部位随机抽取规定量的件数。然后再用取样钻（见图 4-2），由包装袋的一角斜插入袋内（或桶中），直达相对的另一角，旋转 180°后，抽出，放出取样钻槽中物料，作为一个子样。

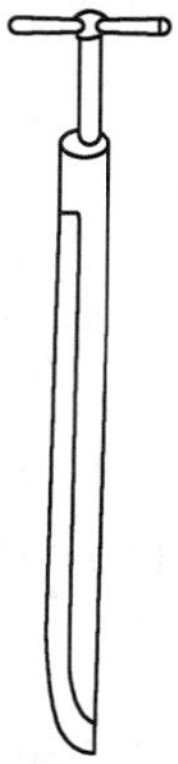

图 4-2 取样钻

（二）物料流中采样

在运输带、链板运输机等物料流中采样时，大都是使用机械化的自动采样器，定时、定量连续采样。对于商品煤，采取子样的数目，应根据计划灰分，按规定确定，见表 4-3。表 4-3 中是以 1000t 为一个分析化验单位，若分析化验单位不足 1000t 时，子样数目可以根据实际发运里程按比例减少。但是不得少于表 4-2 中所示数目的 1/3 个，每个子样的质量不少于 5kg。

表 4-3 商品煤物料流子样数

煤种	原煤和筛选煤		其他洗煤	
	灰分≤20%	灰分>20%	灰分≤20%	灰分>20%
子样数目	30	60	15	20

如果煤量超过 1000t，则实际应采子样的数目进行计算如下：

$$m = n\sqrt{M/1000} \tag{4-10}$$

式中 m——实际应采子样数目，个；

n——表 4-3 所示的子样数目，个；

M——实际应发量或交货批量，t。

从物料流中采样时，确定子样数目后，根据物料流量的大小及有效流过时间，均匀地分配采样时间，调整采样器工作条件，一次横截物料流的断面采取一个子样。也可以分两次或三次采取一个子样，但是必须按左右或左、中、右的顺序进行，采样的部位不得交错重复，在横截带运输机采样时，采样器必须紧贴带，不允许悬空铲取样品。

（三）运输工具中采样

由火车中采样时，每个分析化验单位应采取子样数目，按产品计划灰分和车皮容量确定。

对于灰分小于或等于20%的商品煤，不论车皮容量大小，均按图4-3所示的沿斜线方向采取3个子样。对于灰分含量大于20%的商品煤，车皮容量≤30t，按如图4-3所示的方法采取3个子样；车皮容量为40t或不低于50t，按如图4-4和图4-5所示的方法采取4或5个子样。

斜线的始末端点离车角为1m，其余各点应均分斜线，并且各车皮斜线方向一致。

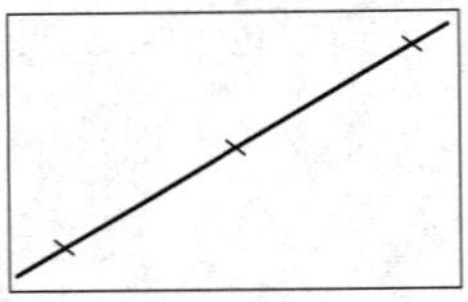

图4-3　三点采样部位

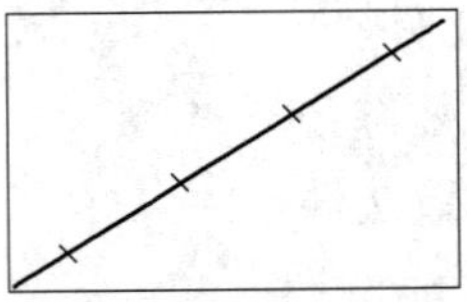

图4-4　四点采样部位

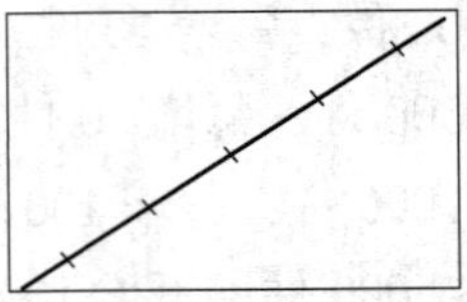

图4-5　五点采样部位

商品煤装车后，应立即从煤的表面采样。如果用户需要核对时，可以挖坑至0.4m以下采样。

二、液态物料的采样

液态物料一般比固态物料均匀，因此，较易于采取平均试样。

（一）自大贮存容器中采样

自大贮存容器中采样，一般是在容器上部距液面200mm处采子样1个，在中部采子样3个，在下部采子样1个。采样工具可以使用装在金属架上的玻璃瓶，但最好使用特制的采样器。

（二）自小贮存容器中采样

自小贮存容器中采样的工具多用直径约20mm的长玻璃管或虹吸管，按一般方法采取。应抽取子样的件数，一般规定为总件数的2%~5%，但是不得少于2件。

（三）自槽车中采样

自槽车中采样的份数及体积，根据槽车的大小及每批的车数确定。通常是每车采样一份，每份不少于500mL。但是当车数较多时，也可以抽车采样。抽车采样规定，总车数多于10车时，抽车数不得少于5车。

三、气态物料的采样

气态物料的采样，根据不同情况和分析项目，用不同方式采取不同形式的样品。在一定的时间间隔内采取的气体样品，称为定期试样；在生产设备的一定部位采取的气体样品，称为定位试样；从不同对象或同一对象的不同时间内采取的混合气体样品，称为混合试样；用一定的采样装置在一定时间范围内采取的气体样品，或者一个生产循环中（或一个生产周期内）采取的可以代表一个过程（或循环）的气体样品，称为平均试样。

常用的气体采样装置一般由采样管、过滤管、冷却器及气样容器等四部分组成，如图4-6所示。采样管用玻璃、瓷或金属制成，可根据需要选用。过滤管内装有玻璃丝，用于除去气体中可能含有的机械杂质。对于被采气体温度高于200℃时，须使用冷却器。气体容器视气体条件和分析要求而定，有时可以将采样管直接和气体分析仪器连接。

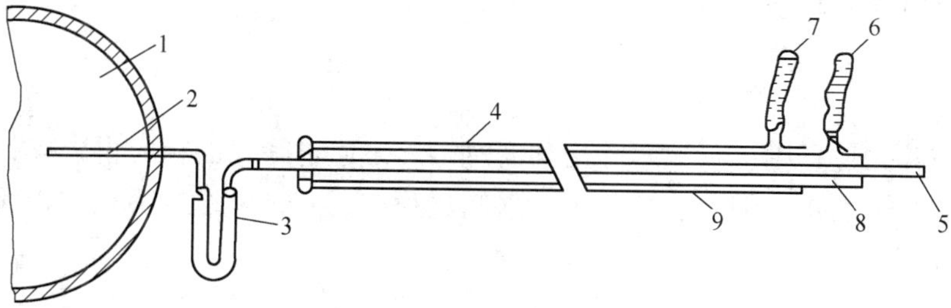

图4-6　气体采样装置

1—气体管道；2—采样管；3—过滤管；4—冷却器；5—导气管；6—冷加水入口；7—冷却水出口；8，9—冷却管

自气体管道中采样时，可以将采样管插入管道的采样点部位至管道直径的1/3处，用橡皮管和气体容器连接。从气体容器中采取静止的气态物料时，可以将采样管安装在气体容器的一定部位上，用橡皮管和气体容器连接。

工业生产中的气体通常有常压（等于大气压）、正压及负压等三种状态。对于不同状态的气体，应该用不同方法采样。

第三节　试样的制备

按上述方法采取的样品，数量很大且不均匀。必须经过一定程序的加工处理才能制得具有代表性的供分析用的试样。

制备试样的目的是根据不同样品、不同检测项目、不同测试方法的要求，将数量大、粒度较大的母样加工成粒度符合要求的检测试样。在加工过程中，要充分保证试样的真专性：要保证送到检测人员手中的试样能真正代表原始的母样；要保证测试人员得到的样品有高度的均匀性，从样品中称取十几毫克到数百毫克用于测试，所得的物化参数结果能代表检测样品及母样，即能代表被取样品的大宗物料的真实情况。因此，样品制备是一项严谨、细致又重要的工作。试样制备一般要经过烘干、破碎、筛分、混合、缩分、研磨等步骤。

一、样品烘干

样品过于潮湿使研细、过筛发生困难（产生沾黏或堵塞现象），必须先将样品烘干。

样品在烘干的过程中，要控制温度与时间。

少量样品可在干燥箱中干燥。一般物料可在温度为105～110℃下烘干2h。对易分解的样品，如煤粉、含结晶水的石膏等，应在温度为55~60℃下烘干2h。

大量样品可在空气中干燥。即把样品放在胶合板、塑料布或洁净的混凝土地面上，摊成一个薄层，并经常翻动，在室温下放置几天使其逐渐风干。

二、破碎

破碎分为两种。粗碎，用颚式破碎机将样品碎至 $d<4$mm；中碎，用磨盘式破碎机或对钮式破碎机将样品碎至 $d<0.8$mm。

三、筛分

在试样破碎的过程中，每次磨碎后均需过筛，未通过筛孔的粗粒再磨碎，直至样品全部通过指定的筛子为止。但要注意，不能强制过筛或丢弃，未通过筛孔的粗粒，需再次粉碎至能自然过筛为止。

四、混匀

经破碎、过筛后的样品，其粒度分布和化学组成仍不均匀，须经混合处理。

（1）锥堆法：大量物料可用此法。将样品在干净、光滑的地板上堆成一个圆锥体，用平铲交互地从样品堆相对的两边贴底逐堆铲起，堆成另一个四锭体。操作时要注意使每铲铲起的样品不应过多，并且要撒在新堆锥体的顶部。如此反复，来回翻倒数次，即可混合均匀。

（2）掀角法：少量物料可用掀角法混匀。此法用于少量细碎样品的混匀。将样品放在光滑的塑料布上，先提起塑料布的两个对角，使样品沿塑料布的对角线来回翻滚，再提起塑料布的另外两个对角进行翻滚，如此调换，翻滚多次，直至样品混合均匀。其实实验室中在球磨机中磨细样品时也是混匀样品的过程。

五、缩分

制样过程中缩分的目的是在不改变物料平均组成的情况下缩小试样量。这样可以大大减少制样的工作量，提高工作效率。没有必要将实验室样品全部加工成分析试样。随着样品的磨碎，样品的可靠质量减少，所以可不断进行缩分。缩分的方法有锥形四分法、正方形挖取法和分样器缩分法。

（1）锥形四分法。将混匀的样品堆成圆锥形，然后用铲子或木板将锥体顶部压平，使其成为圆锥台。在锥台上过圆心按十字形分为四等份，取其任意对角的两等份，再将剩余的两等份混匀，堆成圆锥体，如此反复进行，直到达到规定的样品量为止，如图 4-7 所示。

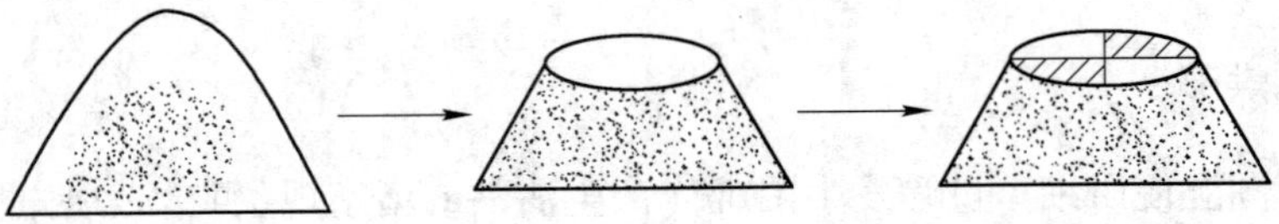

图 4-7　锥形四分法

（2）正方形挖取法。将混匀的样品平铺成正方形或长方形的均匀薄层，然后用直尺划分成若干个小正方形。用小铲将每一定间隔的小正方形中的样品挖出，弃去，将剩余部分混合均匀，重复上述过程。一般缩减少量样品时常用此法，如图 4-8 所示。

（3）分样器缩分法。分样器中最简单的是槽形分样器，槽形分样器中有数个左右交替的用隔板分开的小槽，小槽个数一般不少于 10 个，并且必须是偶数，如图 4-9 所示，在下面两侧分别放有承接样品的样槽。当样品倒入分样器后样品即从两侧流入两个样槽内，这样就把样品均匀地分成两等份，达到缩分样品的目的。

缩分样品的次数不是随意的，每次缩分时，样品的粒度与保留的样品量之间都应符合缩分公式（$Q=Kd^2$）。

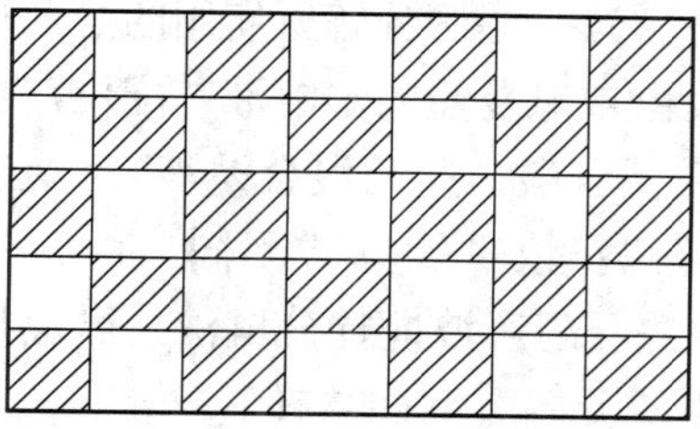

图 4-8　正方形挖取法

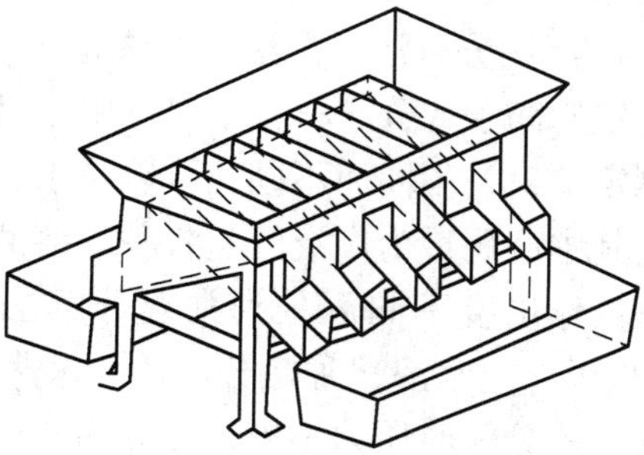

图 4-9　槽形分样器

六、研磨

经最后缩分得到的试样一般为 20~30g（根据需要可多些或少些），还需要在玛瑙研钵中充分研细，使试样最终全部通过 0. 08mm 的方孔筛。将不超过研钵体积 1/3 的实验室样品放入研钵，将棒压在研钵壁上，沿研钵做圆周运动，速度不宜过快，防止物料甩出。当研磨易扬出粉尘的样品时，用一块光洁的厚纸，中间挖一直径与棒柄一样大小的孔，把棒套在孔中，将纸盖在研钵上，再在通风所中进行研磨。研磨完毕，洗净研钵和棒，必要时用少量食盐或盐酸放在研钵中研磨擦洗，以除去钵底的黏杂物。最后用蒸馏水冲洗，自然干燥。研钵可置于 110℃ 的干燥箱中烘干。使用玛瑙研钵，切勿敲击，以免研钵破碎。

七、样品保管

制备好的分析试样储存于带盖的磨口瓶中，详细填写标签，标明试样名称、取样地点、制备时间、检测项目等。在制样过程中需保留一份副样，由专人保管，主要是为在实验有误差时再进行试验，抽查和发生质量纠纷时进行仲裁，因此样品要妥善保管。水泥、熟料等易受潮的样品应用封口铁桶和带盖磨口瓶中保存，保存期除出厂水泥保存三个月外，其他样品各厂可根据情况自行决定，一般应保存一周左右。

第五单元 固体试样的分解及分析方法

第一节 固体试样的分解方法

试样分解的方法有很多，归结起来可分为两大类：湿法分解法和干法分解法。

（1）湿法分解法。湿法分解法是试样与溶剂相互作用，样品中待测组分转变为可供分析测定的离子或分子存在于溶液中，是一种直接分解法。湿法分解所使用的溶剂视样品及其测定项目的不同而不同，可以是水、有机溶剂、酸或碱及盐的水溶液、配位剂的水溶液等，其中应用最为广泛的是各种酸溶液（单种酸或混合酸与盐的混合溶液）。湿法分解法，依操作温度不同可分为常温分解法和加热分解法；依供能方式不同，可分为电炉（或电热板、电水浴）加热分解法、水蒸气加热分解法、超声波搅拌分解法、微波加热分解法等；依分解时压力不同，可分为常压分解法和增压分解（封闭溶样）法。

（2）干法分解法。干法分解法是对那些不能完全被溶剂所分解的样品，将它们与熔剂混匀在高温下作用，使之转变为易被水或酸溶解的新的化合物。然后，以水或酸溶液浸取，使样品中的待测组分转变为可供分析测定的离子或分子进入溶液中。因此，干法分解法是一种间接分解法。干法分解法所用的熔剂是固体的酸、碱、盐及它们的混合物。根据熔解时熔剂所处状态和所得产物的性状不同，可分为熔融（全熔）和烧结（半熔）两类。全熔分解法是在高于熔剂熔点的温度下熔融分解，熔剂与样品之间的反应在液相或固-液之间进行，反应完全后形成均匀的熔融体；半熔分解反应是由于温度升高，两种结晶物质可能发生短暂的机械碰撞使质点晶格发生振荡（回摆现象）而引起的。实验表明，加热至熔剂熔点的57%左右时，由于晶格中的离子或分子获得的能量超过了其晶格能，在它们之间便可发生互相替换作用，即明显发生作用。反应完成之后仍然是不均匀的固态混合物。

湿法分解法和干法分解法各有优缺点。

湿法分解特别是酸分解法的优点主要是酸较易提纯，分解时不致引入除氢离子以外的阳离子；除磷酸外，过量的酸较易用加热方法除去；一般的酸分解法温度低，对容器腐蚀小；操作简便，便于大批生产。其缺点是湿法分解法的分解能力有限，对有些试样分解不完全；有些易挥发组分在加热分解试样时可能会挥发损失掉。

干法分解特别是全熔分解法的最大优点就是只要熔剂及处理方法选择适当，许多难分解的试样均可完全分解。但是，由于熔融温度高，操作不如湿法方便。

工业分析的试样种类多，组成复杂，待测组分在不同样品中的含量变化极大。一个样品的分析或者一个项目的测定都可能有数种方法。在实践中，试样分样方法的选择要考虑多种因素，其一般原则如下。

（1）要求所选溶（熔）剂能将样品中的待测组分全部转变为适宜测定的形态。一方面不能存在损失或分解不完全的现象；另一方面也不能在试样分解中引入待测组分。有时根据送样者的要求，还要保持样品中待测组分的原有形态（或价态），或者样品中待测组分原有的不同形态全部转变为某一指定的形态。

（2）避免引入有碍分析的组分，即使引入也应该容易设法除去或消除影响。

（3）应尽可能与后续的分离，富集及测定的方法结合起来，以便简化操作。

（4）成本低、对环境的污染少。

第二节　湿法分解法

湿法分解法所用的溶剂中以无机盐应用居多。无机酸中包括盐酸，硝酸，硫酸，氢氟酸，氢溴酸，氢碘酸，过氯酸，磷酸，氟硼酸，氟硅酸等。本节重点介绍盐酸、硝酸、硫酸分解法。

一、盐酸分解法

市售试剂级浓盐酸，含 HCl 的质量分数约为37%，相对密度约为 1.185，HCl 的物质的量浓度约为 12mol/L，纯盐酸为无色液体，含三价铁离子时略带黄色。盐酸溶液的最高沸点（恒沸点）为 108.6℃，这时 HCl 的质量分数为 0.202。

盐酸对试样的分解作用主要表现在下述五个方面：（1）它是一种强酸，氢离子的作用是显著的；（2）氯离子有还原作用，可以使锰矿等氧化性矿物易于分解；（3）氯离子是一个配位体，可与 Bi(Ⅲ)，Cd，Cu(Ⅰ)，Fe(Ⅲ)，Hg，Pb，Sn(Ⅱ)，Ti，Zn，U(Ⅵ)等形成配离子，因而 HCl 较易溶解含这些元素的矿物；（4）它和过氧化氢、硝酸等氧化剂联用时产生氯气或氯化亚硝酸的强氧化作用，使它能分解许多铀的原生矿物和金属硫化物；（5）氯离子能与 Ge，As(Ⅲ)，Sn(Ⅵ)，Se(Ⅳ)，Te(Ⅳ)，Hg(Ⅱ)等形成易挥发的氯化物，可使含这些元素的矿物分解，并作为预先分离这些元素的步骤。

盐酸可分解铁、铝、铅、镁、锰、锡、稀土、钛、钍、锌等许多金属元素及它们生成的合金，能分解碳酸盐、氧化物、磷酸盐和一些硫化物以及正硅酸盐矿物。盐酸加氧化剂（过氧化氢）具有强氧化性，可以将铀矿、磁铁矿、磁黄铁矿、辉钼矿、方铅矿等许多难溶矿物以及金铂钯等难溶金属溶解。

用盐酸分解试样时宜用玻璃、塑料、陶瓷等器皿，不宜使用金铂银等器皿。

二、硝酸分解法

市售浓硝酸含硝酸质量分数为 0.65%～0.68%，相对密度为 1.39～1.405，硝酸的物质的量的浓度为 14.30～15.16mol/L，为无色透明溶液。质量分数超过 0.69%的浓硝酸成为发烟硝酸，超过 0.975%的成为发白烟硝酸。很浓的硝酸不稳定，容易分解出氧气或氧化氢和氮氧化物。

硝酸水溶液加热时，最高沸点为 120.5℃，这时含 HNO_3 的质量分数为 68%。

硝酸既是强酸，又是强氧化剂，它可以分解碳酸盐、磷酸盐、硫化物及许多氧化物，以及铁、铜、镍、钼等许多金属及其合金。

用硝酸分解样品时，由于硝酸的氧化性强弱与硝酸的浓度有关，对于某些还原性样品的分解，随着硝酸浓度不同，分解产物也不同。如：

$$CuS + 10HNO_3(浓) \xrightarrow{\triangle} Cu(NO_3)_2 + 8NO_2\uparrow + 4H_2O + H_2SO_4$$

$$3CuS + 8HNO_3(稀) \xrightarrow{\triangle} 3Cu(NO_3)_2 + 2NO\uparrow + 4H_2O + 3S\downarrow \tag{5-1}$$

用硝酸分解样品，在蒸发过程中硅、钛、锆、铌、钨、钼、锡等大部分或全部析出沉淀，有的元素则生成难溶的碱式硝酸盐。另外，在用 HNO_3 分解硫化矿时，由于单质硫的析出也有碍进一步分解或测定，因此常用硝酸和盐酸（或硫酸、氯酸钾、溴、过氧化氢、酒石酸、硼酸）混合使用。

当硝酸与 HCl 以 1∶3 或 3∶1 的体积比混合时，分别称为王水和逆王水。由于它们混合时反应生成的氯化亚硝液和氯气均为强氧化剂，加上氯离子为部分金属离子的配位体，因此具有很强的分解能力。它们可以有效地分解各种单质贵金属及各种硫化物。

三、硫酸分解法

市售试剂级浓硫酸含 H_2SO_4 的质量分数约为98%，相对密度为1.84，H_2SO_4 的物质的量浓度为 18.0mol/L。硫酸溶液加热时生成含 H_2SO_4，质量分数为 98.3% 的恒沸点（338℃）溶液。

硫酸是强酸，而且沸点高，其有强氧化性，硫酸根离子可以和铀、钍、稀土、钛、锆等许多金属离子形成中等稳定程度的配合物。因此它是许多矿物和矿石的有效溶剂。硫酸与其他溶剂（或硫酸盐）的混合物可以分解硫化物、氟化物，磷酸盐、含氟硅酸盐及大多数含铌、钛、锆、钍、稀土、铀的化合物。

硫酸与碱金属（或铵）反应生成的硫酸盐，其分解能力增强是由于提高了酸的沸点或者降低硫酸酐分压的结果。

第三节　干法分解法

干法分解法有熔融和烧结两大类，但它们所使用的熔剂大体相同，只是加热的温度和所得产物性状不同。按其所使用的熔剂的酸碱性可分为两类：酸性熔剂和碱性熔剂。酸性熔剂主要有氟化氢钾、焦硫酸钾（钠）、硫酸氢钾（钠）、强酸的铵盐等；碱性熔剂主要有碳酸盐、苛性碱、碱金属过氧化物和碱性盐等。

一、碱金属碳酸盐分解法

碳酸钠是分解硅酸盐、硫酸盐、磷酸盐、氧化物、氟化物等矿物的有效熔剂。熔融分解的温度一般为950~1000℃，时间为0.5~1h，对于锆石、铝土矿等难分解矿物，需在1200℃熔融约10min。试样经熔融分解转变成易溶于水或酸的新物质。

例如，正长石（$K_2Al_2Si_6O_{16}$）、重晶石（Ba_2SO_4）、萤石（CaF_2）的分解反应如下：

$$K_2Al_2Si_6O_{16} + 7Na_2CO_3 \xlongequal{\triangle} 6Na_2SiO_3 + K_2CO_3 + 2NaAlO_2 + 6CO_2\uparrow$$

$$Ba_2SO_4 + Na_2CO_3 \xlongequal{\triangle} BaCO_3 + Na_2SO_4 \tag{5-2}$$

$$CaF_2 + Na_2CO_3 \xlongequal{\triangle} CaCO_3 + 2NaF$$

碳酸钾也具有相同的性质和作用。但由于它易潮解，而且钾沉淀吸附的倾向较钠盐大，从沉淀中将其洗出也要困难得多，因此，很少单独使用。然而当碳酸钠和碳酸钾混合使用时，可降低熔点，可用于测定硅酸盐中氟和氯的试样分解。另外，对于某些项目，若用碳酸钠分解对往后操作不利，如含铌、钽高的试样，由于铌、钽酸的钠盐的溶解度小易析出沉淀，则改用钾盐以避免沉淀析出。

碳酸钠和其他试剂混合作为熔剂，对不少特殊样品的分解有突出的优点，在实际工作中有不少应用。碳酸钠加过氧化钠、硝酸钾、氯酸钾、高锰酸钾等氧化剂，可以提高氧化能力。

二、苛性碱熔融分解法

NoOH、KOH 对样品熔融分解的作用与 Na_2CO_3 类似，只是苛性碱的碱性强，熔点低。

NaOH 为强碱，它可以使样品中的硅酸盐和铝、钡、铌等两性氧化物转变为易溶的钠盐。例如：

$$\underset{\text{(斜长石)}}{CaAl_2Si_6O_{16}} + 14NaOH \xrightarrow{\text{熔融}} 6Na_2SiO_3 + 2NaAlO_2 + CaO + 7H_2O$$

$$\underset{\text{(铬铁矿)}}{FeCr_2O_4} + 2NaOH \xrightarrow{\text{熔融}} 2NaCrO_2 + Fe(OH)_2 \qquad (5\text{-}3)$$

KOH 的性质与 NaOH 相似，易吸湿，使用不如 NaOH 普遍。但许多钾盐的溶解度较钠盐大，而氟硅酸盐却相反，因此，氟硅酸钾沉淀分离-酸碱滴定法测硅时得到应用。另外，分析铝土矿、铌（锂）酸盐矿物宜用 KOH，不用 NaOH。

苛性碱熔融分解试样时，只能在铁、镍、银、金、刚玉中进行，不能使用铂。

第四节　分析方法的选择

每种元素都有多种测定方法，选择哪种方法应根据测定的具体要求、被测组分的含量及性质、共存元素的影响等方面加以考虑。一种理想的分析方法应该是准确、灵敏、快速、简便，这是选择分析方法的一般原则。现分别讨论如下。

一、根据测定的具体要求选择

由于分析工作涉及面广，测定对象种类繁多，测定的具体要求各不相同。如要求准确度的高低、分析速度的快慢、分析测定的项目不同等。

例如对水泥、玻璃、陶瓷等一些产品分析、仲裁分析等，则要求的准确度较高，应选用准确度很高的分析方法。若为生产过程中的控制分析，则对准确度的要求可以放宽，但分析的速度要快，因而要选用一些简便、快速的分析方法。如果分析项目是单项测定，可采用除去干扰元素的方法进行个别分析。当需要全分析时，则采用系统的分析方法较好。

二、根据被测组分的含量选择

根据不同试样被测组分含量不同，采取不同的分析方法。对试样中常量组分的测定，多采用滴定分析法，此法准确、简便、快速。重量分析法虽很准确，但操作烦琐。因此当滴定分析法和重量分析法都可以采用时，一般选用滴定分析法。对试样中微量组分的测定，一般选用灵敏度较高的仪器分析法，如比色分析法、原子吸收分光光度法或火焰光度法。

三、根据被测组分的性质选择

对被测组分性质的了解，有助于分析方法的选择。例如，大多数金属离子都能和EDTA定量配位，所以配位测定法成为测定金属离子的分析方法。有些被测组分具有氧化性或还原性，如Fe^{2+}有还原性，故可用氧化还原滴定法测定。Fe^{3+}、Fe^{2+}能与显色剂发生显色反应，故又可用比色法测定。由于硅酸盐中的K^{+}、Na^{+}，与EDTA形成的配合物不稳定，又不具有氧化还原性质，但可发生焰色反应，故一般采用火焰光度法及原子吸收分光光度法测定。

四、根据共存元素的影响情况选择

在选择分析方法时，必须考虑共存元素对测定的影响。尤其分析较复杂的物质时，共存元素往往干扰测定，因此应尽量采用选择性较高的方法。若无适宜的方法，就必须考虑如何避免及分离存在的干扰元素，然后进行测定。

在选择分析方法时，尽可能选择新的测试技术和方法。如采用原子吸收分光光度法测定水泥中的镁、锰、铁、钾、钠元素，方法更为简便、快速。在现代化的大型水泥企业中，采用X射线荧光光谱分析，能快速、准确地测定水泥生料中硅、铁、铝、钙四种元素的含量，对水泥生产的率值进行控制，保证配制的水泥生料具有较高的合格率，并已实现自动在线控制。如大型多道X射线荧光光谱仪，放射性同位素X射线荧光多元素分析仪，小型的钙、铁分析仪等，均属于这一范畴。

此外，应根据实验室的设备条件，因地制宜地进行考虑，也能较好地完成分析任务。

第六单元　常用仪器分析方法简介

第一节　可见分光光度法

许多物质是有颜色的，而许多无色物质也可以通过化学反应生成有色化合物，此类化学反应可称为显色反应。用可见分光光度计（如 721、722 等）测定有色溶液对某一波长的光的吸收程度来确定物质含量的方法叫做可见分光光度法。

一、光的特性

光是一种电磁辐射，是一种能以极大的速度穿过空间，且不需任何传播媒介的能量。光是一种电磁波，具有波动性和粒子性。作为一种波，它具有波长（λ）和频率（ν）；作为一种粒子，它具有能量（E）。它们之间的关系为

$$E = h\nu = h\frac{c}{\lambda} \tag{6-1}$$

式中　E——能量，eV；

h——普朗克常数，6.626×10^{-34}J · s；

ν——频率，Hz；

c——光速，真空中约为 300000km/s；

λ——波长，nm。

从式（6-1）可知，不同波长的光能量不同，波长越长，频率越低，能量越小；波长越短，频率越高，能量越大。若将各种电磁波（光）按其波长或频率大小顺序列成图表，则称该图表为电磁波谱。

二、物质的颜色与物质对光的选择性吸收

一束白光通过棱镜后色散为红、橙、黄、绿、青、蓝、紫等七色光，可证实白炽灯光等白光就是由这些波长不同的有色光混合而成的。这种含有多种波长的光称为复合光；而某一波长的光称为单色光。如果把适当颜色的两种光按一定比例混合，也可成为白光，这两种颜色的光称为互补色光。图 6-1 所示为互补色光示意图，图中处于直线关系的两种颜色的光即为互补色光。橙色光和青蓝色光，绿色光和紫红色光，黄色光和蓝色光都是“互补色光”。

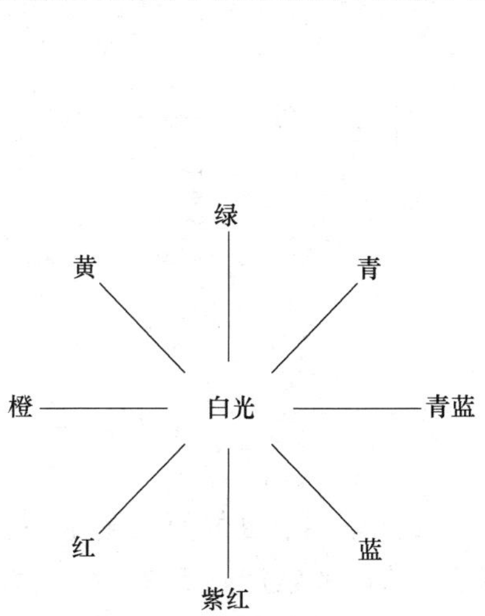

图 6-1　互补色光示意图

溶液的颜色是物质对光选择性吸收的结果。当一

束白光通过某透明溶液时，若该溶液对可见光区各波长的光都不吸收，即入射光全部透过溶液，这时看到的溶液透明无色；如果溶液有颜色，则说明溶液吸收了一部分光，而透过另一部分光。如果是吸收了白光中的黄色光，而透过其他颜色的光，那么我们看到溶液呈蓝色。即若某溶液选择性地吸收了可见光区某波长的光，则该溶液呈现出被吸收光的互补色光的颜色。

三、吸收光谱曲线

我们知道溶液的颜色是物质对光选择性吸收的结果，而溶液对各种不同波长的光的吸收情况，通常用吸收光谱曲线（又叫光吸收曲线）来描述。吸收光谱曲线是通过实验获得的，具体方法是：将不同波长的光依次通过某一固定浓度和厚度的有色溶液，分别测出它对各种波长的光的吸收程度（用吸光度 A 表示）。以波长 λ 为横坐标，以吸光度 A 为纵坐标绘制曲线，此曲线称为该物质的吸收光谱曲线，它描述了物质对不同波长的光的吸收程度。以邻二氮菲-铁溶液的吸收光谱曲线为例，如图 6-2 和图 6-3 所示，由图可知：

（1）邻二氮菲-铁溶液对不同波长的光的吸收程度是不同的，对波长为 510nm 的光吸收最多，在吸收光谱曲线上有高峰（称为吸收峰）。光吸收程度最大处的波长称为最大吸收波长（常以 λ_{max} 表示）。在进行吸光度测定时，通常都是选取在 λ_{max} 处来测量，因为这时测定的灵敏度最大。

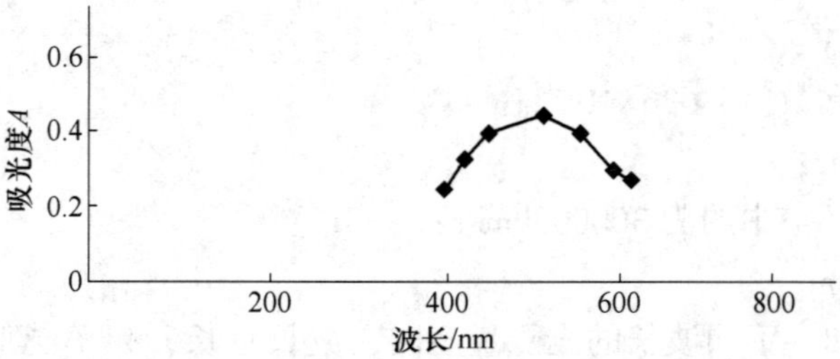

图 6-2　0.7μg/L 邻二氮菲-铁溶液的吸收光谱曲线

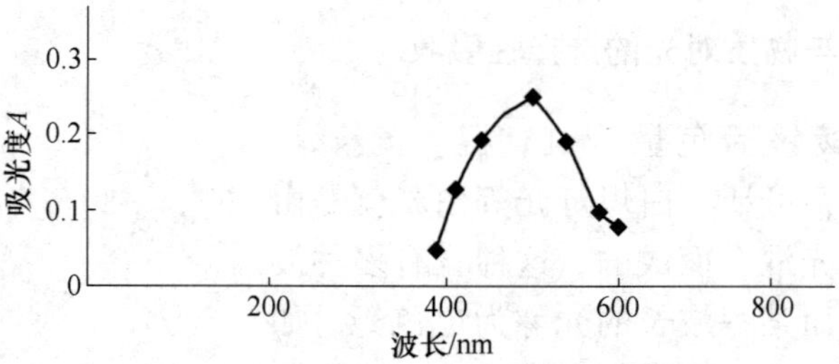

图 6-3　0.11μg/mL 邻二氮菲-铁溶液的吸收光谱曲线

（2）不同浓度的邻二氮菲-铁溶液，其吸收光谱曲线的形状相似，不同的是吸收峰的高度随浓度的增加而增高，但最大吸收波长不变。

（3）不同物质的吸收光谱曲线，其形状和最大吸收波长都各不相同。因此，可利用吸收光谱曲线来作为物质定性分析的依据。

四、光吸收定律

当一束平行的单色光通过均匀的、非散射的稀溶液时，入射光被溶液吸收的程度与溶液液层厚度的关系为

$$\lg \frac{I_o}{I_t} = k_1 L \tag{6-2}$$

式中　I_o——入射光强度；

I_t——通过溶液后的透射光强度；

L——溶液液层厚度，或称光程长度；

k_1——比例常数，与入射光的波长、溶液的性质、溶液的浓度和温度等因素有关。

这就是郎伯定律。

I_t/I_o表示溶液对光的透射程度，称为透射比，用符号 T 表示。透射比越大说明透过的光越多。而 I_o/I_t是透射比的倒数，它表示入射光一定时，透射光强度越小，即 $\lg \frac{I_o}{I_t}$ 越大，光吸收越多。所以 $\lg \frac{I_o}{I_t}$ 表示单色光通过溶液时被吸收的程度，通常称为吸光度，用 A 表示，即

$$A = \lg \frac{I_o}{I_t} = \lg \frac{1}{T} = -\lg T \tag{6-3}$$

当一束平行的单色光照射到同种物质的不同浓度、相同液层厚度的均匀透明溶液时，入射光通量与溶液浓度的关系为

$$\lg \frac{I_o}{I_t} = k_2 c \tag{6-4}$$

式中　k_2——比例常数，它与入射光波长、溶液液层厚度、溶液性质和温度有关；

c——溶液浓度。

这就是比尔（Beer）定律。比尔定律表明，当溶液的液层厚度和入射光强度一定时，光吸收的程度与溶液的浓度成正比。必须指出，比尔定律只能在一定的浓度范围内才适用，因为浓度过低或过高时，溶质会发生电离或聚合而产生误差。

当溶液的液层厚度和溶液的浓度都可以改变时，就要考虑两者同时对透射光通量的影响，则有

$$A = \lg \frac{I_o}{I_t} = \lg \frac{1}{T} = kcl \tag{6-5}$$

式中　k——比例常数，与入射光的波长、溶液的性质和溶液的温度等因素有关。

这就是朗伯-比尔定律，即光吸收定律。它是分光光度法进行定量分析的理论基础。光吸收定律表明，当一束平行的单色光通过均匀的、非散射的稀溶液时，溶液的吸光度（入射光被溶液吸收的程度）与溶液的浓度及液层厚度的乘积成正比。

朗伯-比尔定律应用的条件：一是必须使用单色光；二是吸收发生在均匀的、非散射的介质中；三是在吸收过程中，吸收物质互不发生作用。

第二节　X 射线荧光分析

一、概述

X 射线又名伦琴射线，是一种波长短、能量高的电磁波，在遇到晶体时会发生衍射。由于电子技术、超高真空技术及计算机技术的发展，X 射线在现有分析仪器中得到了广泛的应用，除 X 射线荧光分析、X 射线衍射分析外，还有电子探针、光电子能谱等多种分析技术。

目前，X 射线荧光分析已广泛用于冶金、矿石、玻璃、陶瓷、油漆、石油、塑料等材料的元素分析，适用于固体、粉末和液体样品。

X 射线荧光分析具有以下特点。

（1）分析元素范围广，除少数轻元素外，周期表中几乎所有元素都能使用 X 射线荧光分析。目前已扩展到 F、C、O 等轻元素。

（2）荧光 X 射线其谱线简单、干扰少，对于化学性质相似的元素，如稀土、锆、铪、铂系不需经过复杂分离就可进行分析。

（3）分析的含量范围较宽，从常量到痕量都可分析。目前主要用于常量分析。

（4）分析迅速、准确，且为无损分析，不破坏样品。

（5）自动化程度高。带计算机的 X 射线荧光仪能自动显示、打印分析结果，且能电传至各个需要分析结果的车间。

（6）仪器构造较复杂，价格较贵，使用受到一定限制。

二、基本原理

（一）特征 X 射线

在 X 射线管内，电子由炽热的灯丝发射出来，被高压电场加速，高速运动的电子就投射到由铜或钼等金属制成的靶极上，损失其能量。电子损失的能量绝大部分转变成热能，小部分转变为波长在 1Å（0.1nm）左右连续变化的电磁波，即连续 X 射线。当电子的能量大到某一数值时，不仅可以得到连续 X 射线，而且可以得到强度很高的单色 X 射线，即特征 X 射线。

特征 X 射线的产生是由 X 射线管内靶电极本身的原子结构所决定的。具有高能量的电子与原子相碰撞时，将原子内层电子击出而形成空穴，使原子处于激发状态，这时外层电子随即落入内层空穴，并放出 X 射线，其能量与两个电子的能量差相当。

K 层电子被逐出后，其空穴可以被外层中任一层电子所填充，从而可产生一系列的 K 谱线。电子由 L 层跃迁至 K 层的叫 K_α 射线，由 M 层跃迁至 K 层的叫 K_β 射线等，L 特征谱线也是以相同的方式产生的，即 L 层中的一个电子被撞走之后，留下的空穴由 L 层外面的任一层电子所填充，从而产生 L 系辐射。图 6-4 所示为产生 K 系和 L 系辐射示意图。特征 X 射线的强度取决于 X 射线管的管电压和管电流。

（二）荧光 X 射线的产生

如果以 X 射线作为激发手段来照射样品，样品立即发射次级 X 射线，这种射线叫做荧光 X 射线。这是模仿紫外线照射某些物质产生分子荧光而命名。

荧光 X 射线产生的机理与特征 X 射线相同，只是荧光 X 射线是以 X 射线作为激发手段，因此荧光 X 射线本质上就是特征 X 射线，如图 6-5 所示。

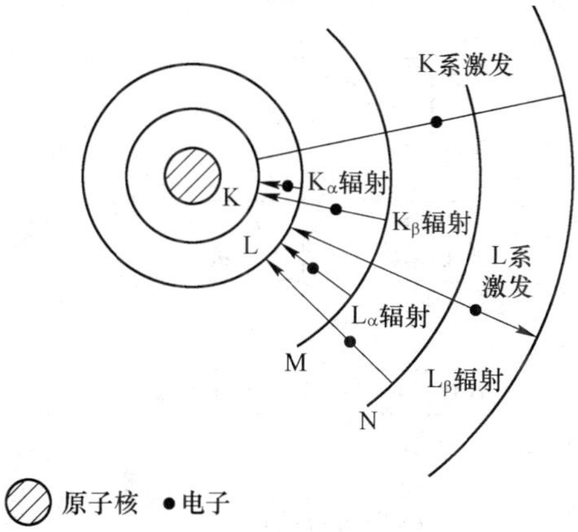

图 6-4　产生 K 系和 L 系辐射示意图

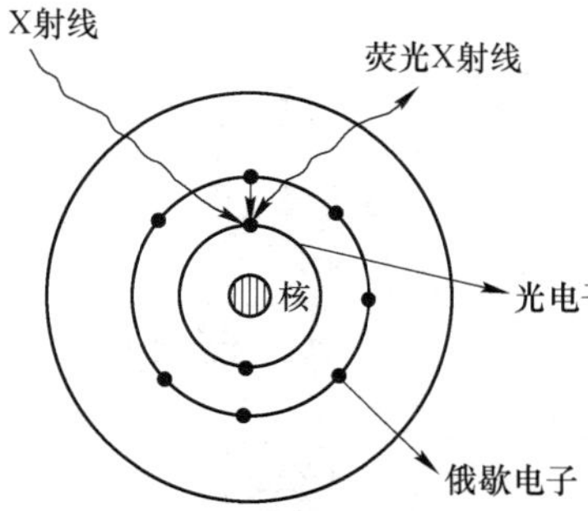

图 6-5　荧光 X 射线产生过程示意图

当 X 射线的能量使 K 层电子激发生成光电子后，L 层电子落入 K 层空穴，此时就有能量 $\Delta E=E_K-E_L$ 释放出来，如果这种能量是以辐射的形式释放，产生的就是 K_α 射线，即荧光 X 射线。莫斯莱发现，荧光 X 射线与元素的原子序数有关，随着元素的原子序数增加，荧光 X 射线的波长变短。莫斯莱定律为

$$\lambda=K(Z-S)^{-2} \tag{6-6}$$

式中　λ——波长；

K，S——常数；

Z——原子序数。

因此，只要测出荧光 X 射线的波长，就可以知道元素的种类。从谱线的强度可以了解该元素的含量，这就是 X 射线荧光分析。

在产生荧光 X 射线的同时，还有俄歇电子发射。当 L 层向 K 层跃迁时所释放的能量 ΔE 也可能使另一核外电子激发而跃出原子，成为自由电子，该电子就称为俄歇电子，如图 6-5 所示。俄歇电子也具有特征能量，其能量近似地等于发生跃迁的各电子能量之差。图 6-3 中俄歇电子的能量为 $\Delta E=E_K-E_L$，各元素的俄歇电子能量都有固定值，利用俄歇电子的不同能量进行分析的仪器称为俄歇电子能谱仪。

三、X 射线荧光光谱仪

用 X 射线照射试样时，试样激发出各种波长的荧光 X 射线，得到一种混合 X 射线，必须将它们按光子能量（或波长）分开，分别测量不同光子能量（或波长）的 X 射线强度，以进行定性和定量分析。这就是 X 射线荧光光谱仪的任务。

根据分光原理，可将 X 射线荧光光谱仪分成两种基本类型：能量色散型和波长色散型，如图 6-6 所示。

波长色散型 X 射线荧光光谱仪由 X 射线管、试样室、晶体分光器、探测器和计数系

统组成。能量色散型谱仪则由分辨率较高的半导体探测器和多道脉冲分析器、晶体分光器和一般探测器组成。

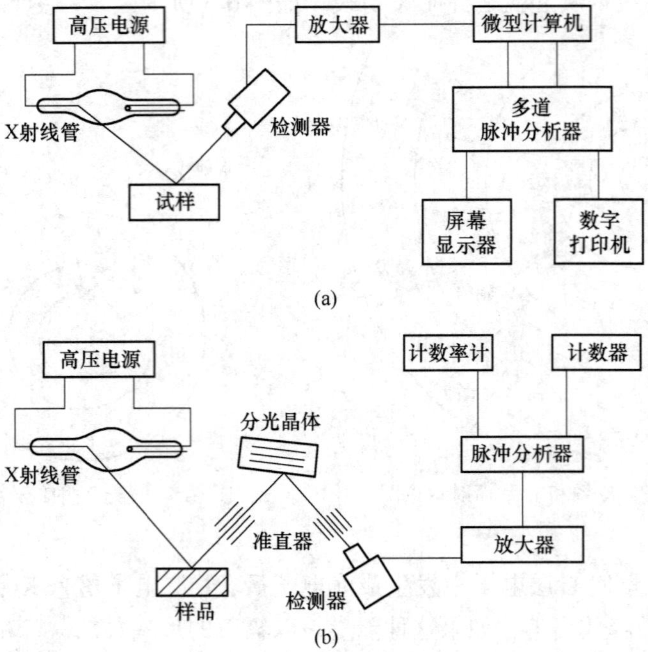

图 6-6 X 射线荧光光谱仪示意图

（a）能量色散型；（b）波长色散型

（一） X 射线管

X 射线管由一个热阴极（电子发射极）和一个阳极（或称靶）的大型真空管组成。阴极发射的电子通过靶和阴极之间的高压电场时被加速。电子流撞击阳极（靶），并使 K 层电子或 L 层电子逸出，发射出 X 射线。

高压发生器为 X 射线管提供稳定的直流或交流电源。从使用角度看，直流电源能获得更大的 X 射线强度，特别是对短波长 X 射线更为有利。高压发生器的最大输出电流为 100~500mA，但使用时电压通常不超过 60~70kV。

（二） 晶体分光器

晶体分光器是利用晶体（LiF 等）的衍射现象使不同波长的 X 射线分开，以便从中选择被测元素的特征 X 射线进行测定。根据分光晶体是平面还是弯曲，可分为平行光束分光器和聚焦光束分光器两大类。

一般 X 射线荧光光谱仪多用平行光束分光器，其结构原理如图 6-7 所示。

分光晶体的 X 射线入射面磨成平面，所利用的晶体点阵面与表面平行。根据晶体的衍射原理，当一束平行的 X 射线以 θ 角投射到晶体上时，从晶体表面的反射方向可以观测到一级衍射线波长。

$$\lambda = 2d\sin\theta \tag{6-7}$$

式中 d——晶面间距。

此式说明 θ 角与波长有关。

实际上来自样品的荧光 X 射线是发散的，为了得到近似平行的 X 光束，常使用准直器，它是由一些金属片按一定间距排列组成的金属板。金属板平面与晶体转动轴平行，X 射线只能从间隙直线通过，其他方向的 X 射线被金属板吸收。

（三）X 射线探测器

荧光 X 射线分析中常用比例计数器、闪烁计数器和半导体探测器来检测荧光 X 射线的强度。比例计数器的结构如图 6-8 所示。

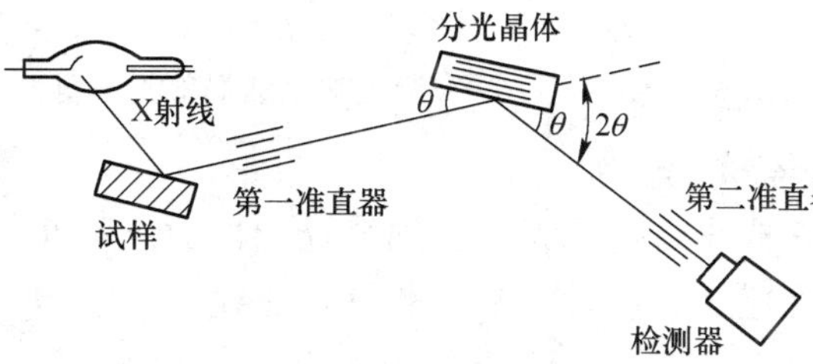

图 6-7　平面晶体反射 X 射线示意图

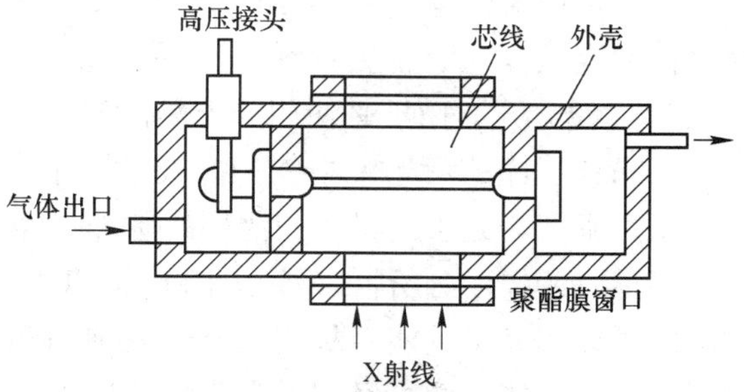

图 6-8　比例计数器结构

外壳为圆形金属壁，在轴线位置上有一根金属芯线，芯线与外壳绝缘，分别接高压直流电源的正、负极。管内充有由工作气体（氩、氪等）和抑制气体（甲烷、酒精等）组成的混合气体。在一定电压下，进入计数器的 X 射线光子与工作气体产生非弹性碰撞而使其电离，产生初始离子——电子对。一个 X 光子产生的离子对的数量与光子的能量成正比，与工作气体的电离电位成反比。每个初始离子——电子对的电子向阳极移动的过程中被高压加速，又可使其他原子电离，如此继续进行，使瞬时电流突然增大，高压降低而产生脉冲输出。在一定条件下，脉冲幅度与入射光子的能量成正比。所以这种计数器又名正比计数器。正比计数器可分为气体不断流动的流气型和气体被密封的密封型。后者的窗口多用云母、铍等材料以保证良好的密封性能。

闪烁计数器是由闪烁体和光电倍增管组成。闪烁体是铊激活的 NaI 晶体。当 X 光子射入闪烁体时就产生一定数量的可见光子，可见光子的数量与 X 光子的能量成正比。比例计数器适宜于测定波长大于 2Å 的 X 射线。闪烁计数器的能量分辨率较差。

半导体探测器是一块渗有锂的锗或硅半导体，当探测器上加 300~400V 的电压时并无电流通过。但是，如果有 X 光子射入中间层，则形成电子空穴而产生电子移动，产生电脉冲，脉冲幅度与 X 光子的能量成正比。它具有能量分辨率高的特点，但是它不管使用与否都要用液氮冷却保护，以消除噪声和避免探测器损坏。

（四）计数、记录单元

把检测器的脉冲信号进一步放大，然后通过脉冲高度分析器分离出欲测波长的 X 射线的脉冲；然后进入计数器（计数率计），统计在一定时间内的脉冲个数，计数率可以直接从电压表上读出。

（五）荧光 X 射线光谱图

利用 X 射线荧光谱仪的最终目的是获得样品的荧光 X 射线光谱，以便进行定性定量分析。

用计数率计测量 X 射线的强度，并用记录器记录，在记录纸匀速移动的同时，亦匀速转动分光晶体的角度 θ，这样就得到荧光 X 射线谱图，如图 6-9 所示。横坐标常以检测器的转动角 2θ 表示，应注明使用何种晶体或晶面距。纵坐标表示 X 射线强度（I_L）和连续背景（本底）强度 I_B。

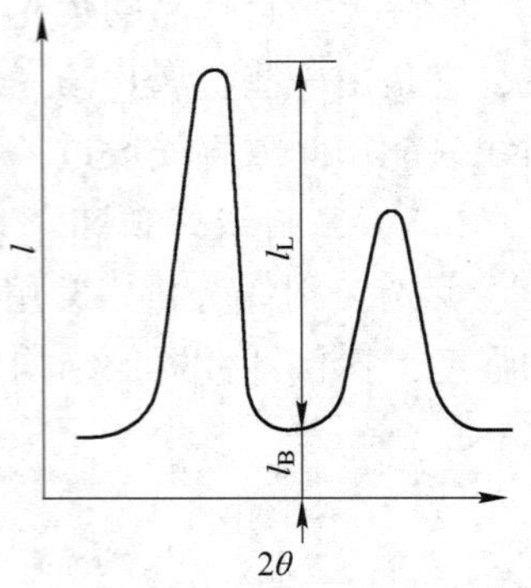

图 6-9　荧光 X 射线局部光谱图

（六）能量色散谱仪

能量色谱仪是利用半导体探测器能量分辨率高的特点，直接测定试样的荧光 X 射线，然后通过计算机处理就可把特征 X 射线分开，而不必使用分光晶体。

来自试样的荧光 X 射线依次被半导体检测器检测，得到一系列幅度与光子能量成正比例的脉冲，经放大器放大后送到多道脉冲幅度分析器（一般 1000 道以上），按脉冲幅度的大小分别统计脉冲数。脉冲幅度可以用光子的能量标度，从而得到计数率随光子能量大小不同的分布曲线，即能谱图。这样的能谱图再经仪器内部的计算机进行校正，然后再由荧光屏显示出来。纵坐标代表 X 射线强度，横坐标代表光子能量。

能量色谱仪的优点是可以同时测定样品中几乎所有的元素，因此分析速度快。缺点是探测器必须在低温下保存使用。

四、定性定量方法

（一）定性分析

不同元素的荧光 X 射线具有各自的波长值，几乎与化合物状态无关。因此可根据 X 射线的波长确定元素的组成。

当使用波长色散谱仪时，首先根据待测元素选择合适的分光晶体（LiF、异戊四醇、Ge、硬脂酸铅等），然后用荧光仪画出试样的荧光 X 射线谱图，图 6-10 所示为某合金钢试样的荧光 X 射线谱图。

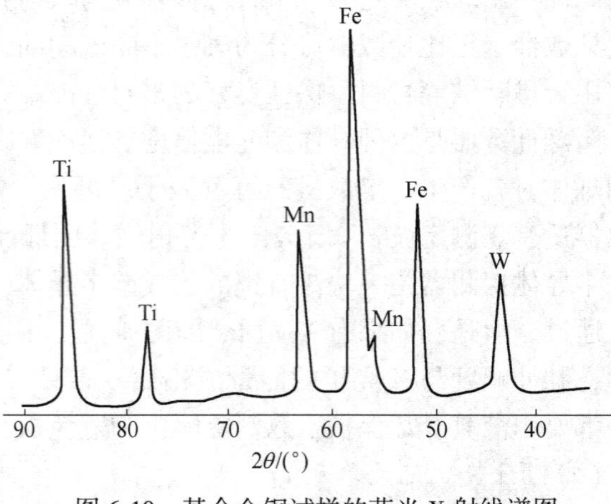

图 6-10　某合金钢试样的荧光 X 射线谱图

根据所用晶体的晶面距 d 和峰位 2θ，用布拉格衍射方程式 $n\lambda = 2d\sin\theta$ 计算出荧光 X 射线的波长（式中 n 为衍射级数）。从元素波长表中可以查出该峰所代表的元素及特征 X 射线的名称。在实际工作中经常备有元素 2θ 表，可以从元素直接找到其特征 X 射线在不同晶体时的 2θ 值，也可以由谱线峰位 2θ 值查出所属元素和谱线名称。

（二）定量分析

用一定强度的 X 射线照射固定面积的样品时，荧光 X 射线的强度与待分析元素的含量有关。但是样品中其他组分也有吸收 X 射线的性质，产生次生荧光 X 射线，对被测元素的荧光 X 射线强度产生影响，这种影响称为基体效应，在定量分析中应注意基体的影响问题。

1. 标准曲线法

首先制备一套标准样品，其主要成分与待测试样相同，然后在同样条件下测定标样与试样的分析线强度。用标准样品的强度与含量的对应关系作图，即得标准曲线。根据试样的分析线强度，就可以从标准曲线上查出相应的含量。谱线强度可以用绝对强度 I_i 表示，也可以用相对于某标准的相对强度 R（强度比）表示。

这种方法要求标准样品的主要成分与待测试样的成分一致。因此，只适用于测定二元组分和杂质含量。如欲测多元组分试样中的主要成分，可用稀释法，即将标样与试样按同样比例稀释，用熔剂熔融或与纯试剂混研，从而得到新的样品。在新样品中，稀释剂成为主要成分，被测元素由主要成分变成杂质成分，这样就可以用标准曲线进行分析了。

2. 增量法

当测定个别试样中次要组分的含量时可采用增量法定量。先把试样等分成若干份，除一份试样外，其余各份分别加入 1~3 倍的待测元素的纯标准物质，然后分别测定分析线强度，以加入含量为横坐标，分析线强度为纵坐标作工作曲线，将直线外推与横坐标轴相交，交点坐标值（负值）的绝对值即为试样中被测元素的含量。此法宜测含量小于 10% 的被测组分。其方法与原子吸收分析中的标准加入法相似。

3. 内标法

内标法是在分析样品和标准样品中，分别加入一种内标元素，且加入的量相同。当内标元素的原子序数与分析元素的原子序数之差为±1 时，基体效应对内标元素与分析元素的影响大致相同。利用内标元素与分析元素的同系谱线，以 I_i/I_s 为纵坐标，以分析元素的含量为横坐标作标准曲线，它能适合各种类型试样的分析。

（三）试样的制备

试样的制备对测定误差将带来很大影响，必须引起足够的重视。

（1）由于 X 射线具有穿透物质的能力，所以荧光 X 射线来自一定深度的试样表层。因此试样要求有足够的厚度，否则易产生测定误差。通常水溶液的厚度要在 5mm 以上，同时各样品溶液的深度要保持一致。

（2）防止试样成分偏析和表面凸凹不平、化学组成相同、但热处理过程不同的样品，得到的计数率不同。表面凸凹不平是产生误差的重要原因，因此，表面必须抛光。

（3）粉样的粒度一般要在 38~48μm，必要时仍需进行逐级研磨试验。粉末样品可直接放在样品槽中，也可用 10~50t 的压力机压成片状。要注意表面平滑且没有污染。粉样也可制成难溶盐或用硼砂熔融注入金属环中，冷却后可得到光滑表面。

（4）高分子聚合物通常用热压成型得到表面光滑的试样。

（5）易挥发液体样品一股置于密闭的样品槽中进行测定。

（6）试样在仪器中的位置、高度要保持固定，0.5mm 的差异就会产生明显的强度变化。

五、应用

X 射线荧光分析目前广泛应用于钢铁工业、非铁冶金工业、石油工业、化学工业等工矿企业与研究单位。

例如，钢铁工业的炉前分析，利用带计算机的 X 射线荧光光谱仪几分钟可以测出 20 多种元素，满足了钢铁工业快速分析的要求。有色冶金工业在测定铜、铅、锌等金属及其杂质铁、钴、镍、铝、……时，X 射线荧光分析也显示了分析速度快，自动化程度高等优势。石油中铁、镍、钒的测定，在石油的提炼过程中，Fe、Ni、V 能使触媒中毒，因此需要测定石油中这些元素的含量。由于钒的荧光 X 射线较弱，可将石油挥化后，以溶液的方式转到轻金属上进行测定。聚丙烯中铁、铝、氯的测定，由于聚丙烯工艺过程中会带入 Fe、Al、Cl 等元素，超过一定含量就会影响产品质量，所以要对成品中上述元素进行控制分析，把试样热压成型为厚 6mm 的圆片进行测定。

第三节　最新分析仪器简介

一、X 荧光光谱仪

（一）设备结构图

X 荧光光谱仪如图 6-11 所示。

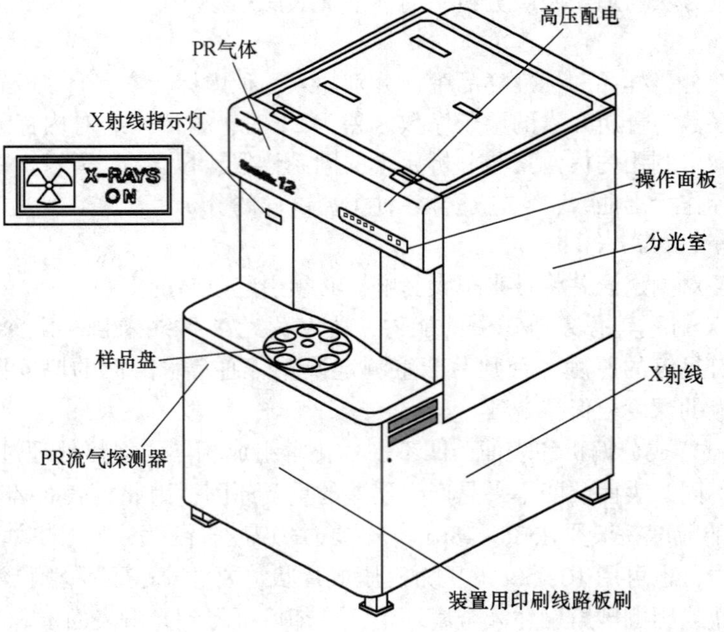

图 6-11　X 荧光光谱仪

（二）设备功能和主要技术参数

功能：承担铁矿石、烧结矿、球团矿、白灰、镁粉等进厂及工序间物料中的 TFe、SiO_2、CaO、MgO、Al_2O_3等成分含量的测定。

参数：不同型号的 X 荧光光谱仪相关参数见表 6-1。

表 6-1　不同型号的 X 荧光光谱仪参数对比

型　号	电压 /V	最大电流 /mA	循环水压力 /MPa	恒温 /℃	PR 流气流量 /mL·min^{-1}
PrimusⅡ	380	150	0.48	36.5	25
SMX12	380	150	0.48	36.5	25

（三）注意事项及紧急情况处理

1. X 荧光光谱仪使用中注意事项

（1）非本岗位人员，未经许可，严禁动用仪器。

（2）仪器在 X 射线开启时，严禁打开外壳，以免射线外泄。

（3）保持室内环境温度 15~25℃，湿度稳定。

（4）每次试验前检查 PR 气体流速是否正常和气瓶剩余气体是否足量，不足要及时更换。

2. 紧急情况下的处理方法及步骤

（1）仪器保持长期运行状态，如突然断电应关闭主机再开机。

（2）仪器出现报警时，立刻查找原因并通知相关人员。

（3）水冷机出现故障时，应立刻关闭 X 射线。

（四）设备使用过程的检查与维护

1. 设备使用过程的检查

（1）检查路线：外置水冷机→操作环境→内置水冷机→供气系统→抽真空系统→光谱仪。

（2）检查内容：具体见表 6-2。

表 6-2　设备使用过程中的检查内容

检查部位	检 查 内 容	检查标准与要求	检查周期
外置水冷机	初级冷却水	检查流动着的初级冷却水的水位、水温及更换时间	日
操作环境	室温	室温应在 15~25℃	日
内置水冷机	二次冷却水	检查屏幕上二次冷却水的温度、压力和电导率（2mS）	日
供气系统	P-10 气体剩余量	气压小于等于 0.5MPa 时更换气瓶	日
抽真空系统	真空泵	检查油量以及泵的热度指示灯是否正常	日
光谱仪	样品盒和面罩	清除样品盒和面罩上的污垢	日
	光谱仪检查	用“自诊断”检查光谱仪状态	日
	对检查样品进行定量分析	使用分析程序	日
	探测器分辨率	用 PHA 调节结果记录程序，检查探测器的分辨率变化	日
	数据保存	在改变分析条件等时，保存用户数据	月

注：以上以日为周期的检查项目均由当班白班进行；以周及月为周期的检查项目，由当班在周一及每月 1 号白班进行。

2. 设备日常维护

设备日常维护周期表见表 6-3。

表 6-3　设备日常维护周期表

维护部位	维护内容	维护标准与要求	维护周期
外置水冷机	初级冷却水	更换冷却水（用去离子水）	半年
供气系统	P-10 气体剩余量	气压小于等于 0.5MPa 时更换气瓶	月
光谱仪本体	样品盒和面罩	清除样品盒和面罩上的污垢	月
	样品投入口	定期清理积灰	周
	仪器箱体	定期吹扫、清理灰尘	月

注：以上以日为周期的维护项目均由当班白班进行；以周、月、半年为周期的检查项目，由当班在周一、每月 1 号、7 月及 12 月 1 日白班进行。

（五）设备运行中故障的排除

设备运行过程中的常见故障及对应排查方法见表 6-4。

表 6-4　设备运行中故障排查表

故　障	原　因	处 理 方 法
样品装载异常	样品盒未放在指定位置	放在指定位置
冷却水温超限	室温超出 28℃或者外置水冷机故障	降低室内温度或者检查外置水冷机
P-10 气体流量异常	P-10 气体不足	更换气瓶

二、ICP 光谱仪

（一）设备结构图

ICP 光谱仪如图 6-12 所示。

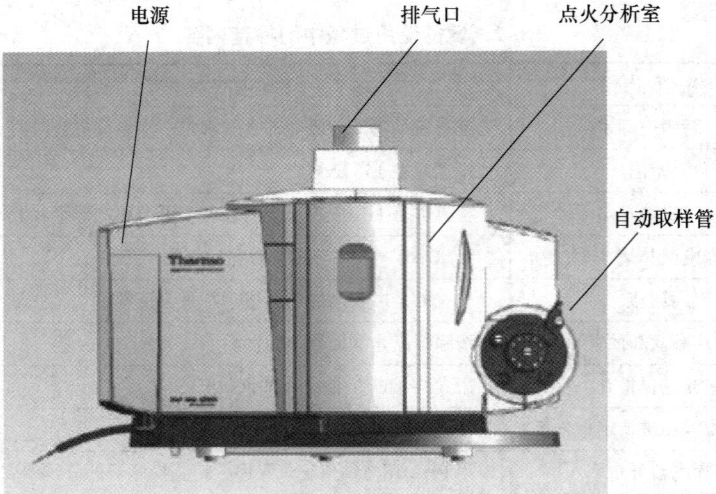

图 6-12　ICP 光谱仪

（二）设备功能和主要技术参数

功能：主要承担锰铁、硅铁、铝铁等进厂合金物料中的 Mn、P、Al 等元素的检验工作。

参数：Thermo 6300 型设备相关参数见表 6-5。

表 6-5 Thermo 6300 型设备相关参数

焦距/mm	波长范围/nm	分辨率/nm	氩气浓度/%
381	165~1000	0.005	99.999

（三）注意事项及紧急情况处理

1. ICP 光谱仪使用中注意事项

（1）非本岗位人员，严禁私自动用仪器。

（2）严禁使用仪器计算机编辑私人文件、外插各种存储器，避免损坏计算机。

（3）严禁岗位操作人员私自修改计算机内设置的仪器运行技术参数。

（4）在主机进入分析状态后，严禁岗位操作人员操作计算机，要待主机分析完毕出现提示后方可继续其他操作，避免计算机死机。

2. 紧急情况下的处理方法及步骤

（1）仪器保持长期运行状态，如突然断电应关闭主机再开机。

（2）仪器出现报警时，立刻查找原因并通知相关人员。

（3）点燃等离子体时如果光亮异常，应立即关闭等离子体，防止炬管熔毁。

（四）设备使用过程的检查与维护

1. 设备使用过程的检查

（1）检查路线：冷却水系统→供气系统→进样系统。

（2）检查内容：具体见表 6-6。

表 6-6 设备使用过程中的检查内容

检查部位	检查内容	检查标准与要求	检查周期
冷却水系统	定期更换循环水	换水周期与水位高度检查	月
供气系统	氩气剩余量	气压小于等于 0.5MPa 时更换气瓶	日
进样系统	每次点火前检查蠕动泵泵管	确保无损伤或磨损过度	日
	检查雾化器	是否堵塞，定期清洗	周
	检查炬管，中心管	定期清洗炬管，中心管	周

注：以上以日为周期的检查项目均由当班白班进行；以周及月为周期的检查项目，由当班在周一及每月 1 号白班进行。

2. 设备日常维护

设备日常维护周期表见表 6-7。

表 6-7 设备日常维护周期表

维护部位	维护内容	维护标准与要求	维护周期
冷却水系统	冷却循环水	保证正常换水周期与水位高度	月
	滤芯	定期清理，用水冲洗干净	月

续表 6-7

维护部位	维护内容	维护标准与要求	维护周期
供气系统	氩气剩余量	保证气瓶内气体余量大于 0.5MPa，及时更换气瓶	日
进样系统	每次点火前检查蠕动泵泵管	确保无损伤或磨损过度	日
	检查雾化器	确保无堵塞，定期清洗	周
	检查炬管，中心管	确保无堵塞，定期清洗	周

注：以上以日为周期的维护项目均由当班白班进行；以周、月、半年为周期的检查项目，由当班在周一、每月 1 号、7 月及 12 月 1 日白班进行。

(五) 设备运行中故障的排除

设备运行过程中常出现的故障及对应排查方法见表 6-8。

表 6-8　设备运行中故障排查表

故　障	原　因	处理方法
点火困难	空气泄漏进入炬管	充入充足氩气
	光纤玷污	用酒精棉球进行清洗
	RF 冷却水污染	更换处理
	氩气不纯	更换处理
	炬管损坏	更换炬管
通信故障	PC 问题	检查网线连接，并重启 PC
	仪器问题	关闭仪器，后与 PC 重新启动

三、原子吸收光谱仪

(一) 设备结构图

原子吸收光谱仪如图 6-13 所示。

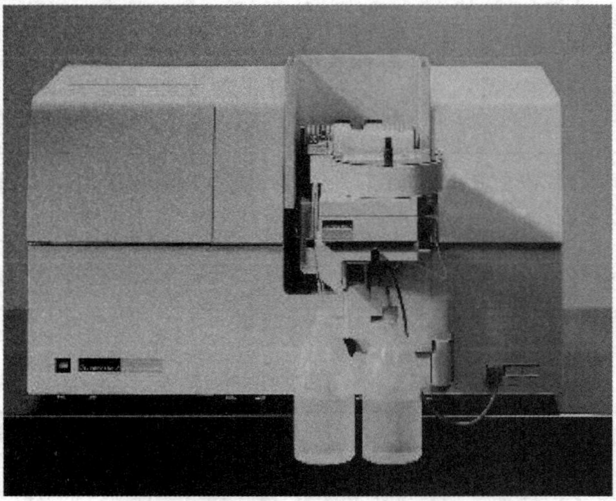

图 6-13　原子吸收光谱仪

（二）设备功能和主要技术参数

功能：主要承担高炉平衡物料中碱金属元素钾、钠、锌等的检验。

参数：PerKinElmerAA800 型设备相关参数见表 6-9。

表 6-9　PerKinElmerAA800 型设备相关参数

波长范围/nm	波长精度/nm	乙炔气浓度/%
190~860	±0.5	99.6

（三）注意事项及紧急情况处理

1. 原子吸收光谱仪使用中注意事项

（1）非本岗位人员，严禁私自动用仪器。

（2）严禁使用仪器计算机编辑私人文件、外插各种存储器，避免损坏计算机。

（3）严禁岗位操作人员私自修改计算机内设置的仪器运行技术参数。

2. 紧急情况下的处理方法及步骤

（1）仪器保持长期运行状态，如突然断电应关闭主机再开机。

（2）仪器出现报警时，立刻查找原因并通知相关人员。

（3）在实验过程中如发生漏气现象，应立即停止试验。

（四）设备使用过程的检查与维护

1. 设备使用过程的检查

（1）检查路线：供气系统→进样系统→燃烧系统。

（2）检查内容：具体见表 6-10。

表 6-10　设备使用过程中的检查内容

检查部位	检查内容	检查标准与要求	检查周期
供气系统	乙炔气剩余量	气压小于等于 0.5MPa 时更换气瓶	日
进样系统	检查雾化器	是否堵塞，定期清洗	周
燃烧系统	检查燃烧头	正常点火，火焰颜色正常，定期清洁	周

注：以上以日为周期的检查项目均由当班白班进行；以周及月为周期的检查项目，由当班在周一及每月 1 号白班进行。

2. 设备日常维护

设备日常维护周期表见表 6-11。

表 6-11　设备日常维护周期表

维护部位	维护内容	维护标准与要求	维护周期
燃烧系统	燃烧头	定期清洗，擦拭内外槽表面	周
供气系统	乙炔气剩余量	保证气瓶内气体余量大于 0.5MPa，及时更换气瓶	日
进样系统	检查雾化器	确保无堵塞，定期清洗	周

注：以上以日为周期的维护项目均由当班白班进行；以周、月、半年为周期的检查项目，由当班在周一、每月 1 号、7 月及 12 月 1 日白班进行。

（五）设备运行中故障的排除

设备运行过程中常出现故障及对应排查方法见表 6-12。

表 6-12　设备运行中故障排查表

故　障	原　因	处 理 方 法
点火困难	乙炔气不纯或不足	更换处理
通信故障	PC 问题	检查网线连接，并重启 PC
	仪器问题	关闭仪器，后与 PC 重新启动
火焰位置不正确	燃烧头位置不正确	校准位置
	燃烧头有阻塞	清理杂物

四、紫外可见分光光度计

（一）设备结构图

紫外可见分光光度计如图 6-14 所示。

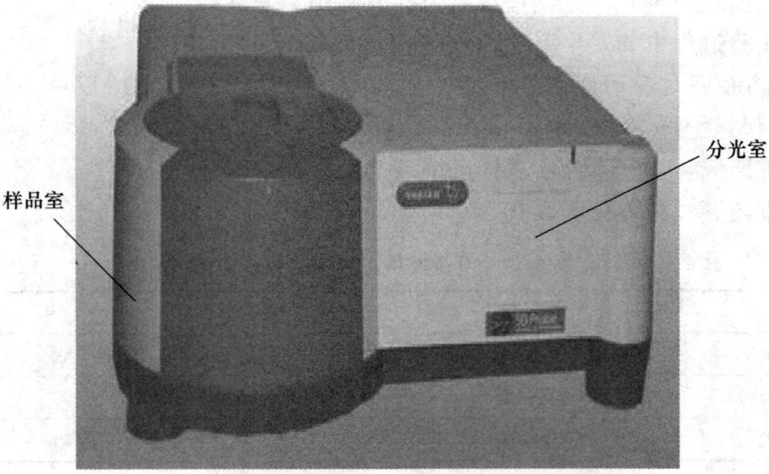

图 6-14　紫外可见分光光度计

（二）设备功能和主要技术参数

功能：主要承担矿石、熔剂、合金等物料中 Si、P 等元素的检测分析。

参数：50 Probe 型紫外分光光度计相关参数见表 6-13。

表 6-13　50 Probe 型紫外分光光度计相关参数　　（nm）

波长精度	波长范围	波长重复性	电　源
±2	160~1000	<1	220V/50Hz

（三）注意事项及紧急情况处理

1. 紫外可见分光光度计使用中注意事项

（1）操作动作要稳，避免将溶液洒在仪器内。

（2）使用完毕，取出比色皿，洗净放在干净的滤纸上。

（3）注意比色皿透明面对光源。

2. 紧急情况下的处理方法及步骤：

（1）仪器保持长期运行状态，如突然断电应关闭主机再开机。

（2）仪器出现报警时，立刻查找原因并通知相关人员。

（四）设备使用过程的检查与维护

1. 设备使用过程的检查

（1）检查路线：外观检查→通信系统。

（2）检查内容：具体见表 6-14。

表 6-14　设备使用过程中的检查内容

检查部位	检查内容	检查标准与要求	检查周期
外观	仪器内部、镜片	仪器内部清洁无污、透光镜片干净	日
通信系统	电源指示、系统控制	电源指示正常、系统控制正常	日

注：以日为单位的当班检查。

2. 设备日常维护

设备日常维护周期表见表 6-15。

表 6-15　设备日常维护周期表

维护部位	维护内容	维护标准与要求	维护周期
内、外观	外观清洁	仪器外观清洁无污	日
	内部清洁	定期清理内部，保证清洁无污	周
	镜片	镜片干净、透明	周
	比色皿	保证清洁、无划痕	日
通信系统	计算机、连接部位	电源指示正常、系统控制正常、接线牢固	日

注：以上以日为周期的维护项目均由当班白班进行；以周、月、半年为周期的检查项目，由当班在周一、每月 1 号、7 月及 12 月 1 日白班进行。

（五）设备运行中故障的排除

设备运行过程中可能出现的故障及对应排查方法见表 6-16。

表 6-16　设备运行中故障排查表

故　障	原　因	处 理 方 法
通信故障	PC 问题	检查网线连接，并重启 PC
	仪器问题	关闭仪器，后与 PC 重新启动

五、保护渣高温黏度测定仪

（一）设备结构图

保护渣高温黏度测定仪如图 6-15 所示。

图 6-15　保护渣高温黏度测定仪

（二）设备功能和主要技术参数

功能：RTW-10 型保护渣高温黏度测定仪是测定连铸保护渣黏度的专用仪器。

参数：RTW-10 型设备具体参数见表 6-17。

表 6-17　设备运行故障排查表

型　号	加热体	工作环境/℃	电　源
RTW-10	螺旋硅碳管	5~40	3800V/50Hz、三相五线

（三）注意事项及紧急情况处理

1. 保护渣高温黏度测定仪使用中注意事项

（1）加热炉升温后，不要用手触碰加热炉，以防烫伤。

（2）保证加热炉炉壳接地，以免发生触电。

（3）设备闲置时应定期除尘保养，以免灰尘过多影响实验效果。

2. 紧急情况下的处理方法及步骤：

（1）仪器升温中断时，要及时查找原因并通知点检人员。

（2）黏度计线断裂时，要立即断开黏度计闸并终止试验。

（四）设备使用过程的检查与维护

1. 设备使用过程的检查

（1）检查路线：控制系统（TD400）→通信系统→冷却水系统→样杆系统。

（2）检查内容：具体见表 6-18。

表 6-18　设备使用过程中的检查内容

检查部位	检查内容	检查标准与要求	检查周期
TD400	面板及按键	显示屏显示正常、按键正常且动作响应正常	周
通信系统	电源指示、系统控制	电源指示正常、系统控制及显示正常	周
冷却水系统	冷却水	冷却水循环流动无断流、渗漏	周

续表 6-18

检查部位	检查内容	检查标准与要求	检查周期
样杆系统	样杆及搅拌头	刚玉杆完好、无裂痕，钼头光滑、无熔损	周

注：以周为单位的每周一进行检查。

2. 设备日常维护

设备日常维护周期表见表 6-19。

表 6-19　设备日常维护周期表

维护部位	维护内容	维护标准与要求	维护周期
外观	仪器	仪器外观清洁无污	周
	计算机	定期擦拭，保证计算机、工作台面清洁	日
通信系统	计算机、连接部位	电源指示正常、系统控制正常	周

注：以上以日为周期的维护项目均由当班白班进行；以周为单位的每周一进行。

（五）设备运行中故障的排除

设备运行过程中常见故障及对应排查方法见表 6-20。

表 6-20　设备运行故障排查表

故　障	原　因	处 理 方 法
通信故障	PC 问题	检查网线连接，并重启 PC
	仪器问题	关闭仪器，后与 PC 重新启动
炉体工作但不升温	热电偶损坏	更换新的热电偶

六、保护渣熔点熔速测定仪

（一）设备结构图

保护渣熔点熔速测定仪如图 6-16 所示。

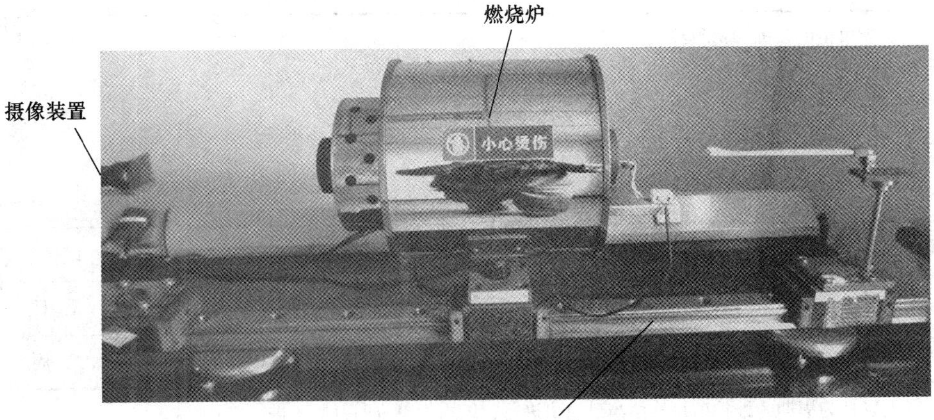

图 6-16　保护渣熔点熔速测定仪

（二）设备功能和主要技术参数

功能：KXGX-Ⅲ型保护渣熔点熔速测定仪是测定连铸保护渣熔化温度及熔化速度的专用仪器。

参数：KXGX-Ⅲ型设备相关参数见表6-21。

表6-21　KXGX-Ⅲ型设备相关参数

加热体	功率/kW	控温精度/℃	测温元件	电源
螺旋硅碳管	3.4	1400±2	S型热电偶	220V/50Hz

（三）注意事项及紧急情况处理

1. 保护渣熔点熔速测定仪使用中注意事项

（1）加热炉升温后，不要用手触碰加热炉，以防烫伤。

（2）试验结束后要将摄像机的镜头盖盖好，防止镜头被损坏。

（3）试验结束后必须将摄像机的电源断开，以防摄像机过热。

2. 紧急情况下的处理方法及步骤

（1）仪器升温中断时，要及时查找原因并通知相关人员。

（2）仪器报警时，要及时查找原因并通知相关人员。

（四）设备使用过程的检查与维护

1. 设备使用过程的检查

（1）检查路线：控制系统（TD400）→通信系统。

（2）检查内容：具体见表6-22。

表6-22　设备使用过程中的检查内容

检查部位	检查内容	检查标准与要求	检查周期
TD400	面板及按键	显示屏显示正常、按键正常且动作响应正常	周
通信系统	电源指示、系统控制	电源指示正常、系统控制及显示正常、接线牢固	周

注：以周为单位的每周一进行检查。

2. 设备日常维护

设备日常维护周期表见表6-23。

表6-23　设备日常维护周期表

维护部位	维护内容	维护标准与要求	维护周期
外观	仪器	仪器外观清洁无污	日
通信系统	计算机、连接部位	电源指示正常、系统控制正常、接线牢固	周

注：以上以日为周期的维护项目均由当班白班进行；以周为单位的每周一进行。

（五）设备运行中故障的排除

设备运行过程中常见故障及对应排查方法见表6-24。

表 6-24　设备运行中故障排查表

故　障	原　因	处理方法
通信故障	PC 问题	检查网线连接，并重启 PC
	仪器问题	关闭仪器，后与 PC 重新启动
炉体实际工作但不升温	热电偶损坏	更换新的热电偶

七、电位滴定仪

（一）设备结构图

电位滴定仪如图 6-17 所示。

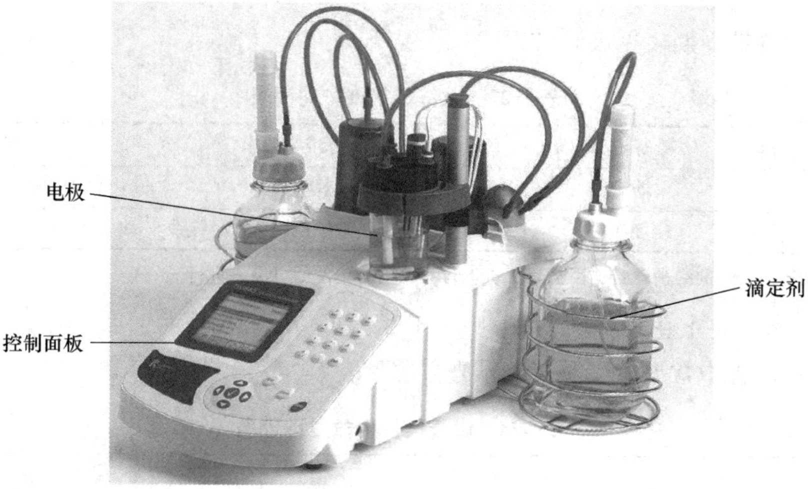

图 6-17　电位滴定仪

（二）设备功能和主要技术参数

功能：主要承担高炉平衡物料中氯离子的检验。

参数：TIM865 型设备相关参数见表 6-25。

表 6-25　TIM865 相关参数

测量范围	电位滴定范围及分辨率	温度范围	电磁搅拌器	电　源
-9～23 pH	±200mV，0. 1mV	-10～100℃	22 挡转速（0～1100r/min）	交流 100～240V，50/60Hz

（三）电位滴定仪使用中注意事项

（1）检测前确保滴定剂量足够。

（2）检测前观察滴定管，确保管中没有气泡。

（3）电极、滴定管、烧杯要洁净。

（4）洗涤沉淀时要少量多次，控制待测液体积在 120mL 以内。

（四）设备使用过程的检查与维护

1. 设备使用过程的检查

（1）检查路线：通信系统→进样系统。

（2）具体检查：具体见表 6-26。

表 6-26　设备使用过程中的检查内容

检查部位	检查内容	检查标准与要求	检查周期
进样系统	电极、滴定管	滴定管清洁、无破损；电极洁净	周
通信系统	电源指示、系统控制	电源指示正常、按键正常、接线牢固	周

注：以日为单位的当班检查，以周为单位的每周一进行检查。

2. 设备日常维护

设备日常维护周期表见表 6-27。

表 6-27　设备日常维护周期表

维护部位	维护内容	维护标准与要求	维护周期
外观	仪器清扫	仪器外观清洁无污	日
通信系统	连接部位	电源指示正常、系统控制正常、接线牢固	周

注：以上以日为周期的维护项目均由当班白班进行；以周为单位的每周一进行。

（五）设备运行中故障的排除

设备运行过程中常见故障及对应排查方法见表 6-28。

表 6-28　设备运行中故障排查表

故　障	原　因	处 理 方 法
通信故障	仪器问题	关闭仪器，后与 PC 重新启动

八、CS230 型红外碳硫仪

（一）设备结构图

CS230 型红外碳硫仪如图 6-18 所示。

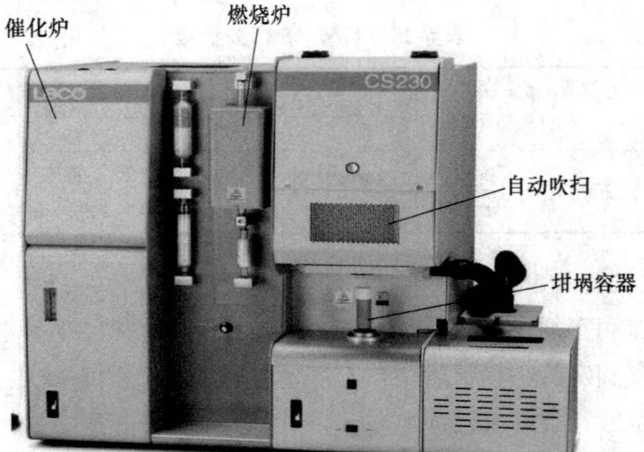

图 6-18　CS230 型红外碳硫仪

(二) 设备功能和主要技术参数

功能：主要承担铁合金试样碳、硫含量的测定。

参数：CS230 型设备相关参数见表 6-29。

表 6-29 CS230 设备相关参数

测量范围/%	分析精度	功率/kW	载气压力/MPa	动力气压力/MPa
0~100	$\leqslant 1.5\times10^{-6}$	$\geqslant 3.2$	0.4	0.5

(三) 注意事项及紧急情况处理

1. CS230 型红外碳硫仪使用中注意事项

(1) 检测前确保气瓶压力足够，不足要及时更换。

(2) 检测前检查试剂是否失效，失效要及时更换以免影响试验结果。

(3) 试验过程中坩埚要用夹子夹紧，以免脱落烫伤。

2. 紧急情况下的处理方法及步骤

(1) 使用过程中如果出现燃烧管炸裂，要及时停止试验并通知相关人员。

(2) 使用过程中出现漏气现象，应关闭仪器并停止供气。

(四) 设备使用过程的检查与维护

1. 设备使用过程的检查

(1) 检查路线：气路系统→通信系统→净化系统→燃烧系统。

(2) 检查内容：具体见表 6-30。

表 6-30 设备使用过程中的检查内容

检查部位	检查内容	检查标准与要求	检查周期
气路系统	气压	气压充足、无泄漏	日
通信系统	电源指示、系统控制	电源指示正常、系统控制正常、接线牢固	日
净化系统	干燥剂、过滤器	保证干燥剂和过滤器有效	日
燃烧系统	燃烧头和燃烧管	燃烧头和燃烧管清洁	月

注：以日为单位的当班检查；以月为单位的每月 1 号进行检查。

2. 设备日常维护

设备日常维护周期表见表 6-31。

表 6-31 设备日常维护周期表

维护部位	维护内容	维护标准与要求	维护周期
外观	仪器清扫	仪器外观清洁无污	日
通信系统	接线部位、系统控制	电源指示正常、系统控制正常、接线牢固	日
净化系统	试剂	检查试剂是否失效，失效要及时更换	日
燃烧系统	燃烧管和燃烧头	燃烧头和燃烧管清洁	月

注：以上以日为周期的维护项目均由当班白班进行；以月为单位的每月 1 号进行。

(五) 设备运行中故障的排除

设备运行过程中常见故障及对应排查方法见表 6-32。

表 6-32　设备运行中故障排查表

故　障	原　因	处 理 方 法
通信故障	仪器问题	关闭仪器，后与 PC 重新启动
气路压力低	气瓶压力不足	更换气瓶

九、CS2000 型红外碳硫仪

（一）设备结构图

CS2000 型红外碳硫仪如图 6-19 所示。

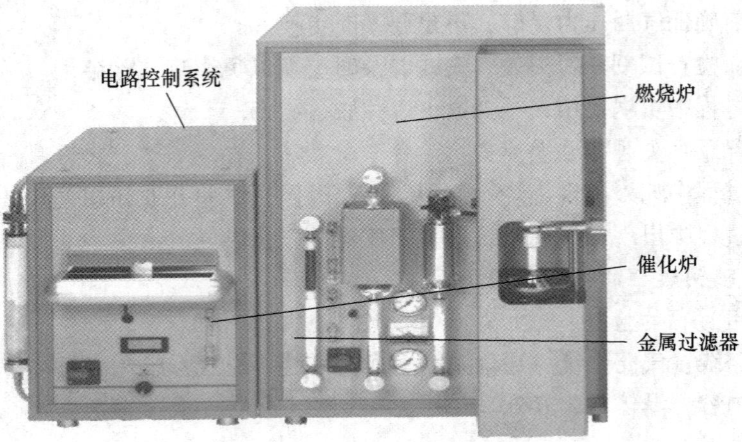

图 6-19　CS2000 型红外碳硫仪

（二）设备功能和主要技术参数

功能：主要承担矿料、熔剂等试样碳、硫含量的测定。

参数：CS2000 型红外碳硫仪具体见表 6-33。

表 6-33　CS2000 型红外碳硫仪主要参数表

测量范围/%	分析精度	功率/kW	载气压力/MPa	动力气压力/MPa
0~100	$\leqslant 1.5\times10^{-6}$	$\geqslant 3.2$	0.4	0.5

（三）注意事项及紧急情况处理

1. CS2000 型红外碳硫仪使用中注意事项

（1）检测前确保气瓶压力足够，不足要及时更换。

（2）检测前检查试剂是否失效，失效要及时更换以免影响试验结果。

（3）试验过程中坩埚要用夹子夹紧，以免脱落烫伤。

2. 紧急情况下的处理方法及步骤

（1）使用过程中如果出现燃烧管炸裂，要及时停止试验并通知相关人员。

（2）仪器出现漏气时，立即将仪器开关打到 0 位置。

（四）设备使用过程的检查与维护

1. 设备使用过程的检查

（1）检查路线：气路系统→通信系统→净化系统→燃烧系统。

（2）检查内容：具体检查内容见表 6-34。

表 6-34　设备使用过程中

检查部位	检查内容	检查标准与要求	检查周期
气路系统	气压	气压充足、无泄漏	日
通信系统	电源指示、系统控制	电源指示正常、系统控制正常、接线牢固	日
净化系统	干燥剂、金属过滤器	保证干燥剂有效、金属过滤器无积灰	日
燃烧系统	燃烧头和燃烧管	燃烧头和燃烧管清洁	月

注：以日为单位的当班检查；以月为单位的每月 1 号进行检查。

2. 设备日常维护

设备日常维护周期表见表 6-35。

表 6-35　设备日常维护周期表

维护部位	维护内容	维护标准与要求	维护周期
外观	仪器清扫	仪器外观清洁无污	日
通信系统	接线部位、系统控制	电源指示正常、系统控制正常、接线牢固	日
净化系统	试剂	检查试剂是否失效，失效要及时更换	日
	金属过滤器	金属过滤器无积灰	周
燃烧系统	燃烧管和燃烧头	燃烧头和燃烧管清洁	月

注：以上以日为周期的维护项目均由当班白班进行；以周为单位的每周一当班进行；以月为单位的每月 1 号进行。

（五）设备运行中故障的排除

设备运行过程中常见故障及对应排查方法见表 6-36。

表 6-36　设备运行中故障排查表

故　障	原　因	处 理 方 法
通信故障	仪器问题	关闭仪器，后与 PC 重新启动
气路压力低	气瓶压力不足	更换气瓶
炉口漏气	密封圈老化	密封圈涂抹硅脂

十、石灰活性度自动检测仪

（一）设备结构图

石灰活性度自动检测仪如图 6-20 所示。

（二）设备功能和主要技术参数

功能：主要承担灰石、自产熔剂等活性度的检验。

参数：HD-08 型设备相关参数见表 6-37。

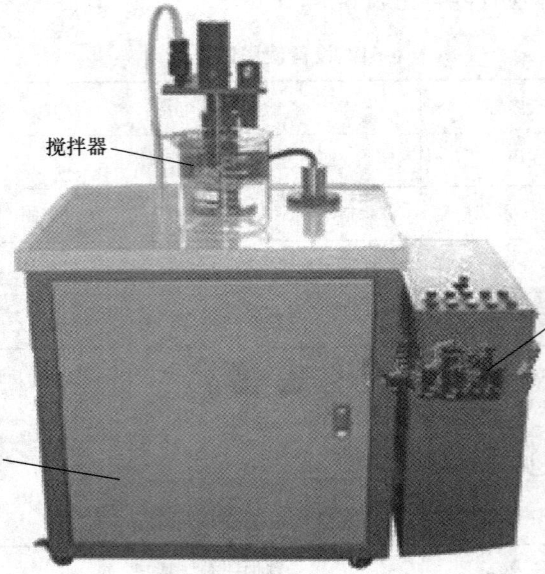

图 6-20　石灰活性度自动检测仪

表 6-37　HD-08 型设备相关参数

型　号	pH 检测	搅拌器速度 /r · min^{-1}	电磁计量泵精度/%	工作环境 /℃	电　源
HD-08	0~14	250~300	2	5~40	220V/50Hz

(三) 注意事项及紧急情况处理

1. 石灰活性度自动检测仪使用中注意事项

(1) 检测前确保储酸罐中盐酸液位正常，盐酸足够本次实验，不足要及时添加。

(2) 试验后的 pH 检测器要浸在纯水中，保护检测头能长期准确使用。

(3) 在加酸时应敞开仪器前盖一段时间，确保柜内酸烟挥发完毕再进行加酸。

2. 紧急情况下的处理方法及步骤

使用过程中如果出现盐酸不足报警时，要及时停止试验以防损坏计量泵。

(四) 设备使用过程的检查与维护

1. 设备使用过程的检查

(1) 检查路线：进酸系统→通信系统。

(2) 检查内容：具体见表 6-38。

表 6-38　设备使用过程中的检查内容

检查部位	检查内容	检查标准与要求	检查周期
进酸系统	储酸罐	储酸罐液位正常	日
	加酸泵	加酸泵正常运转	日
通信系统	电源指示	电源指示正常	日
	系统控制	系统显示设备状态正常	日

注：以日为单位的当班检查。

2. 设备日常维护

设备日常维护周期表见表 6-39。

表 6-39　设备日常维护周期表

维护部位	维护内容	维护标准与要求	维护周期
外观	仪器清扫	仪器外观清洁无污	日
通信系统	电源指示	电源指示正常	日
	系统控制	系统显示设备状态正常	日
pH 玻璃电极	电极清洁	电极清洁、无污	日

注：以上以日为周期的维护项目均由当班白班进行；以周为单位的每周一当班进行。

（五）设备运行中故障的排除

设备运行过程中常见故障及对应排查方法见表 6-40。

表 6-40　设备运行中故障排查表

故　障	原　因	处 理 方 法
通信故障	仪器问题	关闭仪器，后与 PC 重新启动
水压不足	管道泄漏	修复管道
	电热水器堵塞	将电热水器进、出水口反接冲洗，重新接回

十一、高频熔样机

（一）设备结构图

高频熔样机如图 6-21 所示。

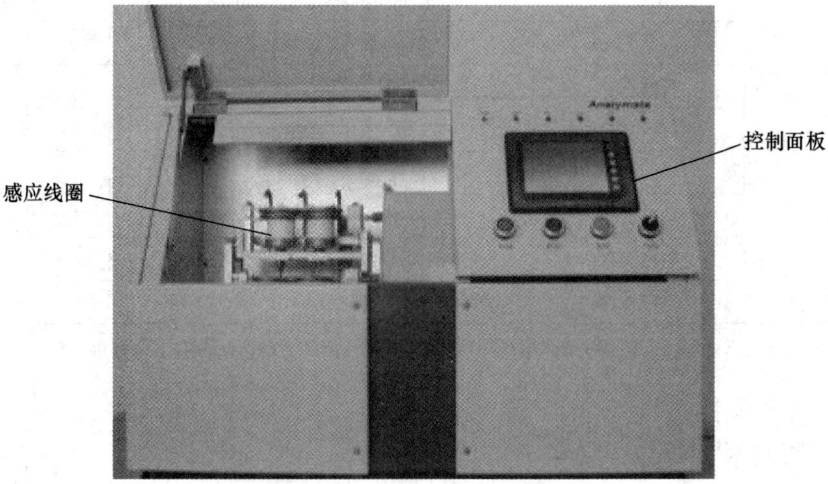

图 6-21　高频熔样机

（二）设备功能和主要技术参数

功能：主要承担矿石、矿粉、白灰、自产熔剂等用 X 射线荧光仪分析样品的前期熔片工作。

参数：Analymate-V4D 型设备相关参数见表 6-41。

表 6-41　Analymate-V4D 设备相关参数

型　号	主机电源	水冷电源	接地电阻/Ω	设备使用温度
Analymate-V4D	AC 380V，三相，20A，50/60Hz	AC 220V，单相，16A，50/60Hz	<10	0~1700℃

（三）注意事项及紧急情况处理

1. 高频熔样机使用中注意事项

（1）熔样时，不能将操作台的盖板合上，不要接触机械摇摆部分，以免伤手。

（2）熔融温度不要超过 1300℃，否则可能熔化坩埚。

（3）关闭电源后，短时间内不要用手触摸设备内部的电器元件，以防触电。

2. 紧急情况下的处理方法及步骤

（1）使用过程中出现过热报警时，要立即停止试验并检查冷却水温和水位。

（2）使用过程中高频线圈故障时，要立即查找原因并通知相关人员。

（3）使用过程中出现烧埚现象，立即停止加热，以免铂金坩埚继续熔毁。

（4）水冷机出现漏水，应立即关闭水冷机电源。

（四）设备使用过程的检查与维护

1. 设备使用过程的检查

（1）检查路线：冷却系统→通信系统→熔样系统。

（2）检查内容：具体见表 6-42。

表 6-42　设备使用过程中的检查内容

检查部位	检查内容	检查标准与要求	检查周期
冷却系统	水冷机	水位、水温正常、无沉淀	日
	滤芯	滤芯无堵塞、颜色正常	周
	线圈水管	水管无破裂、无渗漏	周
	线圈水密封接口	水密封接口紧固、无渗漏	周
通信系统	电源指示	电源指示正常	日
	系统控制	系统显示设备状态正常	日
熔样系统	陶瓷支架	支架无严重破碎，否则及时更换	日
	感应线圈	感应线圈高度合适，不要随意调整	日

注：以日为单位的当班检查；以周为单位的每周一当班进行；以月为单位的每月 1 号当班进行。

2. 设备日常维护

设备日常维护周期表见表 6-43。

表 6-43　设备日常维护周期表

维护部位	维护内容	维护标准与要求	维护周期
外观	仪器清扫	仪器外观清洁无污	日
通信系统	电源指示	电源指示正常	日
	系统控制	系统显示设备状态正常	日

续表 6-43

维护部位	维护内容	维护标准与要求	维护周期
水冷系统	水冷机	水温、水位正常	日
	滤芯	定期检查更换	月
	线圈水密封	水密封处紧固、无渗漏	月
熔样系统	坩埚支架	坩埚支架无严重破损、掉支脚	日

注：以日为周期的维护项目均由当班白班进行；以周为单位的每周一当班进行；以月为单位的每月 1 号当班进行。

（五）设备运行中故障的排除

设备运行过程中常见故障及对应排查方法见表 6-44。

表 6-44　设备运行中故障排查表

故　障	原　因	处 理 方 法
过热报警	冷却水温过高	检查工作水温，增加水量，降低环境温度
欠水报警	水压太低	检查水冷系统是否有堵塞或水管脱落

十二、矿石冶金性能综合测定仪

（一）设备结构图

矿石冶金性能综合测定仪如图 6-22 所示。

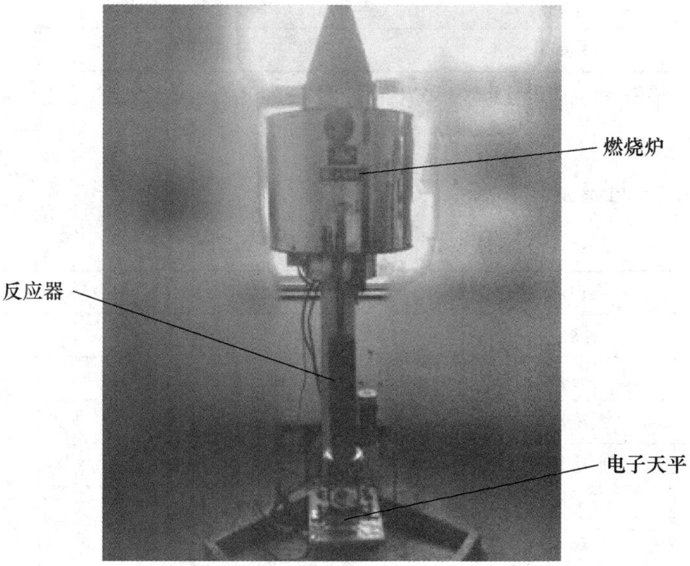

图 6-22　矿石冶金性能综合测定仪

（二）设备功能和主要技术参数

功能：主要承担矿石低温粉化指数、还原性的测定。

参数：KSZ-2000A 型设备相关参数见表 6-45。

表 6-45　KSZ-2000A 型设备相关参数

电源	反应器材质及温度	控温精度	恒温精度/℃
220V/10kW	GH3044；1400℃	0.5 级	500±10；900±10

(三) 注意事项及紧急情况处理

1. 矿石冶金性能综合测定仪使用中注意事项

(1) 样品检测过程中，要检查各气体管道连接点是否漏气，避免出现危险。

(2) 保证热电偶放置位置适当，避免出现测温不准，影响试验结果。

(3) 检查设备系统参数，尤其是 PID 是否发生偏移。

2. 紧急情况下的处理方法及步骤

如果使用过程中出现管道漏气时，必须立即关闭气源并通知相关人员。

(四) 设备使用过程的检查与维护

1. 设备使用过程的检查

(1) 检查路线：冷却系统→通信系统→进气系统。

(2) 检查内容：具体见表 6-46。

表 6-46　设备使用过程中的检查内容

检查部位	检查内容	检查标准与要求	检查周期
冷却系统	水冷管道	管道无破裂、无渗漏	周
通信系统	电源指示	电源指示正常	日
	系统控制	系统显示设备状态正常、通信正常	日
进气系统	气体管道	气体管道无破裂、连接处无漏气	周
	过滤器	保证变色硅胶有效	月

注：以日为单位的当班检查；以周为单位的每周一当班进行；以月为单位的每月 1 号进行。

2. 设备日常维护

设备日常维护周期表见表 6-47。

表 6-47　设备日常维护周期表

维护部位	维护内容	维护标准与要求	维护周期
外观	仪器清扫	仪器外观清洁无污	日
通信系统	电源指示	电源指示正常	日
	系统控制	系统显示设备状态正常	日
冷却系统	水冷管道	管道无破裂、渗漏	周
进气系统	气体管道	气体管道无破裂、连接处无漏气	周
	气瓶	气瓶压力足够	日
	过滤器	保证变色硅胶有效	月

注：以上以日为周期的维护项目均由当班白班进行；以周为单位的每周一当班进行；以月为单位的每月 1 号进行。

(五) 设备运行中故障的排除

设备运行过程中常见故障及对应排查方法见表 6-48。

表 6-48　设备运行中故障排查表

故　障	原　因	处 理 方 法
通信故障	仪器问题	关闭仪器，后与 PC 重新启动
测温异常	热电偶位置偏移	重新放置热电偶
	热电偶损坏	更换新的热电偶

十三、矿石高温荷重还原软熔滴落测定仪

（一）设备结构图

矿石高温荷重还原软熔滴落测定仪如图 6-23 所示。

图 6-23　矿石高温荷重还原软熔滴落测定仪

（二）设备功能和主要技术参数

功能：测定矿石软化温度及温度区间、滴落开始温度和终了温度、软熔带透气性、熔融滴下物性状的自动化检测系统。

参数：RDL-2000A 型设备相关参数见表 6-49。

表 6-49　RDL-2000A 型设备相关参数

电　源	压力范围/MPa	位移测量范围/mm	试样质量及粒度	控温范围/℃
380V/34kW	0~0.02（±0.5%）	0~100（±0.5%）	200g；10~13.5mm	0~1600

（三）注意事项及紧急情况处理

1. 矿石高温荷重还原软熔滴落测定仪使用中注意事项

（1）样品检测过程中，要检查各气体管道连接点是否漏气，避免出现危险。

（2）保证热电偶放置位置适当，避免出现测温不准，影响试验结果。

（3）检查设备系统参数，尤其是 PID 是否发生偏移。

（4）试验前，检查试样基数是否在 0~10mm。

（5）试验前，检查荷重值设定是否大于试样荷重值。

2. 紧急情况下的处理方法及步骤

如果使用过程中出现管道漏气，必须立即关闭气源并通知相关人员处理。

（四）设备使用过程的检查与维护

1. 设备使用过程的检查

（1）检查路线：冷却系统→通信系统→ 进气系统。

（2）检查内容：具体见表 6-50。

表 6-50　设备使用过程中的检查内容

检查部位	检查内容	检查标准与要求	检查周期
冷却系统	水冷管道	管道无破裂、无渗漏	周
通信系统	电源指示	电源指示正常	日
	系统控制	系统显示设备状态正常、通信正常	日
进气系统	气体管道	气体管道无破裂、连接处无漏气	周
	过滤器	保证变色硅胶有效	月

注：以日为单位的当班检查；以周为单位的每周一当班进行；以月为单位的每月 1 号进行。

2. 设备日常维护

设备日常维护周期见表 6-51。

表 6-51　设备日常维护周期表

维护部位	维护内容	维护标准与要求	维护周期
外观	仪器清扫	仪器外观清洁无污	日
通信系统	电源指示	电源指示正常	日
	系统控制	系统显示设备状态正常	日
冷却系统	水冷管道	管道无破裂、渗漏	周
进气系统	气体管道	气体管道无破裂、连接处无漏气	周
	气瓶	气瓶压力足够	日
	过滤器	保证变色硅胶有效	月

注：以上以日为周期的维护项目均由当班白班进行；以周为单位的每周一当班进行；以月为单位的每月 1 号进行。

(五) 设备运行中故障的排除

设备运行过程中常见故障及对应排查方法见表 6-52。

表 6-52　设备运行中故障排查表

故　障	原　因	处 理 方 法
通信故障	仪器问题	关闭仪器，后与 PC 重新启动
测温异常	热电偶位置偏移	重新放置热电偶
	热电偶损坏	更换新的热电偶

十四、焦炭反应性及反应后强度测定仪

(一) 设备结构图

焦炭反应性及反应后强度测定仪如图 6-24 所示。

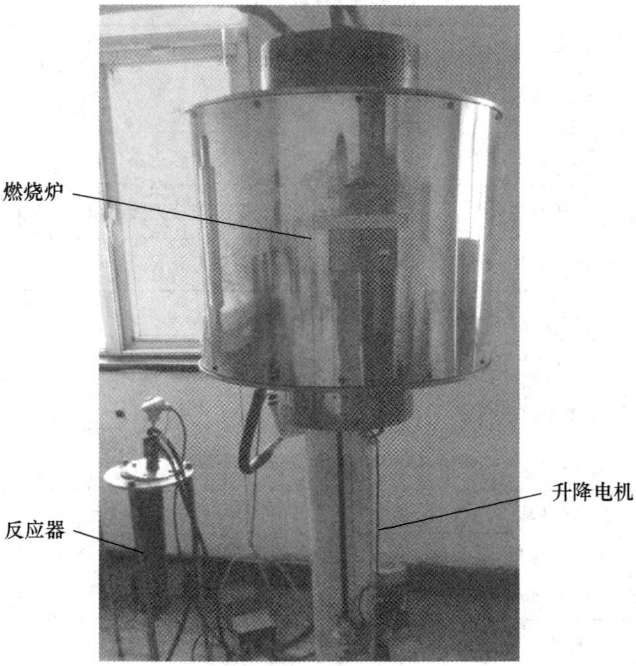

图 6-24　焦炭反应性及反应后强度测定仪

(二) 设备功能和主要技术参数

功能：主要用于焦炭反应性及反应后强度的测定。

参数：KF-2000A 型设备相关参数见表 6-53。

表 6-53　KF-2000A 型设备相关参数

电　源	高温电炉功率/kW	升温速度/℃ · min^{-1}	气体流量线性度	气体流量准确度	控温范围/℃
220V/50Hz	7	8～16	±(0.5～1.5)% FS	±1.5℃% FS	0～1100

（三）注意事项及紧急情况处理

1. 焦炭反应性及反应后强度测定仪使用中注意事项

（1）样品检测过程中，要检查各气体管道连接点是否漏气，避免出现危险。

（2）保证热电偶放置位置适当，避免出现测温不准，影响试验结果。

（3）反应器在上升过程中要对中炉膛口，以免与炉膛发生触碰损坏反应器。

2. 紧急情况下的处理方法及步骤

（1）使用过程中出现管道漏气时，要及时通风并查找故障点。

（2）使用过程中出现升温中断，要及时终止试验并通知相关人员。

（四）设备使用过程的检查与维护

1. 设备使用过程的检查

（1）检查路线：通信系统→进气系统。

（2）具体内容：具体见表 6-54。

表 6-54　设备使用过程中的检查内容

检查部位	检查内容	检查标准与要求	检查周期
通信系统	电源指示	电源指示正常	日
	系统控制	系统显示设备状态正常	日
进气系统	气体管道	气体管道无破裂、连接处无漏气	周
	气瓶	保证气瓶压力充足	日

注：以日为单位的当班检查；以周为单位的每周一当班进行。

2. 设备日常维护

设备日常维护周期见表 6-55。

表 6-55　设备日常维护周期表

维护部位	维护内容	维护标准与要求	维护周期
外观	仪器清扫	仪器外观清洁无污	日
通信系统	电源指示	电源指示正常	日
	系统控制	系统显示设备状态正常	日
燃烧系统	硅碳棒	硅碳棒接线柱紧固、无松动	日
进气系统	气体管道	气体管道无破裂、连接处无漏气	周
	气瓶	气瓶压力足够	日

注：以上以日为周期的维护项目均由当班白班进行；以周为单位的每周一当班进行。

（五）设备运行中故障的排除

设备运行过程中常见故障及对应排查方法见表 6-56。

表 6-56　设备运行中故障排查表

故　障	原　因	处 理 方 法
通信故障	仪器问题	关闭仪器，后与 PC 重新启动

十五、全自动测硫仪

(一) 设备结构图

全自动测硫仪如图 6-25 所示。

图 6-25 全自动测硫仪

(二) 设备功能和主要技术参数

功能：主要承担各种煤、焦炭、石油焦等试样中全硫的检验。

参数：5E-8S/AⅡ型设备相关参数见表 6-57。

表 6-57 5E-8S/AⅡ型设备相关参数

测硫分辨率/%	测硫范围/%	控温精度/℃	电 源	功率/kW
0.01	0.1~15	±3	220V±22V、50Hz	≤3.5

(三) 注意事项及紧急情况处理

1. 全自动测硫仪使用中注意事项

(1) 非本岗位人员，未经许可，严禁动用仪器。

(2) 清扫设备时，必须断电。

(3) 严禁湿手启动开关。

(4) 仪器应置于干燥环境中使用，防止灰尘或腐蚀性气体侵入。

2. 紧急情况下的处理方法及步骤

(1) 仪器保持长期运行状态，如突然断电应关闭主机再开机。

(2) 仪器出现报警时，立刻查找原因并通知相关人员。

(四) 设备使用过程的检查与维护

1. 设备使用过程的检查

检查路线：干燥管→供气系统→流量计浮子。

检查内容：具体见表 6-58。

表 6-58　设备使用过程中检查内容

检查部位	检查内容	检查标准与要求	检查周期
干燥管	干燥剂	检查变色硅胶至少四分之一以上为蓝色	日
供气系统	抽气流量	检查抽气流量应在 3.2~3.5L/min	日
流量计浮子	仪器气密性	检查仪器的气密性应良好	周

注：以上以日为周期的检查项目均由当班白班进行；以周及月为周期的检查项目，由当班在周一及每月 1 号白班进行。

2. 设备日常维护

设备日常维护周期表见表 6-59。

表 6-59　设备日常维护周期表

维护部位	维护内容	维护标准与要求	维护周期
电解池	（1）电解池清洗； （2）电解池电极清洗； （3）电解池气体过滤器清洗	确保电解池及电极清洁，过滤器应洁白如初	月
气路维护	（1）定期更换过滤开关内的棉花； （2）定期对过滤开关的磨口加涂凡士林； （3）定期在干燥管的上下口内加涂凡士林	确保仪器气密性良好	周

注：以周、月为周期的检查项目，由当班在周一、每月 1 号白班进行。

（五）设备运行中故障的排除

设备运行过程中常见故障及对应排查方法见表 6-60。

表 6-60　设备运行中故障排查表

故　障	原　因	处 理 方 法
电解过程，电解液颜色变深	电解池电极被玷污	用酒精清理电极
	电解池插头接触不好	接好
	电解液失效	更换电解液
实验无数据或数据不准	系统管路漏气	查找漏点并更换硅胶管

十六、全自动工业分析仪

（一）设备结构图

全自动工业分析仪如图 6-26 所示。

（二）设备功能和主要技术参数

功能：适用于各种煤、焦炭、石油焦、焦粉等试样的水分、灰分、挥发分的测定。

参数：5E-MAG 6600 型设备相关参数见表 6-61。

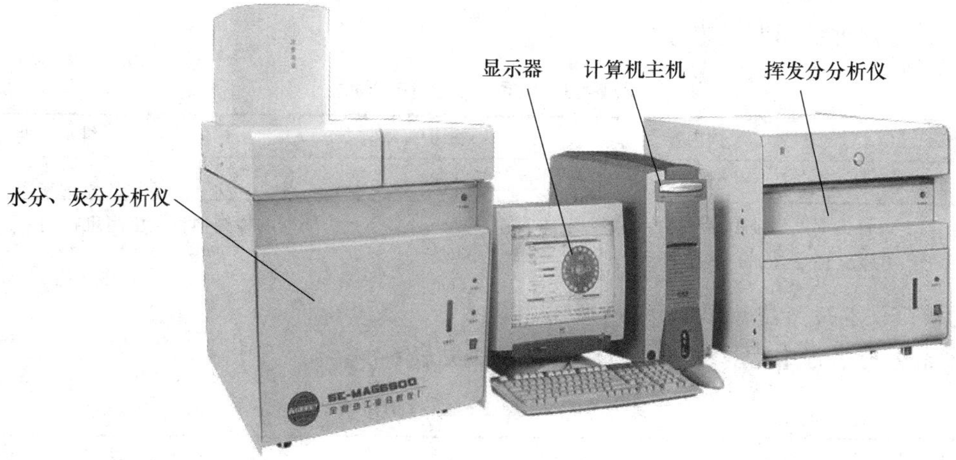

图 6-26　全自动工业分析仪

表 6-61　5E-MAG 6600 型设备相关参数

电　源	气 体 要 求	环境要求	炉温范围/℃
220V±22V、50Hz±1Hz	氧气：纯度 99.5%、减压后压力 0.1MPa；氮气：纯度 99.5%、减压后压力 0.1MPa；减压器：高端 0～25MPa；低端 0～0.4MPa	温度：10～35℃；相对湿度：35%～85%；	100～1000

（三）注意事项及紧急情况处理

1. 全自动工业分析仪使用中注意事项

（1）非本岗位人员，未经许可，严禁动用仪器。

（2）试验前检查试样转盘位置是否发生偏移。

2. 紧急情况下的处理方法及步骤

（1）仪器保持长期运行状态，如突然断电应关闭主机再开机。

（2）仪器出现报警时，立刻查找原因并通知相关人员。

（3）仪器送样杆或者坩埚出现卡阻现象，应立即停止试验以免折断送样杆。

（四）设备使用过程的检查与维护

1. 设备使用过程的检查

（1）检查路线：通信系统→散热系统。

（2）检查内容：具体见表 6-62。

表 6-62　设备使用过程中检查内容

检查部位	检查内容	检查标准与要求	检查周期
通信系统	软件系统	系统通信正常，读取数据正常	日
	硬件调试	转动复位正常	日
	转盘调试	转盘升降正常、送样杆运动正常	日
散热系统	风扇	风扇运转正常	日

注：以上以日为周期的检查项目均由当班白班进行。

2. 设备日常维护

设备日常维护周期见表 6-63。

表 6-63　设备日常维护周期表

维护部位	维护内容	维护标准与要求	维护周期
分析仪	清洁	保持分析仪清洁、干燥	日

注：以上以日为周期的维护项目均由当班白班进行；以周、月、半年为周期的检查项目，由当班在周一、每月 1 号、7 月及 12 月 1 日白班进行。

(五) 设备运行中故障的排除

设备运行过程中常见故障及对应排查方法见表 6-64。

表 6-64　设备运行中故障排查表

故　障	原　因	处 理 方 法
漏气	电磁阀进、出口不密封	用生料带缠好
	流量计前硅胶管松脱	接好
	流量计密封圈老化	更换密封圈

十七、全自动结焦仪

(一) 设备结构图

全自动结焦仪如图 6-27 所示。

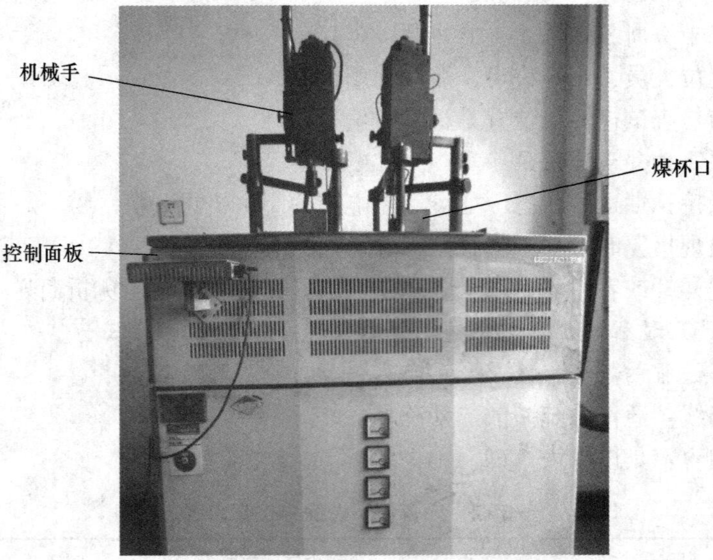

图 6-27　全自动结焦仪

(二) 设备功能和主要技术参数

功能：主要承担各种煤胶质层的检验。

参数：GZY-2010H 型设备相关参数见表 6-65。

表 6-65 GZY-2010H 型设备相关参数

电源电压	控温精度/℃	高温电炉功率	控温范围	测温元件
AC220V（±10%），50Hz（±5%）	750±2	3kW×2	0~800℃，分辨率 1℃	K 型热电偶

（三）注意事项及紧急情况处理

1. 全自动结焦仪使用中注意事项

（1）非本岗位人员，未经许可，严禁动用仪器。

（2）放置煤杯时轻拿轻放，避免造成硅碳棒损坏。

2. 紧急情况下的处理方法及步骤

仪器发生故障，先断电，找维修人员修理。

（四）设备使用过程的检查与维护

1. 设备使用过程的检查

（1）检查路线：PLC 控制器→仪器外壳→通信系统→探针→发热系统。

（2）检查内容：具体见表 6-66。

表 6-66 设备使用过程中的检查内容

检查部位	检查内容	检查标准与要求	检查周期
PLC 控制器	PLC	PLC 控制器正常工作、按键灵活有效	日
仪器外壳	外壳	清洁完好、螺丝无松动	日
通信系统	系统	系统控制正常，读取数据正常	日
探针	探针	探针正常上下移动，对正	日
发热系统	硅碳棒	设备正常升温、温度稳定	日

注：以上以日为周期的检查项目均由当班白班进行；以周及月为周期的检查项目，由当班在周一及每月 1 号白班进行。

2. 设备日常维护

设备日常维护周期见表 6-67。

表 6-67 设备日常维护周期表

维护部位	维护内容	维护标准与要求	维护周期
柜体	柜体清洁	定期对柜体进行除尘保养	日
计算机	主机箱	定期吹扫、清理灰尘	月

注：以上以日为周期的维护项目均由当班白班进行；以月为周期的检查项目，由当班在每月 1 号白班进行。

（五）设备运行中故障的排除

设备运行过程中常见故障及对应排查方法见表 6-68。

表 6-68 设备运行中故障排查表

故 障	原 因	处理方法
不升温	硅碳棒断裂	更换硅碳棒
温度不达标	热电偶位置偏移	热电偶位置重新调整

续表 6-68

故　障	原　因	处理方法
探针不能动作	丝杠润滑不好	加注润滑油脂
	机械手接近开关失灵	更换接近开关

十八、奥亚膨胀度测定仪

（一）设备结构图

奥亚膨胀度测定仪如图 6-28 所示。

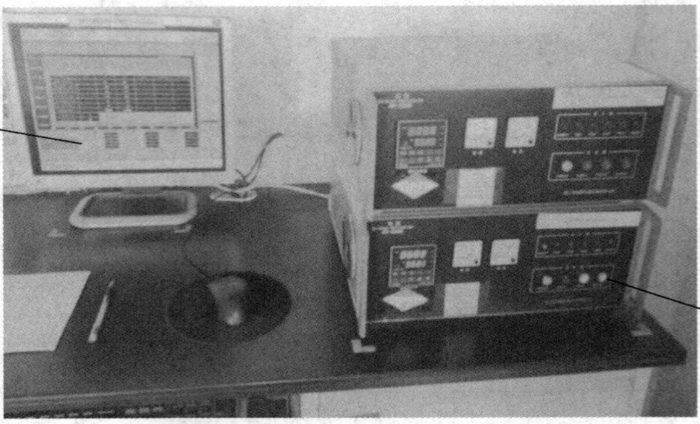

图 6-28　奥亚膨胀度测定仪

（二）设备功能和主要技术参数

功能：主要承担各种煤的奥亚膨胀度的测定。

参数：ADY-2006A 型设备相关参数见表 6-69。

表 6-69　ADY-2006A 型设备相关参数

电 源 电 压	控温精度	位移测量范围	测温元件
AC220V±10%，50Hz±5%	预热温度 0~600℃，温度差小于±1℃，分辨率 1℃	0~200mm，精度为 0.5%	K 型热电偶

（三）注意事项及紧急情况处理

1. 奥亚膨胀度测定仪使用中注意事项

（1）非本岗位人员，未经许可，严禁动用仪器。

（2）膨胀管、杆，使用前后必须吊挂放置，不得碰撞以防变形。

2. 紧急情况下的处理方法及步骤

（1）仪器保持长期运行状态，如突然断电应关闭主机再开机。

（2）仪器出现报警时，立刻查找原因并通知相关人员。

（四）设备使用过程的检查与维护

1. 设备使用过程的检查

（1）检查路线：膨胀管、杆。

（2）检查内容：具体见表 6-70。

表 6-70　设备使用过程中检查内容

检查部位	检查内容	检查标准与要求	检查周期
膨胀管、杆	膨胀管、杆清洁	确保膨胀管内壁光洁明亮无焦末；膨胀杆上无焦油渣	日

注：以上以日为周期的检查项目均由当班白班进行。

2. 设备日常维护

设备日常维护周期见表 6-71。

表 6-71　设备日常维护周期表

维护部位	维护内容	维护标准与要求	维护周期
膨胀管、杆	膨胀管、杆清洁	确保膨胀管内壁光洁明亮无焦末；膨胀杆上无焦油渣	日
计算机	主机箱	定期吹扫、清理灰尘	日

注：以上以日为周期的维护项目均由当班白班进行。

（五）设备运行中故障的排除

设备运行过程中常见故障及对应排查方法见表 6-72。

表 6-72　设备运行中故障排查表

故　障	原　因	处 理 方 法
曲线不平滑	滑轮转动不自如	加注润滑油
	传感器污染	打磨清洁或更换传感器

十九、智能灰熔融测试仪

（一）设备结构图

智能灰熔融测试仪如图 6-29 所示。

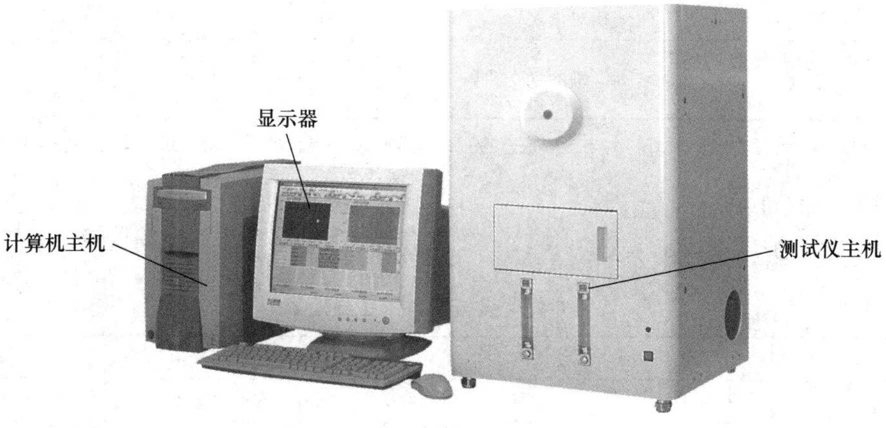

图 6-29　智能灰熔融测试仪

（二）设备功能和主要技术参数

功能：主要承担煤灰熔融性的检验。

参数：5E-AFⅢ型设备相关参数见表 6-73。

表 6-73　5E-AFⅢ型设备相关参数　（℃）

温度分辨率	最高工作温度	测温精度	控温误差/℃ · min^{-1}
1	1600	±5	≤±1

（三）注意事项及紧急情况处理

1. 智能灰熔融测试仪使用中注意事项

（1）先开主机，启动测试程序，再打开加热电源，实验结束后，先退出测试程序再关主机电源，否则容易烧坏（20A）保险管。

（2）放刚玉杯时，注意不要触碰刚玉管，刚玉杯中心尽量与刚玉管中心重合，且灰锥托板保持水平。

2. 紧急情况下的处理方法及步骤

（1）在送样的过程中注意观察送样机构是否对准高温炉的中心孔，如果没对准，请马上关掉测试仪主机电源，退出试验，然后在硬件调试中，将送样机构调准好再进行试验。

（2）仪器出现报警时，立刻查找原因并通知相关人员。

（四）设备使用过程的检查与维护

1. 设备使用过程的检查

（1）检查路线：摄像头→灰锥图像位置→前、后炉管处和送样机构的高温密封圈。

（2）检查内容具体见表 6-74。

表 6-74　设备使用过程中的检查内容

检查部位	检查内容	检查标准与要求	检查周期
摄像头	图像清晰程度	图像清晰	周
灰锥图像位置	样品支架、反射镜、摄像头等的相对位置	灰锥图像清晰且都居中于图片框	周
前、后炉管处和送样机构的高温密封圈	高温炉的气密性	气密性良好	周

注：以上以日为周期的检查项目均由当班白班进行；以周为周期的检查项目，由当班在周一白班进行。

2. 设备日常维护

设备日常维护周期表见表 6-75。

表 6-75　设备日常维护周期表

维护部位	维护内容	维护标准与要求	维护周期
摄像头	石英镜片	弯头石英镜片擦干净	周
灰锥图像位置	调整样品支架、反射镜、摄像头等的相对位置	灰锥图像清晰且都居中于图片框	周

续表 6-75

维护部位	维护内容	维护标准与要求	维护周期
高温炉	前、后炉管处和送样机构的高温密封圈	高温炉气密性良好	周

注：以上以日为周期的维护项目均由当班白班进行；以周为周期的检查项目，由当班在周一白班进行。

（五）设备运行中故障的排除

设备运行过程中常见故障及对应排查方法见表 6-76。

表 6-76　设备运行中故障排查表

故障	原因	处理方法
图像发白或黑暗	摄像头镜头上亮度不够	调节摄像头镜头上的亮度和对比度按钮
	镜头损坏	更换镜头
做实验才 900 多度就出实验结果	图像背景没有调好	调节图像背景，背景要突出
	灰锥托板放置位置不正确	灰锥托板要放在刚玉管中间，即保证灰锥成像后在图片框内的位置正确

二十、CS580 型碳硫分析仪

（一）设备结构图

CS580 型碳硫分析仪如图 6-30 所示。

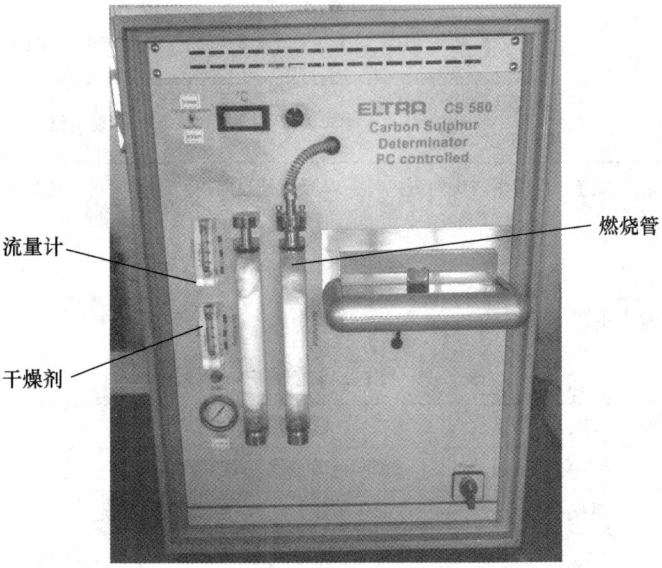

图 6-30　CS580 型碳硫分析仪

（二）设备功能和主要技术参数

功能：主要承担各种煤、焦炭、石油焦等试样中全硫的检验工作。

参数：CS580 型碳硫分析仪相关参数见表 6-77。

表 6-77　CS580 型碳硫分析仪相关参数

载　气	动力气	气体流量（分析中）	炉子参数
氧气（99.5%、40psi）	压缩空气、氮气或氩气（40psi）	测量气：3L；动力气：1L	高频炉，18MHz，3.2kW

（三）注意事项及紧急情况处理

1. CS580 型碳硫分析仪使用中注意事项

（1）非本岗位人员，严禁私自动用仪器。

（2）严禁使用仪器计算机编辑私人文件、外插各种存储器，避免损坏计算机。

（3）严禁岗位操作人员私自修改计算机内设置的仪器运行技术参数。

2. 紧急情况下的处理方法及步骤

（1）仪器保持长期运行状态，如突然断电应关闭主机再开机。

（2）仪器出现报警时，立刻查找原因并通知相关人员。

（四）设备使用过程的检查与维护

1. 设备使用过程的检查

（1）检查路线：试剂管→O 形环→过滤器。

（2）检查内容：具体见表 6-78。

表 6-78　设备使用过程中的检查内容

检查部位	检查内容	检查标准与要求	检查周期
试剂管	化学试剂饱和时更换试剂	试剂颜色与接块情况检查	周
O 形环	O 形环不能完全密封或损坏时更换	软件指示是否有漏气现象	周
过滤器	每分析 100 次试样时应更换清洁的过滤器	无堵塞，定期清洗	周

注：以上以日为周期的检查项目均由当班白班进行；以周及月为周期的检查项目，由当班在周一及每月 1 号白班进行。

2. 设备日常维护

设备日常维护周期表见表 6-79。

表 6-79　设备日常维护周期表

维护部位	维护内容	维护标准与要求	维护周期
试剂管	更换化学试剂	试剂颜色改变时就要更换	周
O 形环	更换 O 形环	O 形环不能完全密封或损坏时更换	周
过滤器	清洁过滤器	每分析 100 次试样时清洁过滤器（清洗完的过滤器一定要保持干燥）	周

注：以上以日为周期的维护项目均由当班白班进行；以周为周期的检查项目，由当班在周一白班进行。

（五）设备运行中故障的排除

设备运行过程中常见故障及对应排查方法见表 6-80。

表 6-80　设备运行中故障排查表

故　障	原　因	处理方法
分析试样时数据不稳定	高氯酸镁（吸水剂）失效	更换高氯酸镁

二十一、快速量热仪

（一）设备结构图

快速量热仪如图 6-31 所示。

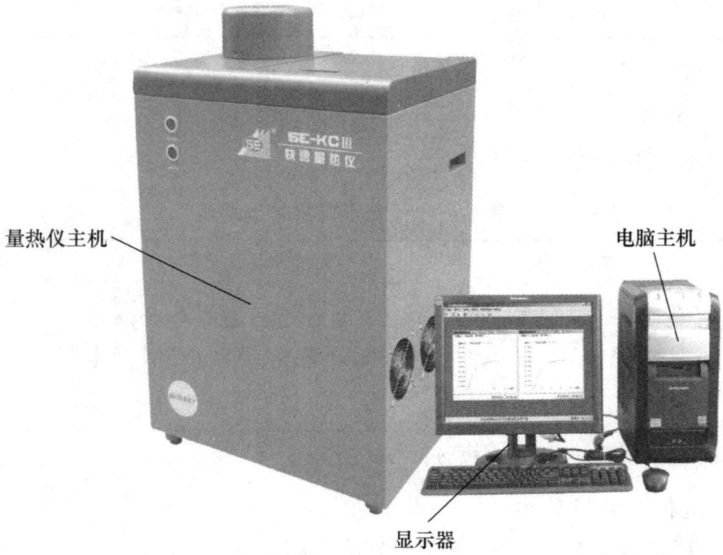

图 6-31　快速量热仪

（二）设备功能和主要技术参数

功能：主要承担泥炭，褐煤，烟煤，无烟煤，焦炭等发热量的检验。

参数：5E-KC 型设备相关参数见表 6-81。

表 6-81　5E-KC 型设备相关参数

电　源	温度分辨率/℃	测试时间	室温测量精度/℃	精密度/%
220V±22V，50Hz±1Hz	0.0001	约 10min/个（快速法）	0.1	RSD≤0.2

（三）注意事项及紧急情况处理

1. 快速量热仪使用中注意事项

（1）非本岗位人员，未经许可，严禁动用仪器。

（2）保证内筒水位不要超过内筒高度的 1/2，以免水进入内外筒之间的夹缝。

2. 紧急情况下的处理方法及步骤

（1）仪器保持长期运行状态，如突然断电应关闭主机再开机。

（2）仪器出现报警时，立刻查找原因并通知相关人员。

(四) 设备使用过程的检查与维护

1. 设备使用过程的检查

(1) 检查路线：氧气瓶→水位。

(2) 检查内容：具体见表 6-82。

表 6-82 设备使用过程中的检查内容

检查部位	检查内容	检查标准与要求	检查周期
氧气瓶	氧气瓶压力	不低于 4.0MPa	日
水位	水位位置	水位位置处于最低限与最高限之间	日

注：以上以日为周期的检查项目均由当班白班进行。

2. 设备日常维护

设备日常维护周期见表 6-83。

表 6-83 设备日常维护周期表

维护部位	维护内容	维护标准与要求	维护周期
水箱	仪器里面的水	更换仪器里面的水，或发现桶内水中有脏物时，立即换水，使用蒸馏水或去离子水	月

注：以月为周期的检查项目，由当班在每月 1 号白班进行。

(五) 设备运行中故障的排除

设备运行过程中常见故障及对应排查方法见表 6-84。

表 6-84 设备运行中故障排查表

故 障	原 因	处 理 方 法
氧弹头进气口漏气	阀芯上 O 形密封圈处有污垢	拆开氧弹头，取出阀芯，清除污垢
	O 形密封圈老化或开裂	更换密封圈
	阀芯或氧弹头严重磨损	更换阀芯或氧弹头
氧弹头与芯座或螺帽间漏气	氧弹头与芯座未拧紧	拧紧氧弹头与芯体之间的螺纹
	O 形密封圈老化或开裂	更换密封圈
桶漏水	放水口螺帽未拧紧或无密封垫圈	拧紧螺帽或增加密封圈
	加水时，水量太多	按放水步骤放掉一部分水

二十二、碳氢氮元素分析仪

(一) 设备结构图

碳氢氮元素分析仪如图 6-32 所示。

(二) 设备功能和主要技术参数

功能：主要用于增碳剂中的 N 含量的测定。

参数：Truspec-CHN 型设备相关参数见表 6-85。

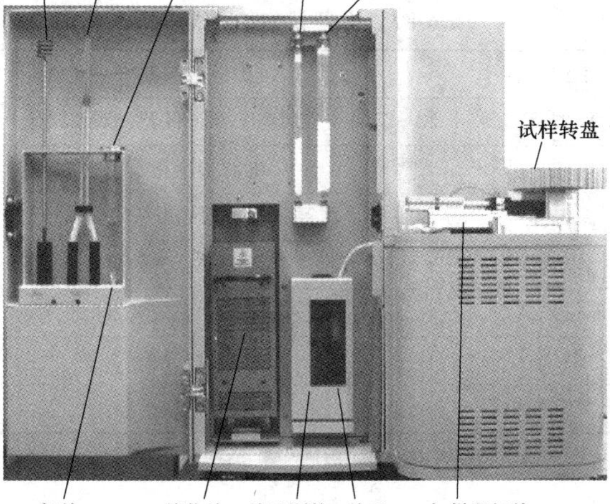

图 6-32　碳氢氮元素分析仪

表 6-85　Truspec-CHN 型设备相关参数

电　源	最高温度	检出限	氧纯度气	氮测量范围	测量准确度
220V/50Hz	1050℃	0.0001×10^{-6}	99.5%	80×10^{-6}或 0.008%~100%	40×10^{-6}或 0.5%RSD

（三）注意事项及紧急情况处理

1. 碳氢氮元素分析仪使用中注意事项

（1）样品检测前，首先进行气路检测，无漏气后再进行实验。

（2）样品检测前，要检查气瓶压力是否足够，不足要及时更换以免影响实验进行。

2. 紧急情况下的处理方法及步骤

设备漏气检查不通过时，立即查找原因联系相关人员。

（四）设备使用过程的检查与维护

1. 设备使用过程的检查

（1）检查路线：气路系统→通信系统→净化系统。

（2）检查内容：具体见表 6-86。

表 6-86　设备使用过程中的检查内容

检查部位	检查内容	检查标准与要求	检查周期
气路系统	气压	气压充足，无泄漏	周
通信系统	电源指示	电源指示正常	日
	系统控制	系统显示设备状态正常	日
	接线	接线紧固、无松动	周
净化系统	试剂	定期检查试剂是否失效，失效要及时更换	周

注：以日为单位的当班检查，以周为单位的每周一当班进行。

2. 设备日常维护

设备日常维护周期见表 6-87。

表 6-87　设备日常维护周期表

维护部位	维护内容	维护标准与要求	维护周期
外观	仪器清扫	定期除尘保养，保证仪器外观清洁无污	日
通信系统	电源指示	电源指示正常	日
	系统控制	系统显示设备状态正常	日
净化系统	燃烧管试剂	定期检查是否失效，失效要及时更换	月
	催化炉试剂	定期检查试剂，失效要及时更换	日
燃烧系统	燃烧管	定期检查清理	月
	蜂窝陶瓷坩埚	定期检查、更换	月

注：以上以日为周期的维护项目均由当班白班进行；以周为单位的每周一当班进行；以月为单位的每月一号进行。

（五）设备运行中故障的排除

设备运行过程中故障及对应排查方法见表 6-88。

表 6-88　设备运行中故障排查表

故　障	原　因	处 理 方 法
通信故障	仪器问题	关闭仪器，后与 PC 重新启动
氧压低	气瓶压力不足	更换气瓶；微调减压阀直至叹号消失

二十三、球团压力试验机

（一）设备结构图

球团压力试验机如图 6-33 所示。

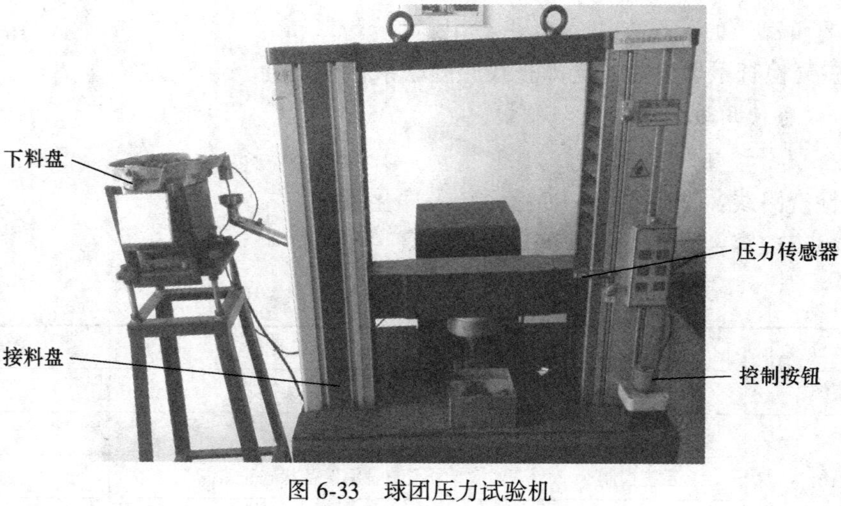

图 6-33　球团压力试验机

（二）设备功能和主要技术参数

功能：主要用于矿石类试样抗压强度的测定。

参数：ADT104 型设备相关参数见表 6-89。

表 6-89　ADT104 型设备相关参数

电　源	最大试验力 /kN	试验力测量范围	力控速率调节范围 /N·s^{-1}	位移速率调节范围 /mm·min^{-1}	最大压板间距 /mm
220V/50Hz	10	0.2%~100%FS	100~1000	0.01~200	260

（三）注意事项及紧急情况处理

1. 球团压力试验机使用中注意事项

（1）试验开始前，一定要调整好限位挡圈。

（2）点击试验"卸料""复位"按钮前，一定要用小键盘上的快上、快下或慢上、慢下键将上压头下平面调至离推板上平面不低于 3mm 位置处，以免造成压头与送料推板卡阻，损坏传感器及送料机构。

2. 紧急情况下的处理方法及步骤

（1）如果试验过程中出现卡料时，要及时停止试验进行清理。

（2）试验过程中出现不下料时，用刷子对溜管下方 4 个传感器进行灰尘清理。

（四）设备使用过程的检查与维护

1. 设备使用过程的检查

（1）检查路线：通信系统→机械系统。

（2）检查内容：具体见表 6-90。

表 6-90　设备使用过程中检查内容

检查部位	检查内容	检查标准与要求	检查周期
通信系统	电源指示	电源指示正常	日
	系统控制	系统显示设备状态正常	日
机械系统	下料盘	下料盘灵活无卡阻	日
	推板	推板灵活、无卡阻	日

注：以日为单位的当班检查；以周为单位的每周一当班进行。

2. 设备日常维护

设备日常维护周期见表 6-91。

表 6-91　设备日常维护周期表

维护部位	维护内容	维护标准与要求	维护周期
外观	仪器清扫	仪器外观清洁无污	日
机械系统	下料盘	定期检查是否灵活	日
	传感器	定期用毛刷清理	周

注：以上以日为周期的维护项目均由当班白班进行；以周为单位的每周一当班进行。

（五）设备运行中故障的排除

设备运行过程中故障及对应排查方法见表 6-92。

表 6-92　设备运行中故障排查表

故　障	原　因	处理方法
通信故障	仪器问题	关闭仪器，后与 PC 重新启动
不下料或一次下料过多	红外感应开关污染或损坏	清理或更换感应开关

二十四、黏结指数测定仪

（一）设备结构图

黏结指数测定仪如图 6-34 所示。

图 6-34　黏结指数测定仪

（二）设备功能和主要技术参数

功能：主要用于测定烟煤黏结指数（G）。

参数：GT-2 型设备相关参数见表 6-93。

表 6-93　GT-2 型设备相关参数

电　源	转鼓转速 /r · min^{-1}	转鼓内深及内径/mm	镍铬压块质量 /g	压力器质量 /kg	预置数
380V/50Hz	50±2	70/200	110～115	6	0～9999（×1，×10，×100）

（三）注意事项及紧急情况处理

1. 黏结指数测定仪使用中注意事项

（1）启动转鼓时，将右侧绿色启动按钮快速按到底，等转鼓运转后，再放开启动按钮。以免启动器吸合不好，烧坏启动器触点。

（2）启动转鼓后，若电机发出嗡嗡声且电机不转动，多为启动器吸合不好，立即按右侧红色停止按钮。再仔细检查，清除故障。

（3）启动转鼓前先按清零按钮（中途停机，继续试验时除外），确认计数器左侧 LED 显示屏显示 0，其右下方红色指示灯不亮，否则计数不正确或不能自动控制。

2. 紧急情况下的处理方法及步骤

试验过程中若出现电机发出嗡嗡响且电机不转动，要立即停止，仔细检查，清除故障。

（四）设备使用过程的检查与维护

1. 设备使用过程的检查

（1）检查路线：通信系统→机械系统。

（2）检查内容：具体见表 6-94。

表 6-94　设备使用过程中检查内容

检查部位	检查内容	检查标准与要求	检查周期
通信系统	电源指示	电源指示正常	日
	系统控制	系统显示设备状态正常	日
机械系统	转鼓	转鼓各部件无松动	周

注：以日为单位的当班检查；以周为单位的每周一当班进行。

2. 设备日常维护

设备日常维护周期见表 6-95。

表 6-95　设备日常维护周期表

维护部位	维护内容	维护标准与要求	维护周期
外观	仪器清扫	仪器外观清洁无污	日
通信系统	电源指示	电源指示正常	日
	系统控制	系统显示设备状态正常	日
机械系统	转鼓	转鼓各部件紧固、无松动	周
	电机	电机转动正常	日

注：以上以日为周期的维护项目均由当班白班进行；以周为单位的每周一当班进行；以月为单位的每月一号进行。

（五）设备运行中故障的排除

设备运行过程中故障及对应排查方法见表 6-96。

表 6-96　设备运行中故障排查表

故　障	原　因	处理方法
转数计数器不准确	通信不正常	重新连接传感器信号线

第七单元　钢铁材料化学分析

第一节　钢铁材料化学成分分析

钢的化学成分是指钢中各种化学元素的质量分数。具有一定化学成分的钢，通过相应的加工和适当的热处理，可以获得所需要的性能。

冶炼时，要进行炉前快速分析，成材时，要进行成品分析；选材使用和科学试验时，有时也需要进行成分分析。化学成分分析按其任务可分为定性分析和定量分析。定性分析的任务是鉴定物质所含的组分，例如所含的元素、离子。对于有机物质还需要确定其官能团和分子结构。定量分析的任务是测定各组分的相对含量。化学成分分析按其原理和所使用的仪器设备又可分为化学分析和仪器分析。化学分析是以化学反应为基础的分析方法。仪器分析则是以被测物的物理或物理化学性质为基础的分析方法，由于分析时常需要用到比较复杂的分析仪器，故称仪器分析法。

关于钢的化学成分分析方法，国家已陆续制定和修订了几十个国家标准，本章仅就常用的一些化学分析及仪器分析中的定量方法作一些简介；此外，对一些钢的火花鉴别常识也加以简单介绍。

化学分析是以化学反应为基础的分析方法，主要又可以分为以下两种。

（1）重量分析法。通常是使被测组分与试样中的其他组分分离后，转变为一种纯粹的、化学组成固定的化合物，称其重量，从而计算被测组分含量的一种分析方法。这种方法的分析速度较慢，但其准确度高，目前它在某些测定中仍用作标准方法。

（2）滴定分析法。此法是用一种已知准确浓度的试剂溶液（即标准溶液），滴加到被测组分溶液中去，使之发生反应，根据反应恰好完全时所消耗标准溶液的体积计算出被测组分的含量。这样的分析方法称为滴定法，又称容量分析法。此法操作简单快速，测定结果的准确度比较高，有较大的实用价值。

此外，还有比色法、电导法等。

（1）比色法。许多物质的溶液是有颜色的，这些有色溶液颜色的深浅程度与溶液的浓度直接有关，溶液愈浓，颜色愈深。因此可借比较溶液颜色的深浅来测定溶液中该种有色物质的浓度，这种方法称为比色分析法。如果比色分析测定是用肉眼进行观察的，则称目视比色分析法；如果比色分析测定是用光电比色计或用分光光度计来进行的，则这种测定方法就称为光电比色分析法或分光光度分析法，后两种方法由于采用了仪器，因而属于仪器分析法。

（2）电导法。利用溶液的导电能力来进行定量分析的一种方法。

一、钢铁中杂质元素对钢铁性能影响及钢铁材料的分类

钢铁中除基本元素铁以外的杂质元素有碳、锰、硅、硫、磷等。对于铁合金或合金钢

来说，随其品种的不同含有一定量的合金元素，如镍、铬、钨、钼、钡、钛、稀土等。钢铁中杂质元素的存在对钢铁的性能影响很大。

（一）碳

碳在钢铁中有的以固溶体状态存在，有的生成碳化物（FeC、Mn_3C、Cr_3C_2、WC、MoC 等）。碳是决定钢铁性能的主要元素之一。一般含碳量高，硬度增高，延性及冲击韧度降低，熔点较低；含碳量低，则硬度较低，延性及冲击韧度增强，熔点较高。钢铁的分类常常以碳含量的高低为主要依据。含碳的质量分数低于 0.02%的称为纯铁（或熟铁、低碳钢）；含碳的质量分数在 0.02%～1.7%的称为钢；含碳的质量分数高于 1.7%，即为生铁。当然，通常高炉冶炼出来的生铁的含碳的质量分数常常更高，在 2.5%～4%。另外，碳在钢铁中的存在状态对钢铁的性质影响也较大，灰铸铁中含石墨碳较多，性质软而韧；白口铁中含化合碳较多，性质硬而脆。

（二）锰

锰是炼钢时由铁和锰铁脱氧剂带入而残留在钢中的，锰的脱氧能力较好，能清除钢中的 FeO 降低钢的脆性。锰在钢铁中主要以 MnC、MnS、FeMnSi 或固溶体状态存在。生铁中一般含锰的质量分数为 0.5%～6%；普通碳素钢中含锰的质量分数较低；含锰的质量分数 0.8%～14%的为高锰钢；含锰的质量分数 12%～20%的铁合金称为镜铁；含锰的质量分数 60%～80%的铁合金称为锰铁。锰能增强钢的硬度，减弱展性。高锰钢具有良好的弹性及耐磨性，用于制造弹簧、齿轮、铁路道岔、磨机的钢球、钢棒等。

（三）硅

硅来源于生铁和硅铁脱氧剂。硅的脱氧能力比锰铁强，可有效地清除 FeO，改善钢的性能。硅在钢铁中主要以 FeSi、MnSi、FeMnSi 等形态存在，有时也形成固溶体或非金属夹杂物，如 2FeO · Si、2MnO · SiO_2，硅酸盐。在高碳硅钢中有一部分以 SiC 状态存在，硅能增强钢的硬度、弹性及强度，并提高钢的抗氧化力及耐酸性。硅促使碳游离为石墨状态，使钢铁富于流动性，易于铸造。生铁中，一般含硅的质量分数 0.5%～3%，当含硅的质量分数高于 2%而锰的质量分数低于 2%时，则其中的碳主要以游离的石墨状态存在，熔点较高，约为 1200℃，断口呈灰色，称为灰铸铁。因为含硅量较高，流动性较好，而且质软，易于车削加工，故灰铸铁多用于铸造。如果含硅的质量分数低于 0.5%而含锰的质量分数高于 4%，则锰阻止碳以石墨状态析出主要以碳化物状态存在，熔点较低，约为 1100℃，断口呈银白色，易于炼钢。含硅的质量分数为 12%～14%的铁合金称为硅铁，含硅的质量分数为 12%、锰的质量分数为 20%的铁合金称为硅锰铁，主要用作炼钢的脱氧剂。

（四）硫

硫是在炼钢时由生铁和燃料带入钢中的杂质。硫在钢铁中以 MnS、FeS 状态存在。FeS 的熔点低，最后凝固，夹杂于钢铁的晶格之间。当加热压制时，FeS 熔融，钢铁的晶粒失去连接作用而碎裂。硫的存在所引起的这种“热脆性”严重影响钢铁的性能。因此国家标准规定碳素钢中硫的质量分数不得超过 0.05%，高级优质钢中硫的质量分数应不超过 0.025%。

（五）磷

磷主要来源于炼钢原料生铁。磷在钢铁中以 Fe_2P、Fe_3P 的状态存在。磷化铁硬度较高，以至于钢铁难以加工，并使钢铁产生“冷脆性”，也属有害杂质。但是当钢铁中含磷的质量分数稍高时，能使流动性增强而易于铸造，并可避免在轧钢时轧机与轧件黏合，所以在特殊情况下又常特意加入一定量的磷以达到此目的。

（六）氮、氧、氢

氮、氧、氢气体存在于钢中，对钢性能的危害更为严重。氮存在于钢中，常导致钢硬度和强度提高而塑性降低，使钢产生时效而变脆。为了防止氮在钢中的有害影响，在炼钢时采用 Al 和 Ti 脱氮，生成 AlN 和 TiN，从而减轻钢的时效倾向（即固氮处理），消除氮的脆效应。

氧对钢的性能产生不良影响，会使钢的强度和塑性降低，特别是氧化物（Fe_3O_4、FeO、MnO、SiO_2、Al_2O_3）等夹杂在钢中，加剧了钢的热脆现象，降低了钢的疲劳强度，因此氧是有害元素。

微量的氢在钢中会使钢的塑性剧烈下降，出现“氢脆”，造成局部显微裂纹，称“白点”。它是一种使钢产生突然断裂的根源。减少钢中含氢量的最有效方法是在炼钢时对钢进行真空处理。

（七）其他元素

镍能增强钢的强度和韧性，铬使钢的硬度、耐热性和耐蚀性增强，钨、钼、钡、钛等元素也能使钢的强度和耐热性得到改善。

碳、硅、锰、硫、磷是生铁及碳素钢中的主要杂质元素，俗称为“五大元素”。因为它们对钢铁的性能影响很大，一般分析都要求测定它们的含量。

钢铁的分类是依据钢铁中除基本元素铁以外的杂质的化学成分的种类与数量不同而区分的，一般分为生铁、铁合金、碳素钢、合金钢四大类。

生铁中，一般含碳的质量分数为 2.5%～4%、锰的质量分数为 0.5%～6%、硅的质量分数为 0.5%～3%以及少量的硫和磷。由于其中硅和锰含量的不同，碳的存在状态也不同，又可以分为铸造生铁（灰铸铁）和炼钢生铁（白口铁）。

铁合金依其所含合金元素不同分为锰铁、钡铁、硅铁、镜铁、硅锰铁、硅钙合金、稀土硅铁等。

碳素钢依据其含碳量不同，分为工业纯铁（或超低碳钢）（$w(C) \leq 0.03\%$）、低碳钢（$w(C) \leq 0.25\%$）、中碳钢（$w(C) \leq 0.6\%$）和高碳钢（$w(C) > 0.60\%$）。

合金钢又称为特种钢，依据合金元素含量不同分为低合金钢（$w(Me) \leq 5\%$）、中合金钢（$5\% < w(Me) \leq 10\%$）和高合金钢（$w(Me) > 10\%$）。

当然钢铁的分类，除了按化学成分分类外，还有按品质的分类方法，按冶炼方法的分类方法，按用途的分类方法等。

二、碳的测定

碳是钢中的重要元素。平衡状态下，碳溶于 α-Fe 中形成铁素体，碳与钢中的铁作用形成渗碳体，合金钢中碳还能与合金元素形成碳化物。测定钢中碳的方法很多，有物理法（结晶定碳法、光谱法）、化学及物理化学法（燃烧-气体容量法、吸收重量法、电导法、真空冷凝法、库仑法）等。本节将介绍燃烧-气体容量法。

（一）燃烧-气体容量法原理

此法又称气体容量法，是目前测定碳应用最广泛的分析方法，该法分析准确度高，适合于测定含碳量在0.1%~2.0%的碳钢及合金钢，将钢试样置于1150~1250℃的高温管式炉内，通氧气燃烧，试样燃烧时反应如下：

$$C + O_2 \xlongequal{} CO_2\uparrow \tag{7-1}$$

$$4Fe_3C + 13O_2 \xlongequal{} 4CO_2\uparrow + 6Fe_2O_3 \tag{7-2}$$

$$Mn_3C + 2O_2 \xlongequal{} CO_2\uparrow + Mn_3O_2 \tag{7-3}$$

$$4FeS + 7O_2 \xlongequal{} 2Fe_2O_3 + 4SO_2\uparrow \tag{7-4}$$

钢中的碳和硫被定量氧化为 CO_2 和 SO_2，生成的 CO_2 和过量的氧气经导管导入量气管，定容后将气体压入装有 KOH 溶液的吸收器中将 CO_2 吸收：

$$CO_2 + 2KOH \xlongequal{} K_2CO_3 + H_2O \tag{7-5}$$

生成的 SO_2 也能被 KOH 吸收，因此必须事先用特制的、组织的 MnO_2（脱硫）吸收 SO_2：

$$MnO_2 + SO_2 \xlongequal{} MnSO_4 \tag{7-6}$$

然后使剩余氧气返回量气管，再次测量剩余气体体积。两次体积之差 V 为钢中碳燃烧所生成的 CO_2 体积，由此可计算出钢中碳含量：

$$w(C) = \frac{V \times f \times 0.0005}{G} \times 100\% \tag{7-7}$$

式中　V——CO_2 实测体积，即两次测量混合气体体积之差，mL；

0.0005——在特定状态（气压 101323.2Pa、温度 16℃）下每毫升 CO_2 干气体的质量，g/mL；

G——钢试样的质量，g；

f——校正系数，即将实测条件下的体积 V 校正为特定状态（气压 101323.2Pa、温度 16℃）下的气体体积 V'，$f=V'/V$。

气体体积测量均在水面上进行，用干气体体积计算时必须扣除该状态下的饱和水蒸气体积（16℃，饱和水蒸气压为1813Pa）。根据气态方程：

$$f = 0.38 \times \frac{B - b}{273.2 + T} \tag{7-8}$$

式中　B——现场实测大气压，mmHg（1mmHg=133.32Pa）；

T——温度，℃；

b——T 温度下的饱和蒸汽压，mmHg。

（二）试剂与仪器

（1）试剂。1）硫酸、氧气、玻璃棉、无水 $CaCl_2$；2）氢氧化钾-高锰酸钾溶液：30g KOH（固体）溶解于70mL $KMnO_4$ 饱和溶液中；3）碱石灰溶液：浓度为40%的 KOH 溶液；4）酸性水：又叫封闭液，H_2SO_4，滴2~3滴甲基橙；5）助熔剂：纯锡、纯铜或纯铅；6）脱硫剂：粒状活性 MnO_2 或钒酸根。

（2）仪器。钢铁定碳仪如图7-1所示。

（三）操作步骤

准确称取试样 G(g)（由试样含碳量高低决定试样称重量），置于瓷舟内，加助熔剂

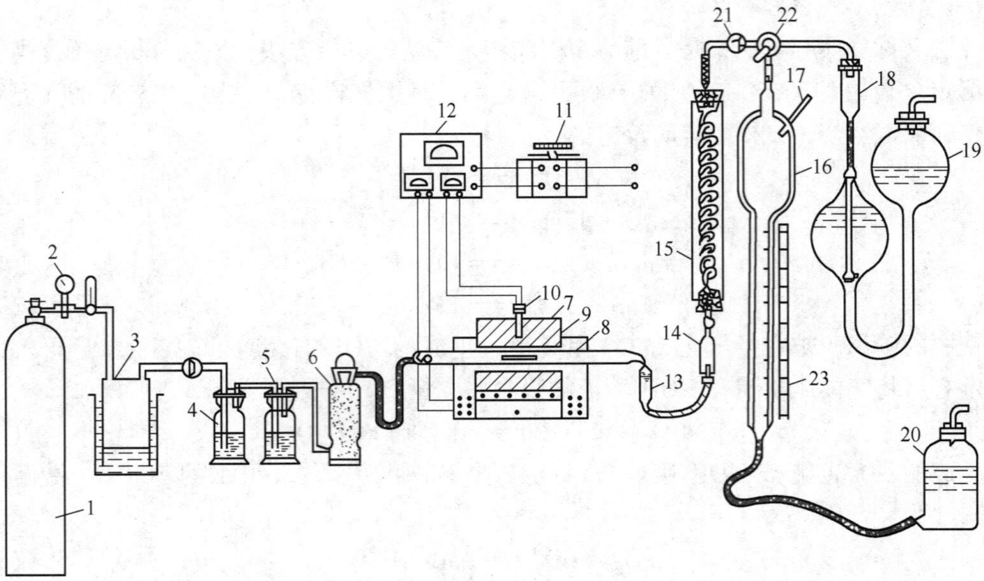

图 7-1　钢铁定碳仪示意图

1—氧气瓶；2—减压门（氧气开关）、流量表；3—缓冲筒；4，5—洗气瓶；
6—干燥塔；7—管式炉；8—燃烧管；9—瓷舟；10—铂铑热电偶；11—变压器；
12—电流、电压表，温度控制器；13—过滤器；14—脱硫管；15—冷凝管；16—量气管；
17—温度计；18—辅助吸收管；19—吸收瓶；20—水准瓶；21—旋塞；22—三通旋塞；23—标尺

0.2g，轻轻振动混合均匀后平铺于瓷舟底部。打开燃烧管入口端橡皮塞，用金属钩将瓷舟推入管内高温段，立即塞紧橡皮塞。预热 1min 后，开启氧气并按 0.5L/min 流速通氧。烧 10~15s 后，开旋塞 21 和三通旋塞 22，使气体进入量气管 16，气体进入的速度是按快、慢、快的规律进行的（由量气管的液面下降情况可以观察出）。1~1.5min 后，量气管液面降至离底部仅 10~20mm 时，燃烧反应已很完全。此时关闭三通旋塞 22，关闭氧气，取出瓷舟。如熔块表面平坦光滑，说明燃烧反应正常。

提起水准瓶与量气管并列，上下移动调整使二者液面在同一水平。移动标尺，使标尺上零点与液面对齐在同一水平。转动三通旋塞 22，使量气管与吸收瓶相通。提高水准瓶使气体全部进入吸收瓶内，再降低水准瓶抽回气体。反复操作 3~4 次，使混合气中 CO_2 全部被吸收液吸收。最后，将剩余气体全部抽回量气瓶内，关闭三通旋塞 22，调整好液面后，从标尺上直接读出体积 V，该体积即代表被吸收了的 CO_2 体积。记录好大气压和温度，将量气管气体放空，测定工作即告完成。将所得 V 值和大气压力及温度值代入式（7-7）和式（7-8），即可求出钢铁中碳的质量分数。

三、硫的测定

硫来自生铁和燃料。硫是钢中极有害的杂质元素。一方面硫的存在使钢铁形成“热脆”的不良性能；同时，硫也易于在钢凝固时产生“偏析”，使钢的耐疲劳限度、可塑性、耐磨性、耐腐蚀性等性能显著下降。普通质量钢中 $w(S)=0.035\%\sim0.050\%$；优质钢中 $w(S)\leqslant0.035\%$；高级优质钢中 $w(S)\leqslant0.025\%$。

测定硫的方法有高温燃烧法（分为碘量法、酸滴定法、光度法）和溶解法（氧化铝色层法和硫化光度法）等。目前，应用较普遍的是燃烧碘酸法。

四、磷的测定

磷主要来自生铁，磷也是钢中的一种有害元素。普通质量钢中磷含量 $w(P)=0.035\%\sim0.045\%$；优质钢中磷含量 $w(P)<0.035\%$；高级优质钢中磷含量 $w(P)=0.025\%$。钢中磷的测定方法有多种，一般都是使磷转化为磷酸，再与钼酸铵作用生成磷酸钼，在此基础上分别用重量法（沉淀形式为 $MgNH_4PO_4\cdot6H_2O$）、滴定法（酸碱滴定）、磷钒钼酸光度法、磷钼蓝光度法等进行测定。磷钼蓝光度法不仅对钢中磷的测定而且对其他有色金属和矿物中微量磷的测定都有普遍应用。

五、硅的测定

钢中的硅来自生铁、废钢和脱氧剂，硅也可作为合金元素特意加入。硅的含量一般 $w(Si)<1\%$，在硅钢中也可达到 $w(Si)=4\%$。硅的测定方法有重量法、容量法（氟硅酸钾法）、光度法等。对含量很低的钢铁中的硅的测定，多用硅钼蓝光度法。

第二节　仪 器 分 析

仪器分析是以物质的物理性质或物理化学性质为基础的分析方法。仪器分析需将待测物质的光、电、热、声、磁等物理量或物理化学量最终转换成电信号，再与已知量的标准物质在相同条件下得到的电信号作比较，以测量出这些物质的化学组成、含量和结构。这些物理量和物理化学量的测定一般需要采用专门的仪器设备。

仪器分析除用于物质中元素的定性、定量分析外，还可以用于物质的结构、价态、状态分析以及微区和表面分析等。

仪器分析的灵敏度高，分析速度快，所需试样量少，易实现自动化，所以仪器分析方法已逐步成为化学成分分析的主要方法。

常用的仪器分析方法有光谱分析、极谱分析、电子和离子探针微区分析等。

一、光谱分析

光谱分析是根据物质的光谱测定物质组分的仪器分析方法。光谱分析包括发射光谱分析、原子吸收光谱分析和 X 射线荧光光谱分析等。

（一）发射光谱分析

这是一种通过测量物质的发射光谱的波长和强度进行定性和定量分析的方法。合金钢化学成分分析，一般采用的是摄谱法光谱分析。目前，越来越多地应用光电直读法光谱分析，尤其作炉前快速分析，具有突出的优点。

1. 摄谱法光谱分析

摄谱法光谱分析的基本原理是，试样受到光源发生器（热能或电能）的作用，其组成元素的原子转变成气态原子时，其中有一些原子的外层电子被激发到高能态成为激发态原子。当它们从高能级跃迁回到低能级时，发射出不同波长的光谱线，各种元素原子结构不同，所发射的光谱线也各不相同。试样中元素含量不同，谱线的强度也不同。发射的光经过分光仪器的作用，可得到根据波长长短排列的原子或离子被激发的线状光谱（或分子被激发的带状光谱）。然后由摄谱仪用感光板将谱线拍摄下来，感光板经过显影、定影等暗室处理即成为谱片。再用测微光度计测量谱片上谱线黑度（黑度表示这种光的化学反应程度），根据谱片就可进行定性分析或定量分析。由于每一元素所发射的一系列谱线都有一定的波长，这些谱线一定落在谱片上的一定位置，因此根据谱线落在谱片上的不同位置，可以确定谱线出自何种元素，而根据谱线落在感光板上后产生的光化学反应程度（强度），可以确定产生此谱线的元素含量多少。

定性分析可在映谱仪上进行。映谱仪的作用在于把谱片上的谱线放大，以便与标准谱片图相比较，然后辨认被测试样光谱中所出现的谱线出自哪种元素。

作定量分析时，需要先在谱片上找到分析线对（一条分析元素的谱线和一条与之邻近的铁的谱线），然后在测微光度计上测量分析线对的黑度或透过率。对于某分析元素，当试样中其含量不同时，则所摄得的光谱中，这个元素的分析线对也具有不同的黑度，因此凭借标准试样和被测试样一起摄谱并进行比较，即可作定量分析。

炉前快速分析时，一般采用换算因数及控制试样法。采用这种方法，需要一套专为快速分析而准备的标准试样，按照分析条件对这种标准试样进行多次摄谱，从而绘出基本的持久工作曲线。当收到炉前分析的试样时，可选择一个标准试样作为控制试样，与被分析的试样一起在同一块感光板上摄取光谱，然后将此感光板进行处理和测量，再按照有关公式即可求出分析试样中的元素含量。

2. 光电直读法光谱分析

光电直读法光谱分析的主要原理与摄谱法光谱分析基本相同。其不同之处是，光电直读法光谱分析仪器中取消了摄谱仪上使用的感光板，而代之以光电接收元件，因之省去了摄谱法分析时对感光板的暗室处理，以及在测微光度计上进行的谱线黑度测量这两个工序。该仪器采用光电接收元件，将光信号转变为电信号。当试样从仪器上通过时，由于放大及记录装置的作用，仪器便自动给出分析线的名称（含何种元素）及强度的读数（元素含量）。这就大大加快了分析速度。

光电直读法光谱分析由于分析速度快，最适宜作炉前快速分析，一台仪器能承担原来由数台摄谱仪所承担的分析任务。近年来，还采用真空光电直读光谱分析仪器，在分析合金元素的同时，能对碳、磷、硫三个元素一起进行分析。以往，由于碳、磷、硫的最适用的分析线波长均短于200nm（纳米，10^{-9}m），而摄谱法由于空气、石英棱镜与透镜以及乳剂中明胶等短波光的吸收，故不能分析。采用了真空技术，就可使光电直读法光谱分析的应用范围更为广泛。

（二）原子吸收光谱分析

通过测量物质被转变为原子蒸气后，基态原子对特定波长谱线的吸收程度而进行定量分析的方法，叫做原子吸收光谱分析法。将金属盐溶液雾化后喷入原子化器（火焰）中，金属元素在高温下解离，一少部分吸收能量成为激发态原子，并瞬间跃迁回基态，而多数则转变为基态原子。原子吸收光谱分析就是测定基态原子对光量子的吸收，亦即使发射某一金属特征谱线的光源通过喷有雾状金属盐溶液的火焰，以测定被吸收的能量。

原子吸收光谱分析操作过程大致是：准确称量少许试样，经化学处理使之稀释到一定体积，通过喷雾器及燃烧器（原子化器）使欲测元素在火焰中呈原子蒸气状态，用指示仪表测定对一定强度的辐射光的吸收值。其基本分析方法是标准曲线法，亦即预先配制不同浓度的标准溶液，分别测定其吸收值，绘出吸收值-浓度标准曲线。在同样条件下测定分析试液的吸收值，从标准曲线上查出相对应的浓度，然后换算成分析试样的该元素质量百分数。

原子吸收光谱分析主要设备如图 7-2 所示。

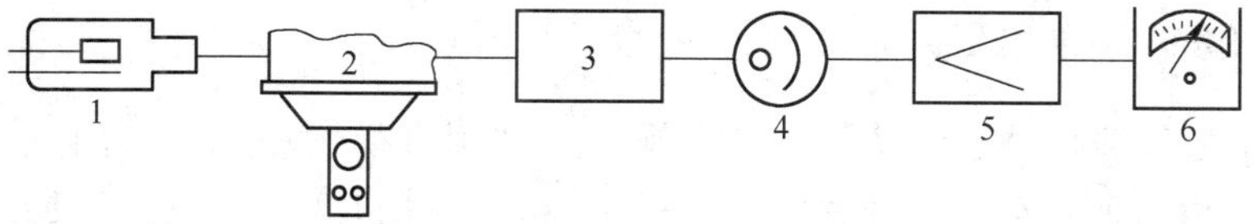

图 7-2 原子吸收光谱分析主要设备示意图

1—辐射源，一般采用空心阴极灯；2—产生原子蒸气的设备（包括喷雾器、膨胀室、燃烧器）；3—波长选择器，可用紫外线单色光计，或利用摄谱仪改装；4—辐射探测器，一般采用光电倍增管；5—电子放大器；6—指示仪表

原子吸收光谱分析法的主要优点是灵敏度高，火焰原子化法绝对检出限达 10^{-10}g，无火焰原子化法可达 10^{-14}g；选择性好，干扰成分少；准确度高，一般分析时，火焰原子吸收光谱分析法的相对误差可达 0.1%~0.5%；适用范围广，可用于常量元素分析，也适用于微量元素分析，可测 70 余种金属元素和半导体元素；此外设备简单，成本较低，易于操作。其缺点是分析一个元素就要换一支元素灯；多数非金属元素不能直接测定。

二、极谱分析

极谱分析的基本操作方法是：将一支玻璃毛细管（直径约 0.05mm）的下端插入欲分析的试样溶液中，并以一定速度从毛细管滴入微汞滴作为阴极（氧化反应时为阳极），而在试样溶液底部贮存一层汞作为阳极（氧化反应时为阴极），以试样溶液作为电解液，慢慢升高电极电压，用电流计测出流经电解液的微电流，所得到的电极电压-电流关系曲线就是“极谱”，也称“极谱波”。

极谱分析法实质是一种在特殊条件下进行电解的分析方法。与一般的电解分析方法不同之处在于应用了滴汞电极和甘汞电极。当电极外加电压慢慢增大到一定值时，金属离子便开始还原，此时的电压称为分解电压。随着外加电压继续逐渐增大，由于汞滴体积很小，电流密度相对很大，汞滴表面附近的金属离子浓度逐渐降低，直至接近或等于零，即产生了浓差极化。如果继续增加外加电压，电流就不再随之增加，此时电流达最大值，称为极限电流。由于极限电流是由残余电流（即溶液中没有金属离子存在时流过电解池的小量电流）、迁移电流（即由于静电引力把金属离子吸引到阴极而还原所引起的）和扩散电流（即由于金属离子从溶液本体自由扩散到电极表面发生还原而产生的）三部分组成的，所以在采取措施消除迁移电流的情况下，从极限电流中减去残余电流就是扩散电流。根据扩散电流的大小和溶液浓度成正比的关系，就可从扩散电流的大小（通常称波高）求出溶液中离子浓度的高低，这就是极谱定量分析的原理。

目前极谱分析应用广泛，这是因为这种分析方法具有很多的优点。例如，所需试样溶液少（一般不超过 5mL）；灵敏度高；分析速度快，在合适的条件下可同时测定几种元素；准确度合乎要求；重复试验结果的重现性好等。但其缺点是必须分离大量干扰元素，以往由于存在铁离子的干扰问题，所以这种方法迟迟未应用于钢铁分析。近十几年来，极谱分析技术有了很大发展，特别是自动记录极谱分析仪和示波极谱分析仪的出现，使操作更加简单，同时也提高了极谱的灵敏度和分辨率，从而为极谱分析法应用于高纯度和超纯物质中极微量杂质的分析开辟了广阔的前景。

三、电子探针 X 射线显微分析

电子探针 X 射线显微分析法简称电子探针。利用直径约为 1μm 的电子束激发试样以产生 X 射线，再对所产生的 X 射线进行谱线分析。根据其中各元素标识或特征谱线的强度来确定试样中各元素的含量或试样的化学成分。

这种方法的特点是电子束的直径很小，像探针一样在试样面上扫描，可在试样上任何一个微小区域内（体积约为数立方微米）进行定性和定量分析。用这种分析方法分析时，可以分析一小区域内的化学成分，叫做点分析，分析区域为 $2\sim5\mu m^3$，也可作线分析，即分析某元素在一条选定的直线上的分布情况，作出浓度-距离曲线；还可以作面分析，即研究某元素在试样面上某范围内的分布情况。这一方法可以分析周期表中从硼到铀的所有元素。

电子探针 X 射线显微分析所用仪器设备的主要部分有电子光学系统和电子束扫描装置、试样室、X 射线谱仪（包括分析晶体及计数管等）、计数记录装置及照明和观察装置等，如图 7-3 所示。从电子枪发出的高速电子经过会聚透镜和物镜的聚焦作用，会聚为直径 1μm 以下的电子束。电子束直接进入装有需要分析的试样和标准试样的试样室内，并打到试样所需要分析的位置上。此时会产生 X 射线，所产生的 X 射线射入 X 射线谱仪中即可进行分析。通过 X 射线谱仪和计数记录装置，就能够测得 X 射线谱线的波长和强度。从 X 射线谱线的波长可以得到定性的结果，因为这些谱线是试样各元素的标识谱线，而各元素的标识谱线的波长是固定的，它们和各元素的原子序数之间具有莫色莱定律的联系。从 X 射线谱线的强度可以进行定量分析，方法是将从试样上所测得的 X 射线标识谱线的强度和从已知成分的标准试样上所测得的 X 射线标识谱线的强度相比较，并加以适当校正，便可得到定量的结果。

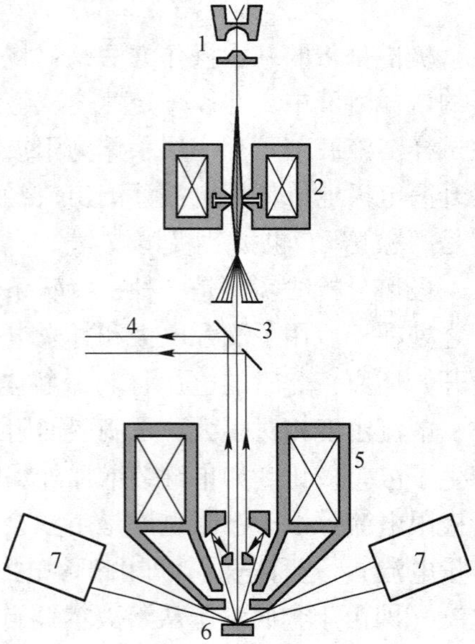

图 7-3　电子探针 X 射线显微分析法所用仪器设备示意图

1—电子枪；2—会聚透镜；3—电子束；4—照明和观察装置；5—物镜；6—试样；7—X 射线谱仪（包括分析晶体及计数管等）

此法由于分析体积小、速度快、不破坏试样、能直接分析在金相显微镜下所观察到组织的成分等特点，被认为是金相学上一项很重大的发展。这种分析方法虽然历史不长，但对研究金属和合金中物相和夹杂的成分，元素在合金中的偏析和扩散以及氧化和腐蚀的机理等方面都发挥了很大的作用。

第三节 钢铁材料的火花鉴别

钢的火花鉴别是一种最简便鉴别钢种类（或称钢种）的方法。此法多用于钢材混号、废钢分类以及无其他分析手段时，对钢材的成分进行大致定性或半定量分析。火花鉴别适用于碳钢、合金钢及铸铁，能鉴别出钢中常见的合金元素，但对 S、P、Cu、Al、Ti 等元素则无法通过火花特征鉴别。火花鉴别虽然是一种古老的方法，然而由于方法简便易行，火花特征不受热处理工艺影响，所以应用广泛。

一、试验设备与操作注意事项

（一）试验设备

火花鉴别的主要设备是砂轮机。可选用手提式砂轮机，也可用台式砂轮机。手提式砂轮机携带方便，一般用于现场鉴别钢材或钢锭。台式砂轮机可用于车间或试验室鉴别小块试样。

手提式砂轮机的功率为 0.1～0.3kW，台式为 0.5～1.0kW，转速 3000r/min，砂轮片为普通氧化铝质，不宜用碳化硅或白色氧化铝。手提式砂轮直径 100～150mm，厚度为 15～20mm；台式砂轮直径 ϕ100～250mm，厚度为 20～25mm，粒度 46～60，中等硬度。

（二）标准样块

为了减少客观环境的影响和鉴别时可能发生的错觉或误差，应备有多种钢的标准样块。试验时可将标准样块与被试钢材进行比较。标准样块应选用有一定代表性的钢种，如不同含碳量的碳素钢；含 Mn、Si、V、Mo、Cr、Ni 等合金元素的合金结构钢；各种合金工具钢；高速钢以及不锈钢、耐热钢等。

（三）操作注意事项

（1）工作场地应有一定亮度，但又不能太亮，也不能太暗。白天可在室内光线不太明亮处，夜晚应在稍暗的灯光下工作。这样能减少火花对眼睛的刺激，又能清晰辨别火花形状与色泽。

（2）试样与砂轮接触应有适当的压力，压力过大砂轮易磨损且火花过密；压力过小，火花的形态又不能完全表现出来。

（3）磨削试样时应使火花束大致向水平方向发射，这有利于观察火花束的各部分。

（4）工作时最好戴上护目镜，工作量大时还应戴上口罩以防飞扬铁末的损害。

二、火花的组成、形状及形成原因

（一）火花的组成和形状

钢样在砂轮上磨削时所发射出的火花束可分为三个部分，即根部火花、中部火花和尾部火花，如图 7-4 所示。火花束是由流线、节点、爆花和尾花等组成。

流线：磨削颗粒在高温下运行的轨迹就是人们看到的流线。流线分为直线形、断续形、波浪形流线。铬钢、钨钢、高合金钢和灰铸铁的火花流线均呈断续形。波浪形流线不常见。

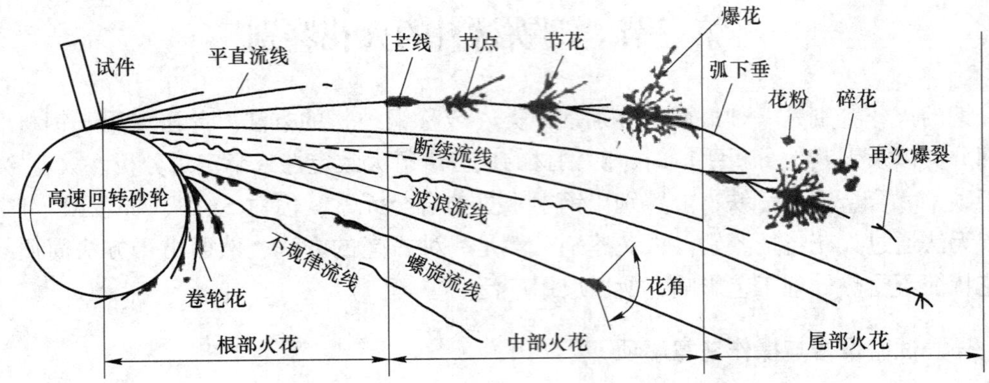

图 7-4　各种火花流线形状

节点：流线上明亮而又较粗的点称为节点和苞花。节点是钢中含硅的特征，苞花是钢中含镍的特征。

爆花：它是由铁末颗粒爆裂而产生的。爆花的形式随碳含量、其他元素成分、温度、氧化性以及钢的组织等因素而变化，所以爆花在鉴别钢的火花中占有重要地位。爆花的流线叫做芒线。爆花可以分为一次、二次、三次及多次爆花。

（1）一次爆花：只有一次爆裂的芒线。

（2）二次爆花：在一次爆花的芒线上又一次发生爆裂。

（3）三次和多次爆花：在二次爆花的芒线上再一次出现爆裂称为三次爆花。若在三次爆花的芒线上继续出现爆裂时，就叫做多次爆花。各种爆花的形状如图 7-5 所示。

图 7-5　爆花的各种形式
（一次、二次和三次爆花）

在一次爆花的基础上，若爆花只一根芒线称为二分叉；两根芒线称为三分叉；三根芒线称为四分叉；三根芒线以上称为多分叉。

尾花：尾花是流线末端特征，有狐尾尾花和枪尖尾花两种。狐尾尾花常认为是钢中含钨的特征，其长度随钨量增加而递减。枪尖尾花，形状如枪尖，而与流线脱离。一般认为枪尖是铜元素的火花特征，但许多不含钼的钢有时也有枪尖尾花，而有些含钼钢火花中却看不到枪尖尾花，含碳量少尾花显得比较清楚，若含碳量逐渐增加，虽钼含量适当，枪尖也会逐渐模糊，直至完全消失。钼含量增加到一定量后枪尖也会消失。高钼钢是没有枪尖尾花的。

（二）火花形成原因

钢样与高速转动的砂轮接触，试样表面由于强烈摩擦而温度升高，同时被砂轮切削下来的钢末以高速度抛射出来。这些高温钢末在空气中运行发生激烈氧化，呈现出一条一条的光亮线条，这就是火花的流线。

钢末在运行时由于温度升高而与空气发生剧烈的氧化作用，于是在钢末表面形成一层FeO 薄膜（$2Fe+O_2 = 2FeO$）。高温下钢中的碳很容易与氧结合而生成 CO，FeO 被还原成Fe（$FeO+C = Fe+CO$）。被还原的 Fe 再度与空气氧化，然后又再次被还原。钢末划过空气的过程中，这种反应经过多次重复，于是钢末内聚集了相当多的 CO 气体。当 CO 气体的压力足够大时，CO 将冲破钢末表面氧化膜而迸射出来，于是发生爆裂。爆裂时高温钢末的碎片纷飞，这就形成了爆花现象。

钢末经过一次爆裂后，若碎片中仍有未参加反应的铁和碳元素，碎片在运行中将继续上述反应而再次发生爆裂。这就是形成二次以上爆花的原因。

流线和爆花的色泽与钢的化学成分、导热性等因素有关。火花的色泽（亮度）标志钢末运行时所具有的温度。温度越高则火花越明亮（如亮黄、亮白色），反之火花的色泽深暗（如暗红色）。

三、碳钢火花特征

钢的火花鉴别是以碳钢为基础，再考虑加入合金元素的影响。碳钢火花特征见表7-1，主要考虑流线长短，粗细及色泽；爆花数量多少等。普通碳素钢爆花的多少和强弱与其碳含量有关。碳含量越高，爆花就越多，且表现的形式越强烈，但含碳量大约超过 0.6%后，爆裂强度就逐渐减弱。

表 7-1　碳钢火花特征

$w(C)/\%$	流线					爆花				磨砂轮时手的感觉
	颜色	亮度	长度	粗细	数量	形状	大小	花粉	数量	
0	亮黄	暗	长	粗	少	无	爆花			软
0.05	↓	↓	↓	↓	↓	二根分岔	小	无	少	↓
0.1						三根分岔	↓	无	↓	
0.2						多根分岔		无		
0.3						二次花多分岔		微		
0.4		亮	长	粗		三次花多分岔	大	稍多		
0.5		↓	↓	↓		↓	↓	↓		
0.6										
0.7										
0.8										
0.8 以上	黄橙	暗	短	细	多	复杂	小	多量	多	硬

图 7-6 为碳含量 $w(C) = 0.10\%$ 左右碳素钢火花示意图，流线粗长而量少，呈圆弧形，

尾部下垂，有时有不明显的枪尖。爆花量少，为三、四分岔的一次爆花，爆裂强度较弱，芒线粗而长。火花束的色泽为草黄带红。

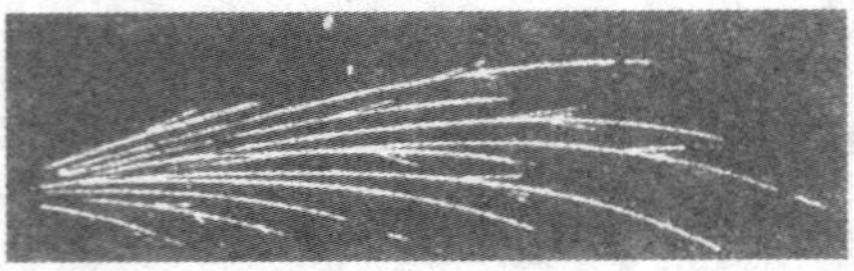

图 7-6　$w(C) = 0.10\%$碳素钢火花示意图

图 7-7 为碳含量 $w(C) = 0.20\%$ 左右碳素钢火花示意图，流线粗而量较多，略带弧形，有时有不明显的枪尖。爆花量稍有增加，呈多分岔的一次爆花，有时也出现二次爆花。芒线粗长，爆花角度较大。火花束呈草黄带红。

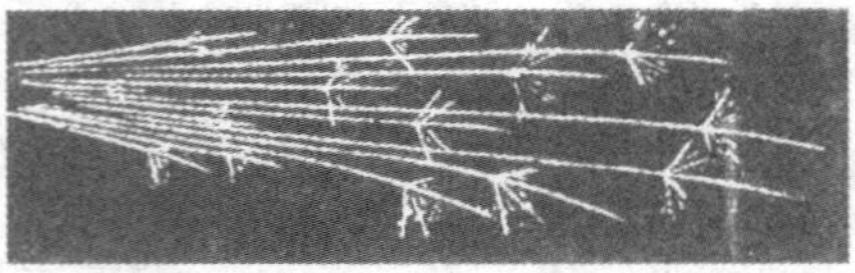

图 7-7　$w(C) = 0.20\%$碳素钢火花示意图

图 7-8 为碳含量 $w(C) = 0.30\%$ 左右碳素钢火花示意图，流线粗长且较挺直，尾部稍垂，量多而射力较大。爆花为多分岔二次爆花，数量渐多，芒线粗长。芒线间开始有极少的花粉。火花呈黄而明亮的色泽。

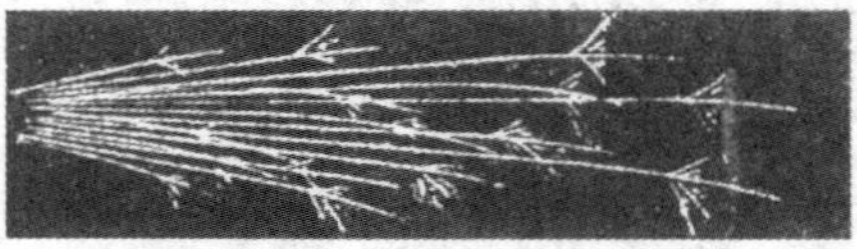

图 7-8　$w(C) = 0.30\%$碳素钢火花示意图

图 7-9 为碳含量 $w(C) = 0.40\%$左右碳素钢火花示意图，流线较细长，量多而挺直，射力较大，尖部有时有分岔。多分岔二次爆花，芒线粗长，量较多。芒线间有极少量花粉，大型爆花较多。火花束黄而明亮。

图 7-10 为碳含量 $w(C) = 0.50\%$左右碳素钢火花示意图，流线与碳含量 $w(C) = 0.40\%$ 的碳素钢近似。多分岔二次爆花，大型爆花很明显，爆裂强而有力。爆花趋向流线尾端，有节点。大型爆花后面有二、三层枝状爆花，爆花量多而拥挤。芒线较细密而长，有少量花粉。火花束呈黄而明亮。

图 7-11 为碳含量 $w(C) = 0.60\%$左右碳素钢火花示意图，流线细长而量多，挺直而强劲，尖端分岔。多为二、三次爆花，量增多而拥挤。大型爆花多，位于流线尾端，爆裂强劲。大型爆花后有强的枝状爆花。芒线细长，有较多的花粉。火花束呈明黄色。

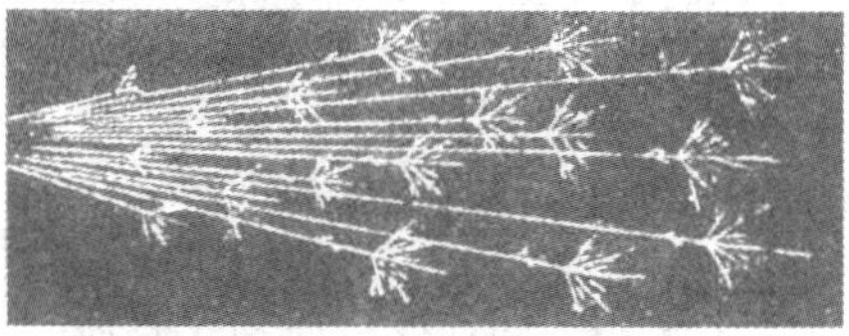

图 7-9　$w(C)=0.40\%$碳素钢火花示意图

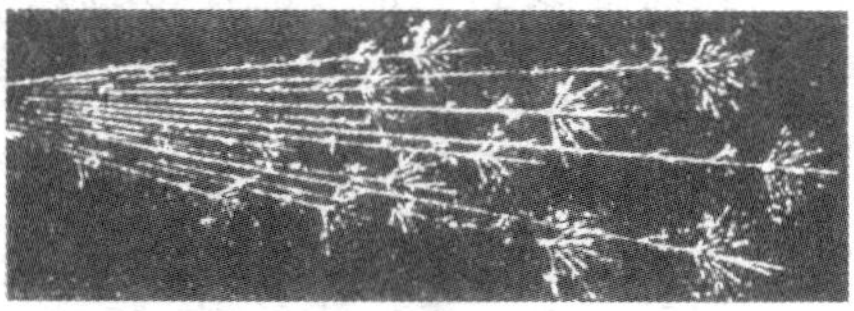

图 7-10　$w(C)=0.50\%$碳素钢火花示意图

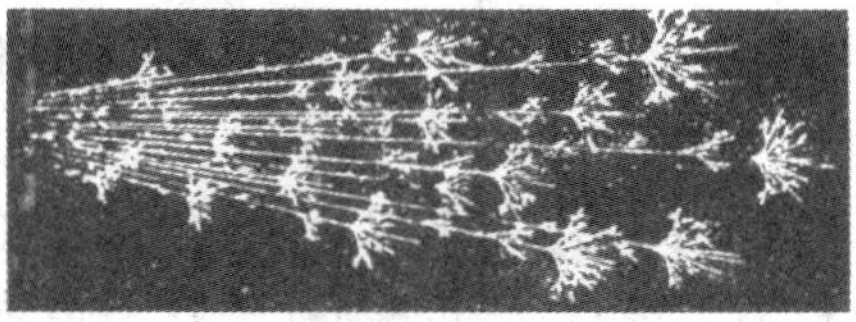

图 7-11　$w(C)=0.60\%$碳素钢火花示意图

图 7-12 为碳含量 $w(C)=0.70\%$左右碳素钢火花示意图，流线细且挺直，量多而较短，尾部分岔。爆花较小，为多分岔三次爆花；枝状爆花多，但较小。芒线不甚密，有较多的花粉。爆花的爆裂强度较强劲。火花束呈黄亮色。

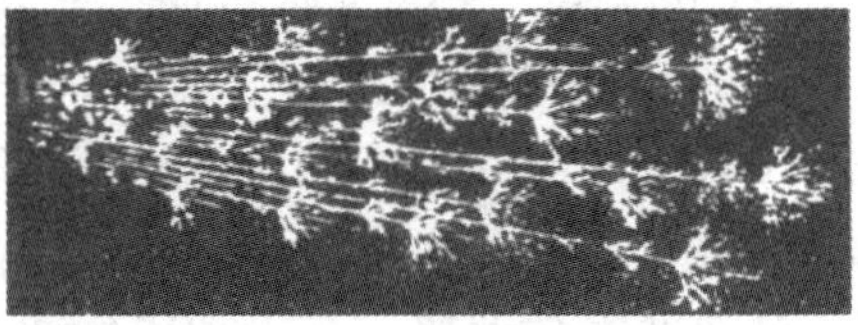

图 7-12　$w(C)=0.70\%$碳素钢火花示意图

图 7-13 为碳含量 $w(C)=0.80\%$左右碳素钢火花示意图，流线细，量多，挺直而较短，射力强劲，尾部有分岔。多分岔多次爆花，量多且拥挤，枝状爆花更多。芒线细密，花粉较多。爆花爆裂强度减弱。火花束色泽趋暗，呈橙红色。

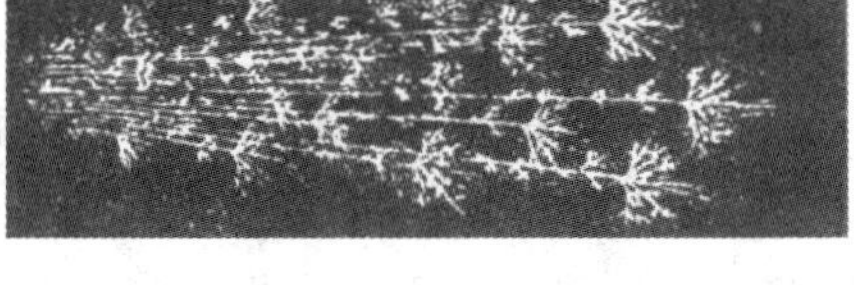

图 7-13　$w(C)=0.80\%$碳素钢火花示意图

碳含量超过0.80%以后，随着含碳量的增加，流线数量增多的趋势减缓，流线逐渐细化，长度逐渐缩短，爆花和花粉缓慢增多，花形逐渐变小，整个火花束的色泽由橙红变成暗色。

第四节　钢的宏观检验

宏观检验是指用肉眼或放大镜在材料或零件上检查由于冶炼、轧制及各种加工过程所带来的化学成分及组织等不均匀性或缺陷的一种方法。这种检验方法也称低倍检验。钢的宏观检验是进行试样检验或直接在钢件上进行检验，其特点是检验面积大，易检查出分散缺陷，且设备及操作简易，检验速度快。因此各国标准都规定要使用宏观检验方法来检验钢的宏观缺陷。我国也已制定了六个宏观检验国家标准。宏观检验包括酸浸试验、断口检验、塔形车削发纹试验以及硫印试验等。

一、钢锭（钢坯）的组织及其宏观缺陷

钢在冶炼后，除少数直接铸成铸钢件外，绝大部分都要先铸成钢锭（或钢坯），随后再轧制（或锻造）成各种钢材，如型钢、钢板、钢管、金属制品等。钢材的质量与钢锭（钢坯）的质量有着直接的关系。根据炼钢终脱氧是否完全，浇注后可得到不同的钢锭。钢液在浇注前用锰铁、硅铁和铝等进行充分脱氧，使钢液浇入钢锭模后不发生碳-氧反应，凝固时析出气体很少，钢液表面平静，这种钢称为镇静钢；浇注前只用少量锰脱氧，脱氧不完全，钢液注入钢锭模后，钢液冷却时发生碳-氧反应，析出大量一氧化碳气体引起钢液沸腾，这种钢称为沸腾钢；经连铸机浇注的钢锭称为连续铸锭（连铸坯）。下面简单介绍镇静钢钢锭、沸腾钢钢锭以及连铸坯的组织和缺陷。

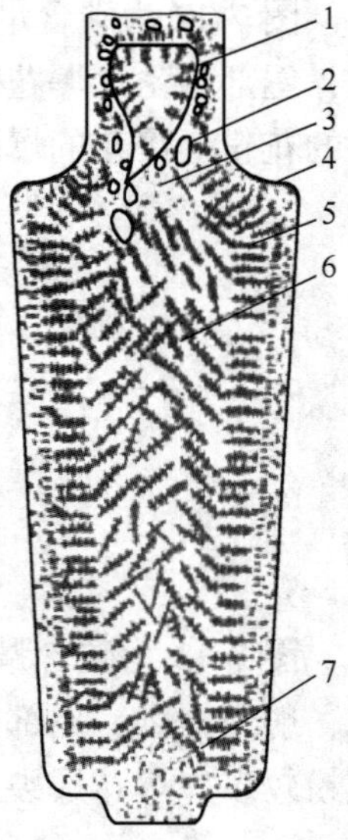

图7-14　镇静钢锭宏观组织示意图

1—缩孔；2—气泡；3—疏松；4—表面细晶粒区；5—柱状晶粒区；6—中心等轴晶粒区；7—下部锥体

图7-14为镇静钢锭宏观组织示意图。与纯金属铸锭基本相同，也是由表层细晶粒区、柱状晶区及中心等轴晶粒区三个晶区组成。所不同的是，在镇静钢锭下部还有一个由等轴细晶粒组成的致密的沉积锥体，这是镇静钢锭的组织特点。

表层由于钢锭模的激冷，过冷度大，形核率高，形成细小等轴的晶粒，它的厚度通常较薄，与钢液的浇注温度有关，浇注温度越高，则等轴细晶区越薄。在表层等轴细晶区形成的同时，模壁温度迅速升高，冷却速度变慢，固液界面处钢液的过冷度大大减小，新晶粒的形成变得困难，只有那些一次晶轴垂直于型壁的晶粒才能得以优先生长，形成了柱状晶粒。由于固液界面前沿的液体中存在着成分过冷，所以，柱状晶往往以枝晶方式长大，形成树枝状晶体。当铸锭中心的钢液经过散热也都降至钢液熔点以下时，由于过冷度小，加之杂质等多方面的因素作用，会在剩余的整个液体中同时形成较少数目的晶核，这些晶核因是在液体中自由成长，各方向的成长速率差不多一致，故长成等轴晶粒。当它们生长到和柱状晶相遇时，就会阻挡其继续长大，且在全部钢液结晶完毕后，就形成了中

心等轴粗晶粒区。中心等轴晶区的凝固时间较长，而等轴晶体的密度较钢液大（约大4%），因而它将下沉，大量等轴晶的降落现象被称为“结晶雨”，降落到钢模的底层，形成锥形体。

由于凝固过程中所发生的包括液-固相变的一系列物理化学变化，造成了铸锭在宏观范围和微观范围内的不均匀性。依其形态通常可把这种不均匀性分为三类：物理不均匀性，包括缩孔、疏松、气泡、裂纹等；结晶不均匀性，指初生树枝状晶的大小、形状、位向和分布；化学不均匀性，包括枝晶偏析（晶内偏析）和区域偏析。下面简要介绍镇静钢常见的宏观组织缺陷：偏析、缩孔、疏松和气泡。

（一）偏析

钢锭中的偏析是钢锭中各部分化学成分不均匀的现象。按照偏析涉及的范围大小，偏析可分为两种。存在于钢锭中不同区域之间的偏析，称为区域偏析，它可用硫印和酸浸试验方法确定；存在于晶粒范围内的成分不均匀性，称为显微偏析（或枝晶偏析）。这里仅介绍钢锭中的区域偏析。

图7-15为镇静钢锭的纵切面上偏析情况示意图。可以观察到明显的偏析带：锭心上部的倒V形偏析带、V形偏析带以及钢锭下部的锥状偏析带。倒V形偏析的形成是由于柱状晶结晶时，杂质元素富集在结晶前沿，而富含杂质的钢液密度较轻，逐渐上浮集中在钢锭上部，在中心等轴晶带开始结晶时，这些杂质大量地固定在柱状晶和中心等轴晶带之间，构成了钢锭上部的倒V形偏析带，在钢锭横切面上表现为方形偏析（锭型偏析）和点状偏析特征。V形偏析是由于保温冒口内钢液向下补缩而形成的，因为保温冒口内钢液杂质富集，因此向下补缩时形成漏斗形偏析，在钢锭的横切面上，表现为中心偏析。倒V形偏析和V形偏析均属于正偏析，即偏析带杂质的含量高于钢锭平均含量。在中心等轴晶开始结晶时，先长成的晶体因密度较大而下沉，形成了钢锭底部的锥状偏析。由于是最先结晶的，所以杂质含量低于钢液中平均含量，因此这种偏析属于负偏析。但这里含有较多的高熔点氧化物（SiO_2 或 $SiO_2 \cdot FeO$ 等），可能是晶体下沉带来的。

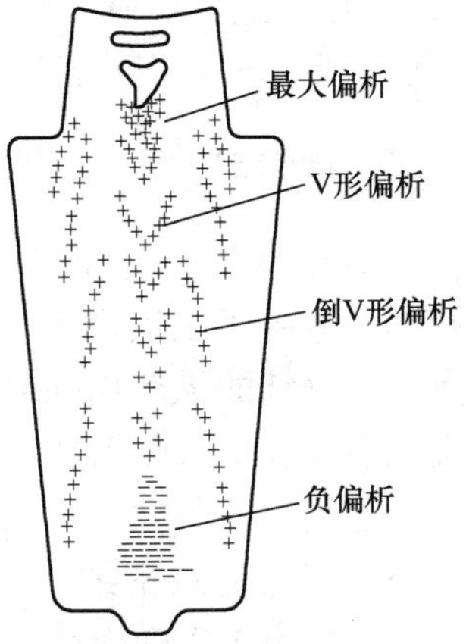

图7-15　镇静钢锭的偏析示意图

+—正偏析；-—负偏析

（二）缩孔

和纯金属铸锭一样，钢液在凝固时要发生收缩，故在凝固后的钢锭中会出现缩孔。在钢锭上部安放保温冒，可使缩孔集中在钢锭顶部冒口中，缩孔处是钢锭最后凝固的地方，是偏析、夹杂物和疏松密集的区域，在压力加工前必须把冒口切掉。如果切头时未被除净，遗留下的残余部分，在钢材的低倍检验中称为残余缩孔，它是一种不允许存在的低倍组织缺陷。为了减少缩孔深度，主要是选择合理的锭模锥度和尺寸，采用保温冒并严格控制浇注条件。

（三）疏松

疏松是钢不致密性的表现。由于晶粒以枝晶方式长大，在结晶后期“树枝”相遇时，堵塞了钢液向“树枝”间隙补充的通道，钢液的流动性又较差，因此形成很多细小的孔隙，称为疏松。疏松若集中在最后凝固的中心区域，即缩孔的下部区域，则称为中心疏松。由于钢液中含有较多的气体，在凝固时，由钢中析出后，不能完全上浮，形成细小的孔隙，它们均匀分布于钢锭的各部分，称为一般疏松。不同程度的疏松，对钢的塑性和韧性的影响程度不同。一般情况下，经过压力加工可以得到改善，但若中心疏松严重，在热加工时会引起钢件内部断裂。

（四）气泡（气孔）

镇静钢中的气泡分皮下气泡和内部气泡两种。靠近钢锭表面的气泡称为皮下气泡，它是在钢锭皮下呈分散或成簇分布的细长裂纹或椭圆形气孔，而细长裂纹又多数垂直于钢锭表面。皮下气泡多出现于钢锭尾部，时常成群出现。钢锭模内壁潮湿、钢锭模内壁涂料含水分和保护渣不干燥等原因均能引起皮下气泡。它造成钢材热加工时出现裂纹，因此热加工之前必须将皮下气泡予以清除。位于钢锭内部的气泡称为内部气泡，它呈蜂窝状，内壁较光滑，有些气泡中还伴有微小的可见夹杂物。钢液中含有大量气体，在浇注过程中大量析出，随着结晶的进行，在树枝状晶体之间形成的气泡不能很好上浮而留在钢的空位中，而成为内部气泡。一般情况下内部气泡可在热加工时焊合，但钢材在低倍检验中所发现的内部气泡是不允许存在的宏观组织缺陷，有内部气泡的钢材应予以报废。

二、沸腾钢

图 7-16 为沸腾钢锭宏观组织示意图。其结晶过程与镇静钢基本相同，但由于钢液沸腾，使其宏观组织具有与镇静钢锭不同的特点。从钢锭的纵断面来看，大致可分为坚壳带（外壳致密带）、蜂窝气泡带、中心坚固带、二次气泡带和锭心带等五个结构带。

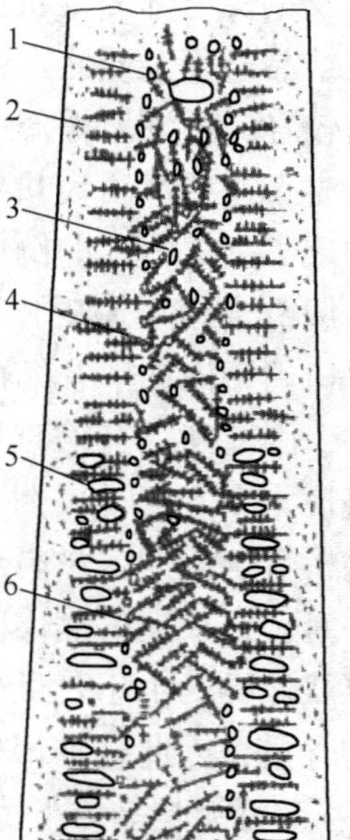

图 7-16　沸腾钢锭宏观组织示意图
1—头部大气泡；
2—坚壳带；3—锭心带；
4—中心坚固带；
5—蜂窝气泡带；
6—二次气泡带

（一）坚壳带

坚壳带是由致密细小的等轴晶粒所组成。钢液注入锭模后，一方面表层由于受到模壁的激冷而生成许多细小的晶核；另一方面发生激烈的碳-氧反应，使钢液沸腾而强烈循环，沸腾着的钢液把附在晶粒之间的气泡带至钢锭上部逸出，所以表层的固体中无气泡，其化学成分也接近钢液的平均成分。

（二）蜂窝气泡带

蜂窝气泡带是由分布在柱状晶带内的长形气泡所构成。坚壳带形成后，激冷的条件消失了，剩余钢液温度较高，故气体析出量减少，开始形成柱状晶。在柱状晶的树枝晶体之间的液体中，由于受偏析的影响，C 和 FeO 的浓度较高，便在柱状晶间发生碳-氧反应，形成气泡，气泡与柱状晶一起长大，因此气泡呈蜂窝状。蜂窝气泡一般只在钢锭的下半部分存在，这是由于钢锭上部钢液的液压较低，气流较大，气泡容易离开钢液，所以钢锭上部没有蜂窝气泡。

（三）中心坚固带

中心坚固带是由无气泡的柱状晶粒所组成。当浇注完毕后，钢锭头部压盖凝固封顶，钢锭内部形成气泡需要克服的压力突然增大，碳-氧反应受到抑制，气泡难以形成，气泡停止生长，从而形成了没有气泡的中心坚固带。

（四）二次气泡带

由于结晶过程中碳氧浓度继续增大，并不断积聚，同时结晶时体积收缩，使形成气泡所需要克服的外压力逐渐降低，碳-氧反应重新进行，但此时气体出路已被堵死，这些气体便呈球形留在钢锭内，这就是二次气泡带。

（五）锭心带

锭心带由粗大等轴晶粒所组成。在继续结晶过程中，碳氧浓度高的地方仍有碳-氧反应发生，生成许多分散的小气泡，这时锭心温度下降，钢液黏度很大，气泡便留在锭心带，有的可能上浮到钢锭上部汇集成较大的气泡。

上述五个结构带的厚度和分布与钢锭大小及浇注操作条件有关。沸腾钢锭中的气泡在热轧开坯过程中都能焊合，不影响钢材的致密度。

沸腾钢最显著的优点是钢材的成材率高。由于钢锭内部有大量的气泡，抵消了因凝固而造成的体积收缩，所以没有或很少有缩孔，故轧成钢坯后的切头率（0~5%）比镇静钢少10%。另一显著的优点是具有纯净的低碳外层，这层因不含杂质，延展性能良好。适宜轧成薄钢板和用于机器制造中的许多冷冲压件。

与镇静钢相比，沸腾钢锭的缺点是区域偏析比较严重。由于钢液凝固时，气泡的形成、上浮和由此产生的钢液运动和沸腾，把坚壳带结晶前沿富集硫、磷和碳的钢液带到钢锭的上部，造成钢锭表层与中间、上部与下部化学成分极不均匀：坚壳带的硫、磷和碳含量偏低，而中间这些元素含量偏高；钢锭中下部的硫、磷和碳含量偏低，而在中上部这些元素含量偏高。为了减轻沸腾钢锭的偏析，冶炼时要采取必要的措施，如尽量降低硫、磷含量，提高钢液的纯洁度；浇铸时要及时“封顶”，以控制沸腾时间等。

三、连铸坯

通常，连铸坯的凝固组织和模铸镇静钢钢锭的凝固组织相比较，二者并无根本的差别，都是由表层激冷层、次层柱状晶区和中心等轴粗晶区三部分组成。各晶区的形成机理也大致相同。但是，由于连铸坯的断面相对小，而且是在较强的冷却条件下凝固的，因而其断面上温度梯度较大，凝固速度较快。温度梯度大有利于柱状晶的生长；而凝固速度快则易于生成枝晶间距小的铸造组织。所以在浇注相同钢种的情况下，连铸坯比钢锭具有较发达的柱状晶组织，并有着较小的树枝晶间距。

连铸坯的内部质量主要取决于其中心致密度，而影响连铸坯中心致密度的缺陷是各种内部裂纹、中心偏析和疏松，以及铸坯内部的宏观非金属夹杂物。

（一）内部裂纹

连铸坯的内部裂纹指的是从铸坯表面以下直至铸坯中心的各种裂纹。其中有中间裂纹、对角线裂纹、矫直弯曲裂纹、中心裂纹以及角部裂纹，如图7-17所示。通常认为内部裂纹是在凝固前沿发生的，其先端和凝固界面连接，所以内部裂纹也可称为凝固界面裂纹。内部裂纹大都伴有偏析存在，因而也有人把内部裂纹称为偏析裂纹。内部裂纹发生的一般原因是在冷却、弯曲和矫直过程中，铸坯的内部变形率超过该钢种允许的变形率（通常在1340℃，把变形率 $\varepsilon=0.2\%$ 作为铸坯变形时液固界面产生裂纹的极限变形率）。在压缩比够大的情况下，内部裂纹可以在轧制时焊合，对一般用途的钢不会带来危害；但是在压缩比小，或者对铸坯芯部质量有严格要求的铸坯，内部裂纹会使轧材性能变坏并降低成材率。

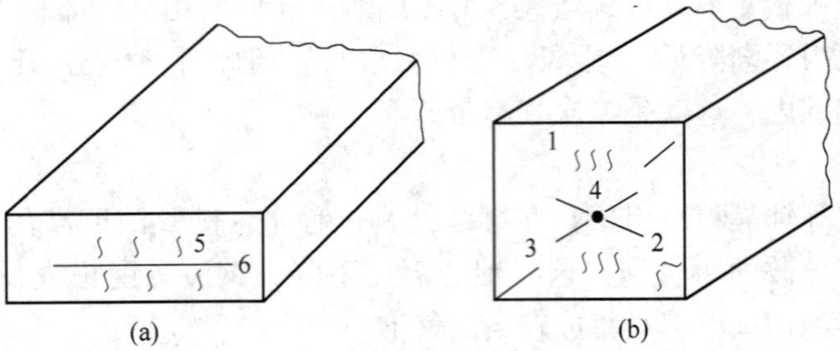

图 7-17　铸坯内裂纹示意图

（a）板坯；（b）方坯

1—中间裂纹；2—角部裂纹；3—对角线裂纹；4，6—中心线裂纹；5—矫直弯曲裂纹

（1）中间裂纹。中间裂纹也叫中途裂纹或径向裂纹，多发生在方坯厚度的四分之一处，并垂直于铸坯表面。这种裂纹发生的原因主要是由于在二冷下段，铸坯表面温度回升，使局部位置的张力应变超过该处的极限变形值时形成的。浇注温度高、拉速快、铸坯的柱状晶较发达时，也会助长中间裂纹的发生。

（2）中心线裂纹。这种裂纹出现在铸坯横断面的中心区，并靠近凝固末端，也有人称这种裂纹为断面裂纹。这是连铸坯中较常见的缺陷，致使在轧制时不能焊合，对产品质量会造成一定的危害。其形成原因，一般认为是凝固末期铸坯芯部的收缩造成的。二次冷却不当、板坯鼓肚、中心偏析严重都会促使中心裂纹发生。

（3）对角线裂纹和角部裂纹。这类裂纹一般多出现在方坯中，它的形成和方坯的脱方（或称菱变）有关。当方坯四个面冷却不均匀时，冷面附近钢的收缩引起这两面间对角线上的张力应变。当应变值很大时，便引起方坯的歪扭变形，在冷却较快的两个面之间形成锐角，而在两个钝角之间靠近凝固前沿处形成裂纹。

（4）矫直与弯曲裂纹。当连铸坯带有液心进行弯曲或矫直时，或者铸坯已全部凝固，但内部温度在固相线温度附近进行弯曲矫直时，由于此时铸坯液固界面（或铸坯芯部）仍处于脆性温度范围，即使受到了很小的拉应力，也会导致晶界开裂。弯曲和矫直裂纹就是在这种情况下产生的。

（二）中心偏析

在连铸坯中心部位，C 和 S、P 等杂质元素往往富集于此，形成偏析带，这就是连铸坯常见的一种缺陷。中心偏析往往伴有中心裂纹和中心疏松，这将进一步降低铸坯的内部致密性和轧材力学性能。产生中心偏析的原因，一是冶金因素，即在连铸坯的凝固条件下，铸坯有着发达的柱状晶，柱状晶的长大使得 C 和 S、P 等杂质元素被带入了铸坯中心；另一个原因是机械因素，即连铸坯的“鼓肚”引起的。当连铸机二冷区视距较大，连铸坯凝壳较薄，或者是铸坯液心静压力过大时，都会导致铸坯鼓肚变形。而铸坯发生鼓肚时，其中心产生了相当负压的抽力作用，此时固液二相区内被偏析的杂质元素富集的不纯钢液，被吸向芯部形成了中心偏析带。浇注温度、拉坯速度、钢的含碳量、连铸坯的断面大小和形状均影响中心偏析程度。

（三）中心疏松

在连铸坯纵向中心线上所出现的一些小孔隙，称为中心疏松。它是铸坯最后结晶收缩的产物，中心疏松和中心偏析形成机理大致相同。它和中心偏析有着非常密切的关系，铸坯柱状晶不明显时，其中心疏松较分散，面积大而尺寸小，其中心偏析较轻微；当铸坯中有一定数量的柱状晶时，其中心部位出现微小的缩孔，中心偏析也加剧；当铸坯中柱状晶非常发达时，其中心部位的疏松可发展成中心缩孔，而且中心偏析十分严重。在铸坯加工时，压下量对中心疏松的消除有较大作用，通常在压缩比为 3～5 的情况下，中心疏松可以焊合，采用大压下量轧制时，易于减轻中心疏松的危害。中心疏松严重的铸坯，氢气有可能被中心疏松捕捉，形成非扩散氢的严重偏析，在厚板中氢的偏析会引起裂纹，即所谓“中心偏析性”的超声波探伤缺陷。

（四）连铸坯中心线附近的 V 形点状偏析

在连铸坯纵剖面的中心等轴晶带，经常会看到 V 形偏析，有时也把这种偏析叫作点状偏析或半宏观偏析。一般认为，这种偏析是铸坯在凝固收缩过程中，由于重力和对流的作用，固液两相区中的等轴晶粒发生滑移现象引起的。

第八单元　金 相 检 验

金相检验是指在金相显微镜下观察、辨认和分析金属材料的微观组织状态和分布情况，借以判断和评定金属材料质量的一种检验方法。它的目的，一方面是常规检验，根据已有知识，判断或确定金属材料的质量和生产工艺及过程是否完善，如有缺陷时，借以发现产生缺陷的原因；另一方面则是更深入地了解金属材料微观组织和各种性能的内在联系，以及各种微观组织形成的规律等，为研制新材料和新工艺提供依据。

金相检验所使用的仪器最常见的是光学显微镜。为了研究和解决检验中所遇到的难题，也使用电子显微镜等近代研制的仪器。

第一节　金相试样的制备

金相检验是在经过仔细研磨、抛光，并通常经过浸蚀后的金相试样（也叫显微检验试样或称高倍检验试样）上进行的。金相试样的制备是金相检验中一个极其重要的工序，包括取样和镶样、研磨（粗磨、细磨、抛光）和金相组织显示（浸蚀）等。

一、取样和镶样

取样的部位应根据研究和检验的目的，按有关国家标准和行业标准的规定在钢的相应部位上截取，以使所取的试样具有代表性。例如，若研究钢锭中硫的分布，就必须解剖钢锭，在钢锭头、中、尾部从表层到中心取样，一般取 9 个试样。又如，检验钢材表面的脱碳情况，必须取带有表面层的钢材试样。

金相试样的检验面根据检验项目的要求来决定。通常检验脱碳层深度、横向组织分布、网状碳化物、碳素工具钢和弹簧钢中的石墨，可在钢材加工方向的横截面上取样；而带状组织、带状碳化物、碳化物液析、碳化物不均匀度、非金属夹杂物的类型、形状、材料的变形程度、晶粒拉长的程度则在钢材加工方向的纵截面上取样。

试样从钢材或零件上切取时，应保证不使被检验面组织因切取操作而产生任何变化。为了达到这一目的，应尽可能采用机械切割，如锯、车、刨等方法。过硬的材料，可考虑采用水冷砂轮切片机或电火花等方法切取，但必须采取冷却措施尽量减少因切割时温度升高对组织的影响。

试样规格，各厂的规定都不一致，但必须保证检验面积不小于 $4cm^2$，厚度为 1.5～2.0cm。如果试样尺寸较小（如金属丝、薄片等材料），用于直接磨制很困难，需使用试样夹或用电木粉、低熔点合金或环氧树脂等镶制成标准试样，然后试样与镶嵌块一起研磨。

二、试样的研磨

金相试样一般是用人工研磨，通过粗磨、细磨和抛光这三道工序来完成。

粗磨是将取好的试样在砂轮机上（或用粗砂纸）进行第一道磨制。这一道工序的目的是将试样修整成平面，并磨成合适的外形，以便于下道工序的进行。例如，要观察边缘的试样，要保持好的边缘；不观察边缘的试样应将棱角、尖角、飞边等全部磨掉，以免在下道工序进行时将砂纸或抛光布撕破，或试样飞出造成伤害事故。磨制时用力要均匀且不宜过大，并随时浸入水中冷却，以避免受热引起组织变化。

细磨的目的是消除试片经粗磨后所留下的痕迹，为下一道工序（抛光）做好准备。细磨的方法有两种：一种是在金相砂纸上由粗号到细号依次进行研磨，直到把粗磨所产生的磨痕全部消除为止。磨制时，可将砂纸置于玻璃板上，手指紧握试样，并使磨面朝下，均匀用力向前进行研磨。回程时，提起试样，使其不与砂纸接触，以保证磨面平整而不产生弧度。更换下一号砂纸时，须将试样研磨方向调转 90°，即与上一道磨痕方向垂直，直到将上一号砂纸的磨痕磨掉为止。另一种细磨的方法是采用预磨机（将水砂纸贴在旋转的圆盘上或金刚砂蜡盘）进行机械研磨。其研磨原则与手工研磨一样，每次研磨都要将方向调转 90°，并使试样对砂纸的压力不要过大，以防止出现粗大的划痕。

抛光的目的是消除试样磨面上经细磨后所留下的微细磨痕，以获得光亮的镜面。金相抛光可分为机械抛光、化学抛光和电解抛光三种。

（1）机械抛光。机械抛光是在专用的抛光机上进行。抛光机主要由电动机和抛光盘（ϕ200~300mm）组成，抛光盘转速为 300~500r/min。抛光盘上铺以细帆布、呢绒、丝绸等。抛光时在抛光盘上不断滴注抛光液。抛光液是将 Al_2O_3、MgO 或 CrO_3 等细粉末（粒度为 0.3μm）溶于水中的悬浮液。抛光前要将细磨后的试样用水冲洗干净，以避免将不同粗细的砂粒带进抛光盘，影响试样制备。抛光时，手握试样务求平稳，施力均匀，压力不宜过大，并从边缘到中心不断地做径向往复移动，待试样表面磨痕全部消失且呈光亮的镜面时，抛光始可告毕。非金属夹杂物试样抛光时，应将试样在抛光盘上不断地转动，这样可以随时改变磨面的抛光方向，防止非金属夹杂物磨拖产生拖洞，拖洞的产生是单向抛光的结果。

（2）化学抛光。它是依靠化学溶液对试样表面的电化学溶解，而获得抛光表面的抛光方法。化学抛光操作简单，就是将试样浸在抛光液中，或用棉花浸蘸抛光液后，在试样磨面上来回擦拭。化学抛光兼有抛光和浸蚀作用，可直接显露金相组织，供显微镜观察。普通钢铁材料可采用以下抛光液配方：草酸 6g、过氧化氢（双氧水）100mL，蒸馏水 100mL、氟氢酸 40 滴。

温度对化学抛光影响很大，提高温度，加速化学抛光的速度，但抛光速度太快也不易控制，抛光速度太慢，生产效率低。所以，某种化学抛光剂对某一种钢都有一定的最佳温度，温度控制得当，能提高化学抛光的效果。

钢中含碳量对抛光时间亦有影响，含碳量越高，所需时间越短，含碳量越低，所需抛光时间越长，这是由于随碳含量的增加，钢中碳化物也相应增加，单位面积内的微电池也越多，反应速度就越快。

（3）电解抛光。利用阳极腐蚀法使试样表面变得平滑光亮。电解抛光的装置如图 8-1

所示。将试样浸入电解液中作为阳极，用铅板或不锈钢板作为阴极，试样与阴极之间保持一定距离（20~30mm），接通直流电源。当电流密度足够大时，试样磨面即由于电化学作用而发生选择性溶解，从而获得光滑平整的表面。

电解抛光的理论很多，较合理的理论为“薄膜理论”。其实质是电解抛光时，靠近阳极的电解液层在试样表面形成一层厚度不均的薄膜，由于试样表面凸凹不平，凸出部分的薄膜对电解液的扩散剧烈，所以其厚度比凹陷部分薄一些，膜越薄，电阻越小，电流密度显著增加。磨面上各处电流密度相差很大，凸出部分电流密度最大，金属被迅速溶入电解液中，凸出部分逐渐平坦，最后形成光滑平面。电解抛光用电解液种类很多，实验中使用较多、抛光效果较好的是高氯酸电解液，其配方是（体积浓度）高氯酸 10%、乙醇 20%、正丁醇 70%。

电解抛光的速度快，表面光洁且不产生塑性变形，从而能更确切地显示真实的显微组织，但工艺规程不易掌握。

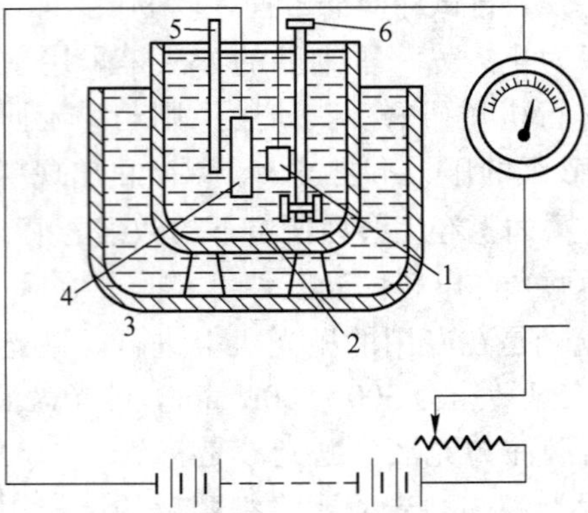

图 8-1　电解抛光装置

1—试样；2—电解液；3—冷却水；4—阴极；5—温度计；6—搅拌器；7—电流计

三、金相组织显示（浸蚀）

经一般抛光的试样，若直接置于显微镜下观察，只能看到一片亮光（具有特殊颜色的非金属夹杂物和石墨除外），其显微组织并未显露，因此需要进行金相组织显示（浸蚀）。

金相组织显示就是将钢的晶界、相界或组织显示出来，以便于在显微镜下观察。显示组织的方法可分为化学和物理两大类，化学浸蚀法是最常用的方法；物理法比较重要的有热染、高温挥发、阴极真空电子发射及磁场法等。下面仅介绍化学浸蚀法。

化学浸蚀是利用化学浸蚀剂，通过化学或电化学作用显示金属的组织。

纯金属和单相合金的浸蚀是一个化学溶解过程。由于晶界上原子排列的规律性差，具有较高的自由能，所以晶界处较易浸蚀而呈凹陷。若浸蚀较浅，由于垂直光线在晶界处的散射作用，在显微镜下可显示出纯金属或固溶体的多边形二维晶粒。若浸蚀较深，则在显微镜下可显示出明暗不一的晶粒，这是由于各晶粒位向不同，溶解速度各异，浸蚀后的显微平面和原磨面的角度不同，在垂直光线照射下，反射光线方向各异，显示出明暗不一。

二相合金和多相合金的浸蚀主要是一个电化学腐蚀过程。各组成相的电极电位不同，在浸蚀剂（即电解液）中，形成许多微电池，产生微电池效应。负电位较高的一相成为阳极，被迅速溶入电解液中逐渐凹下去，而正电位较高的另一相成为阴极保持原光滑平面，在显微镜下就可清楚地显示出各种不同的相。

浸蚀的步骤是：将已抛光的试样，用水冲去抛光粉，用酒精洗去残余，然后用棉花球蘸取浸蚀剂，在试样磨面涂抹一定时间，浸蚀时间的长短与钢的组织状态、浸蚀剂的种类有关。然后用水冲洗干净，再用酒精擦去余液，将试样置于热风机下吹干，即可用于显微分析。经浸蚀后的试样表面不能用手摸或与其他物体碰擦，并应保存于干燥皿内，以防生锈和污染。

钢铁材料的化学浸蚀剂见附表1。最常用的是1%~5%硝酸酒精溶液和4%苦味酸酒精溶液。

第二节　金相显微镜

观察显微组织用的主要设备是金相显微镜，其类型可分为台式、立式和卧式等。金相显微镜一般是利用灯光作照明源，借助透镜、棱镜等作用，使光线投射到试样表面上，靠试样表面微区不同的反射能力，使光线不同程度地进入物镜，经放大后呈现出反映金属组织形貌的图像，然后通过目镜直接观察或利用照相装置摄取照片。金相显微镜是进行金相检验必不可少的工具。借助它可以对钢中肉眼不能直接看到的显微组织进行观察和分析，以检查和评定钢的质量。下面对金相显微镜的基本原理、构造及使用作简单介绍。

一、金相显微镜的基本原理

金相显微镜的放大原理如图8-2所示。若将试样置于物镜下方的焦距f_1处，试样上被观察区域的W_0S_0经物镜形成放大的倒立实像W_1S_1，再经目镜放大形成仍然倒立的虚像W_2S_2，其位置恰好落在明视距离之内。所以人眼看到的放大虚像是经过物镜和目镜两次放大的结果，故总的放大倍数M应为物镜放大倍数（M_1）和目镜放大倍数（M_2）的乘积：

$$M = M_1 + M_2 = \frac{l}{f_1} \cdot \frac{d}{f_2} \tag{8-1}$$

式中　d——明视距离，250mm；

f_2——目镜的焦距；

f_1——物镜的焦距；

l——显微镜的光学镜筒长度。

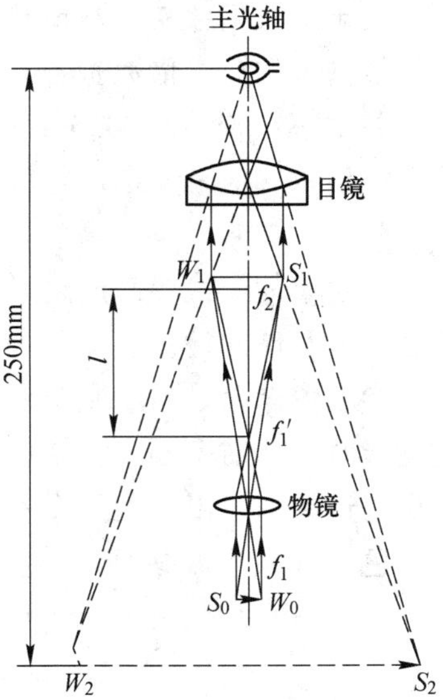

图8-2　金相显微镜放大原理图

由式（8-1）可知，物镜及目镜的放大倍数都与它们的焦距有关，焦距越短，则显微镜的放大倍数越高，越长则放大倍数也越高。使用显微镜有一调焦操作，显微镜的设计都是使最后的放大虚像成像于250mm的明视距离处。调焦的目的就是改变物镜与试样上被观察物的距离，使成像刚好落在人眼睛的明视距离处。

二、显微镜的鉴别率、景深和像差

(一) 显微镜的鉴别率 (即分辨本领)

人的正常眼睛在 250mm 明视距离处，能清晰分辨两点间最小距离为 0. 15～0. 30mm，即只有距离大于 0. 15mm 的两点才能为人眼所分清，若两点间的距离小于这一数值，看起来就成一个点了，所以说人眼的鉴别率为 0. 15～0. 30mm。若观察试样上最细微的组织，则需借助显微镜将其放大至大于 0. 15mm，人的眼睛才能看清。所以，显微镜的鉴别率是指它能清晰地分辨试样上两点间最小距离的能力。d 值越小，鉴别率越高，鉴别率 d 可以用下式求出：

$$d = \lambda / (2N \cdot A) \tag{8-2}$$

式中　λ——入射光线的波长；

$N \cdot A$——物镜的数值孔径。

由于物镜处于前级放大，所以鉴别率主要是由物镜的鉴别率决定的。由式（8-2）可知，显微镜的鉴别率取决于使用光线的波长和物镜的数值孔径，和目镜无关。为此，可以改变入射光的波长或通过改变 $N \cdot A$ 来调节鉴别率。物镜的数值孔径 $N \cdot A$ 表示物镜的聚光能力，每个物镜都有一个设计额定的 $N \cdot A$ 值，刻在物镜体上。

(二) 景深

景深，即垂直鉴别率。反映显微镜对于高低不同的物体能清晰成像的能力。计算表明物镜的景深与其放大倍数 M 和数值孔径 $N \cdot A$ 成反比。若景深太小，则试样表面高低不同的浮雕难以同时呈现清晰的图像。

由于放大倍数 M、数值孔径 $N \cdot A$，鉴别率 d 之间有一定的关系。为此选用物镜时必须使显微镜的放大倍数 M 在（500～1000）$N \cdot A$ 之间。若 $M<500N \cdot A$，则未能充分发挥物镜的鉴别率；若 $M>1000N \cdot A$，则形成“虚伪放大”，细微部分将分辨不清。因此对于同一放大倍数，应首先选定物镜，然后根据放大倍数再选用目镜为宜。

(三) 像差

普通单片透镜容易产生影像的畸变和视场物像不够清晰的现象称为像差。像差又可分为色像差和球面像差。

产生色像差是由于照明白色光是由各种波长不同的单色光组成，而不同波长的光线通过透镜时的折射率不同，结果使各种波长的光聚焦在不同的点上，使成像模糊不清，而且在视场边缘上可以看到一个彩色环，如图 8-3（a）所示。因此，在使用显微镜时，可使用滤色片（黄色或绿色）消除像差。

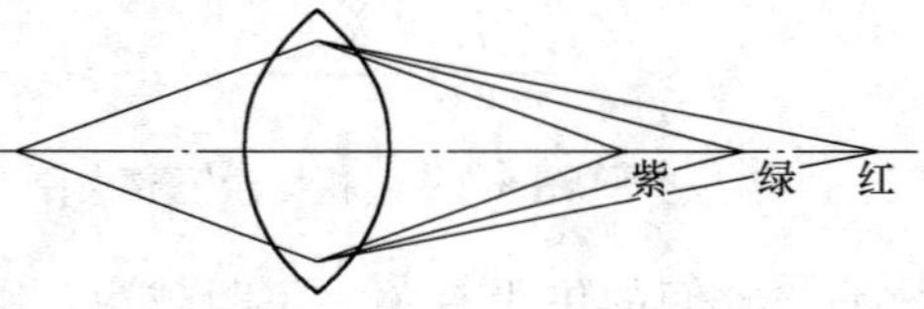

(a)

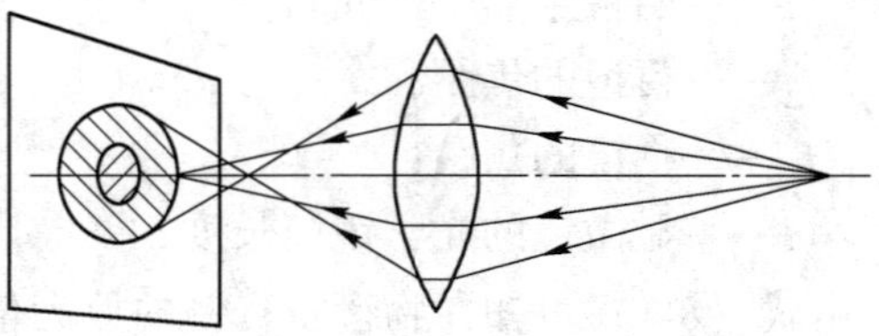

(b)

图 8-3　色像差与球面像差示意图

（a）色像差；（b）球面像差

球面像差的产生是由于单片球面透镜的中心和边缘厚薄不同，使光线经折射后不能聚焦到一点造成的。使用透镜面积越大，球差越严重，若只使用透镜中心部分，则球差较小，但降低了鉴别率。消除或减轻像差的办法是采用复合透镜。

三、金相显微镜的构造

金相显微镜虽有台式、立式和卧式之分，但基本构造大体相同，现以教学常用的4X型小型金相显微镜为例来介绍显微镜的构造。4X型金相显微镜的主要结构如图8-4所示。

（一）照明系统

照明系统如图8-5所示。由灯泡1发出一束光线，经聚光镜组（一）2—反光镜7—孔径光栏8—聚光镜组（二）3—物镜组6—试样表面，光线经试样表面反射后，经物镜组6—补助透镜（一）5—半反射镜4—补助透镜（二）10—棱镜11、12—场镜13—接目镜14，最后进入观察者眼内。

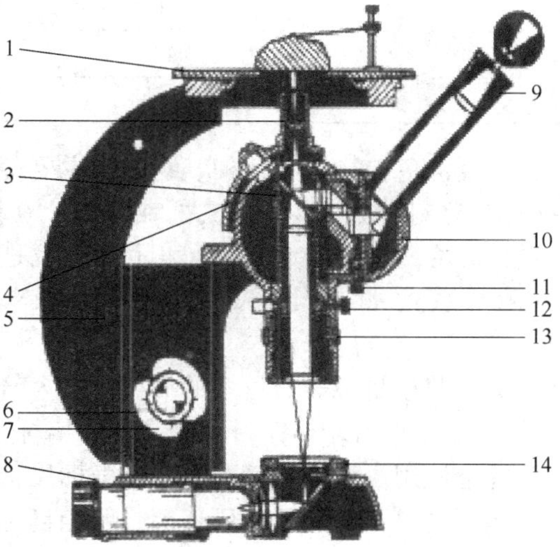

图8-4　4X型金相显微镜构造图

1—载物台；2—物镜；3—半反光镜；4—物镜转换器；5—传动箱；6—微调焦手轮；7—粗调焦手轮；8—偏心轮圈；9—目镜；10—目镜管；11—固定螺钉；12—调节螺钉；13—视场光栏；14—孔径光栏

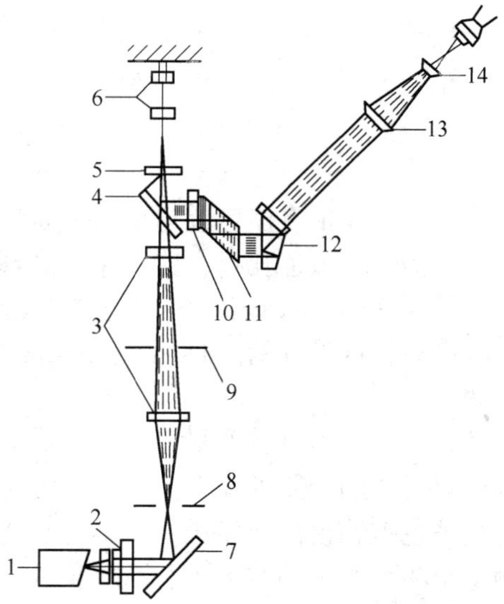

图8-5　显微镜照明及光学系统示意图

1—灯泡；2—聚光镜组（一）；3—聚光镜组（二）；4—半反射镜；5—补助透镜（一）；6—物镜组；7—反光镜；8—孔径光栏；9—视场光栏；10—补助透镜（二）；11，12—棱镜；13—场镜；14—接目镜

其中，孔径光栏可以控制入射光束的粗细。当孔径光栏缩小时，进入物镜的光束变细，球面像差降低，成像较清晰。但同时由于进入物镜的光束变细，使实际使用的数值孔径值下降，鉴别率降纸。反之，当孔径光栏张大时，鉴别率提高，但球面像差等增加，将使成像质量降低。为此，孔径光栏在使用时必须做适当的调节，以观察成像清晰时为适度。

视场光栏用来调节观察视场的大小。适当调节视场光栏可以减少镜筒内光线反射的炫光，提高成像的衬度，而对物镜的鉴别率没有影响。

在进行金相摄影时，往往使用滤色片，可以增加金相照片上组织的衬度，得到较短波长的单色光，提高鉴别率。配合消色差物镜，可有效地消除色像差。

（二）光学系统

光学系统主要由物镜和目镜组成。物镜和目镜的主要性能指标见表 8-1 所示。

表 8-1　物镜和目镜的主要性能指标

物镜（消色差）				
光学系统	放大倍数	数值孔径（N·A）	焦距/mm	工作距离
干燥系统	10	0.25	19.96	7.31
干燥系统	40	0.65	4.12	0.5
油浸系统	100	1.25	1.93	0.18

目镜（惠更斯）		
放大倍数	焦距/mm	视场直径/mm
5	50	20
10	20	14
12.5	25	13

物镜：物镜有消色差物镜、平面消色差物镜、复消色差物镜等几种。物镜的主要参数有放大倍数、数值孔径、鉴别率、景深等。物镜上常刻有如 45×/0.65，“8” 或“0/8”等符号。其中，45×表示放大倍数，0.65 表示数值孔径，“8” 或 “0/8” 表示此物镜是按无限镜筒长度设计的。4X 型金相显微镜备有 10×(干系)、40×(干系) 及 100×(油系) 三个物镜。

目镜：目镜有普通目镜、补偿目镜、测微目镜、照相目镜等。目镜的类型、放大倍数等刻在目镜的金属外壳上。普通目镜与消色差物镜配合使用。补偿目镜带 “K” 字标记，与复消色差物镜配合使用，而不可与消色差物镜配合使用。测微目镜内附有细微标尺，可测量金相组织中晶粒大小、石墨长短、表面脱碳层厚度以及显微硬度压痕等。照相目镜在进行金相摄影时使用。4X 型金相显微镜备有 5×、10×、12.5× 三个目镜。

显微镜在使用时，可根据所需要的放大倍数选择合适的物镜和目镜。

（三）机械系统

粗调手轮、细调手轮：调节物镜与试样表面的距离，以便得到最清晰的图像。

载物台：用于放置试样。载物台和下面托盘之间有导架，以便用手使载物台在水平各方向上进行一定范围的移动，来改变试样的观察部位。

物镜转换器：转换器呈球面形，上有三个螺孔，供安装不同放大倍数的物镜用。旋转转换器可使物镜镜头进入光路，并与不同的目镜组合使用，获得各种不同的放大倍数。

目镜筒：目镜筒呈 45°倾斜式，安装在附有棱镜的半球形座上。目镜筒还可转向 90°呈水平位置，以配合照相装置进行显微照相。

底座：为整个显微镜的支撑部件，并可安装金相摄影装置。

四、显微镜的使用

显微镜为精密的光学仪器，使用时必须小心谨慎、十分爱护，自觉遵守实验室的规章制度和操作程序。在操作之前应先了解有关显微镜的基本原理、构造以及各主要附件的作用和所在位置等。在使用过程中不允许有剧烈振动，调焦时用力不得过猛；不许任意拆换显微镜上的零件。也不能用手摸或用纸、布擦镜头，万一遇有油污，可用二甲苯滴在擦镜头纸上拭擦镜头。

使用步骤：先按要求放大倍数选配物镜和目镜，放置试样，将照明灯泡插头插入低压变压器插座孔中（不可将插头直接插入220V电源插座孔中）接通电源，以眼睛对着目镜转动粗调手轮，使物镜接近试样，在发现视场由浅暗渐趋明亮乃至出现模糊映像时，再转动微调焦手轮至清晰为止。

观察时不要闭合一眼，以免目眩。观察结束后应立即切断电源，把镜头和附件放回原处。

第三节　晶粒度检验

晶粒度是晶粒大小的量度，它是金属材料的重要显微组织参量。钢中晶粒度的检验，是借助金相显微镜来测定钢中的实际晶粒度和奥氏体晶粒度。

实际晶粒度，就是从出厂钢材上截取试样所测得的晶粒大小。而奥氏体晶粒度则是将钢加热到一定温度并保温足够时间后，钢中奥氏体晶粒大小。下面介绍奥氏体晶粒的显示和晶粒度的测定方法。

一、奥氏体晶粒的显示方法

奥氏体是钢在高温时的一种组织，冷却到室温后，奥氏体组织发生了转变，如何在室温下使原奥氏体晶粒显示出来，国家标准GB 6394—2017《金属平均晶粒度测定法》规定可使用渗碳法、氧化法、网状铁素体法、网状珠光体（屈氏体）法、网状渗碳体法以及晶粒边界腐蚀法等。

（一）渗碳法

渗碳法适用于测定渗碳钢的奥氏体晶粒度。具体步骤是，首先将试样装入盛有渗碳剂的容器中，送入炉中加热到（930±10）℃并保温6h，使试样上有1mm以上的渗碳层，并使其表层具有过共析成分。然后进行缓冷，缓冷到足以在渗碳层的过共析区的奥氏体晶界上析出渗碳体网。试样冷却后经磨制和腐蚀，显示出过共析区奥氏体晶粒形貌。

供进行晶粒度检验的试样，通常从3%～4%硝酸酒精溶液、5%苦味酸酒精溶液、沸腾的碱性苦味酸钠溶液（2g苦味酸、25g氢氧化钠、100mL水）这三种腐蚀剂中选用一种进行浸蚀。

图8-6为45钢采用渗碳法（4%硝酸酒精溶液浸蚀）所显示的奥氏体晶粒形态。

（二）氧化法

氧化法是利用氧原子在高温下向晶内扩散而晶界优先氧化的特点来显示奥氏体晶粒大小。氧化法又分气氛氧化法和溶盐氧化浸蚀法，一般采用气氛氧化法。试样经抛光后，将抛光面朝上置于空气加热炉中加热（对于w(C)<0.35%的碳钢和合金钢，加热温度为(900±10)℃；w(C)>0.35%时，加热温度为（860±10)℃），保温1h，然后水冷。根据氧化情况，可将试样适当倾斜10°～15°进行研磨和抛光，使试样检验面部分区域保留氧化层，直接在显微镜下测定奥氏体晶粒度。为了显示清晰，可用 15% 盐酸酒精溶液进行浸蚀。

图 8-7 为 40Cr 钢采用氧化法所显示的奥氏体晶粒形态。

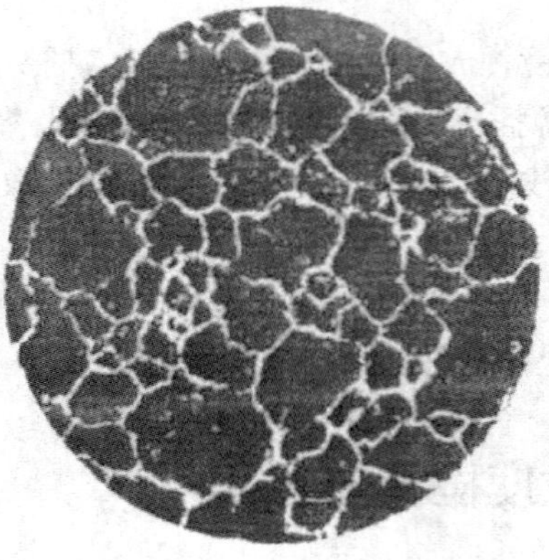

图 8-6　45 钢采用渗碳法显示的奥氏体晶粒形态

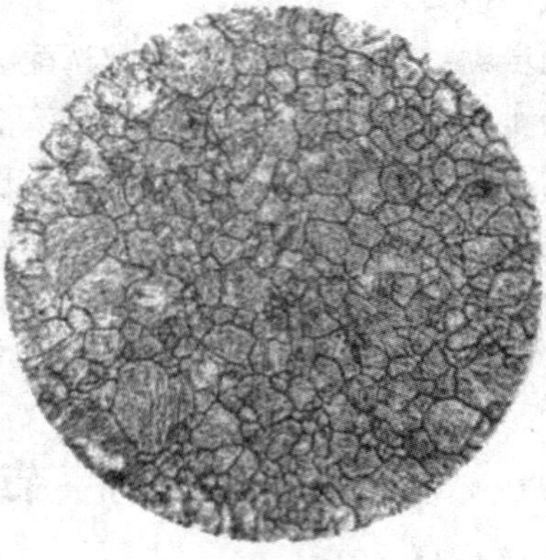

图 8-7　40Cr 钢氧化法显示的奥氏体晶粒形态

此外，也可将抛光的试样在真空中加热并保温，然后置于空气中冷却或缓冷，使晶界氧化，同样进行上述处理后测定奥氏体晶粒大小。这种方法称为真空法。

(三) 网状铁素体法

网状铁素体法适用于碳质量分数为 0.25%～0.60% 的碳素钢和碳质量分数为 0.25%～0.50% 的合金钢。若无特殊规定，加热温度的选择同氧化法，至少保温 30min，然后空冷或水冷。经磨制和浸蚀，便显示出沿原奥氏体晶界分布的铁素体网。

对于碳质量分数较高的碳素钢试样和碳质量分数超过 0.40% 的合金钢试样，需要调整冷却方式，以便在奥氏体晶界上析出清晰的铁素体网。此时建议将试样在淬火温度下保持至少 30min，后使温度降至 730℃±10℃，停留 10min，随后淬油或淬水。试样再经磨制和浸蚀，便可显示出沿原奥氏体晶界分布的铁素体网。

通常，可用下列腐蚀剂之一种进行浸蚀：3%～4% 硝酸酒精溶液和 5% 苦味酸酒精溶液。

(四) 网状渗碳体法

适用过共析钢（碳质量分数一般高于 1.0%）。如果无特殊规定，试样均在 820℃±10℃下加热，并至少保温 30min，然后随炉缓慢冷却到低于下限临界温度，以便在奥氏体晶界上析出渗碳体网。试样经磨制和浸蚀后，便显示出沿晶界析出渗碳体网的原奥氏体晶粒形貌。此时，同样可用上述浸蚀剂之一种进行浸蚀。

(五) 网状珠光体（屈氏体）法

对于使用其他方法不易显示的共析钢，可选用适当尺寸的棒状试样进行局部淬火，即将加热后的试样一端淬入冷水中冷却，另一端暴露于空气中，因此，这就存在着一个不完全淬硬的小区域。在此区域内原奥氏体晶界将有少量细珠光体（团状屈氏体）呈网状显示出原奥氏体晶粒形貌。这一方法可用于比共析成分稍高或稍低的某些钢种。浸蚀试样的腐蚀剂与上述相同。

（六）晶粒边界腐蚀法

对于直接淬火硬化钢可采用此法显示原奥氏体晶粒。如果无特殊规定，其加热温度和保温时间同氧化法。加热保温后，以能够产生完全淬硬的冷却速度进行淬火，获得马氏体组织。试样经磨制和浸蚀后，便可显示出完全淬硬为马氏体的原奥氏体晶粒形貌。为了清晰显示晶粒边界，浸蚀前可将试样在550℃±10℃下回火1h。常用的浸蚀剂是饱和苦味酸水溶液加少量环氧乙烷聚合物。

图8-8为45钢采用晶粒边界腐蚀法所显示的奥氏体晶粒形态。

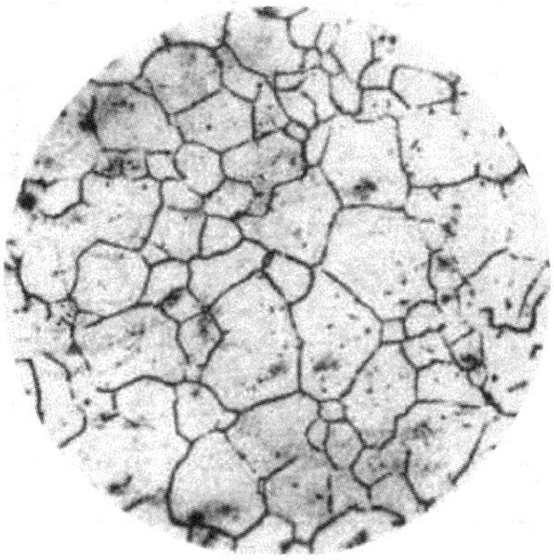

图8-8　45钢采用晶粒边界腐蚀法所显示的奥氏体晶粒形态

二、晶粒度的测定

在国家标准GB 6394—2017中规定测量晶粒度的方法有比较法、面积法和截点法等，生产检验中常用比较法。

比较法是在100倍显微镜下与标准评级图对比来评定晶粒度的。标准图是按单位面积内的平均晶粒数来分级的，晶粒度级别指数G和平均晶粒数N的关系为

$$N = 2^{G+3} \tag{8-3}$$

式中，N为放大100倍时每$1mm^2$面积内的晶粒数，晶粒越细，N越大，则G越大。

在GB 6394—2017中备有四个系列的标准评级图，包括Ⅰ无孪晶晶粒（浅腐蚀），Ⅱ有孪晶晶粒（浅腐蚀），Ⅲ有孪晶晶粒（深反差腐蚀），Ⅳ钢中奥氏体晶粒（渗碳法）。图8-9是系列Ⅰ的标准评级图（0级、9级和10级未画出）。实际评定时应选用与被测晶粒形貌相似的标准评级图，否则将引入视觉误差。当晶粒尺寸过细或过粗，在100倍下超过了标准评级图片所包括的范围，可改用在其他放大倍数下参照同样标准评定，再利用表8-2查出材料的实际晶粒度。

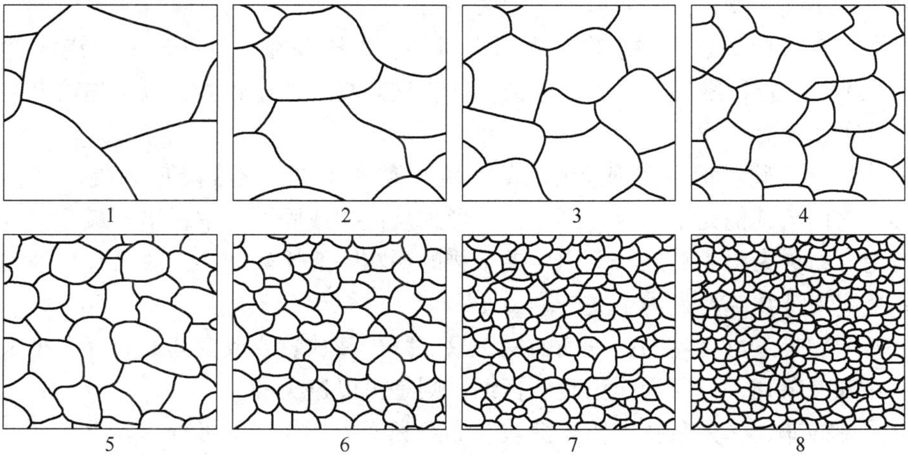

图8-9　钢的标准晶粒度等级

表 8-2　不同放大倍数下晶粒度的关系表

图像的放大倍数	与标准评级图编号相同图像的晶粒度级别									
	No. 1	No. 2	No. 3	No. 4	No. 5	No. 6	No. 7	No. 8	No. 9	No. 10
25	−3	−2	−1	0	1	2	3	4	5	6
50	−1	0	1	2	3	4	5	6	7	8
100	1	2	3	4	5	6	7	8	9	10
200	3	4	5	6	7	8	9	10	11	12
400	5	6	7	8	9	10	11	12	13	14
800	7	8	9	10	11	12	13	14	15	16

评级时，一般在放大100倍的显微镜下，在每个试样检验面上选择三个或三个以上具有代表性的视场，对照标准评级图进行评定。

若具有代表性的视场中，晶粒大小均匀，则用一个级别来表示该种晶粒。若试样中发现明显的晶粒不均匀现象，则应当计算不同级别晶粒在视场中各占面积的百分比，若占优势的晶粒不低于视场面积的90%时，则只记录一种晶粒的级别指数，否则应同时记录两种晶粒度及它们所占的面积，如6级70%~4级30%。

比较法简单直观，适用于评定等轴晶粒的完全再结晶或铸态的材料。比较法精度较低，为了提高精度可把标准评级图画在透明纸上，再覆在毛玻璃上与实际组织进行比较。

第四节　钢中非金属夹杂物的检验

一、钢中非金属夹杂物的种类和特征

非金属夹杂物显著影响钢的使用性能，同时对钢的切削性能及表面粗糙度也有重要影响。分析夹杂物的类型、数量、大小、形状和分布是冶金质量检验及失效分析的重要方面。

钢中非金属夹杂物依其来源可分为两大类：

（1）外来夹杂物：这类夹杂物是由耐火材料、炉渣等在冶炼、出钢、浇注过程中进入钢液中来不及上浮而滞留在钢中造成的，外来夹杂物尺寸比较大，故又称粗夹杂，外形不规则，分布也没有规律；

（2）内生夹杂物：溶解在钢液中的氧、硫、氮等杂质元素在降温和凝固时，由于溶解度降低，它们与其他元素化合并以化合物形式从液相或固溶体中析出，最后包含在钢锭中，这类化合物称为内生夹杂物，内生夹杂物的颗粒一般比较细小，故又称为细夹杂。通常钢中非金属夹杂物主要是内生夹杂物。

内生夹杂物是不可避免的，正确的操作只能减少其数量或改变其成分、大小及分布情况；至于外来夹杂物，只要操作正确、仔细，则是可以避免的。

钢中常见的非金属夹杂物，依其性质、形态和变形特征等又可分为以下几种。

（1）氧化物：常见的氧化物有 FeO、MnO、SiO_2、Al_2O_3、SO_3 等。多数氧化物的塑性极低，脆性大、易断裂，属脆性夹杂物，经轧、锻后沿加工方向排列成串或点链状分

布，在明场下呈灰色。抛光性差、易剥落，如图 8-10 所示。

（2）硫化物：如 MnS、FeS 等，塑性较好，属塑性夹杂物。经轧、锻加工后沿加工方向变形，呈纺锤形或线段状。在明场下呈浅灰色。抛光性好，不易剥落，如图 8-11 所示。

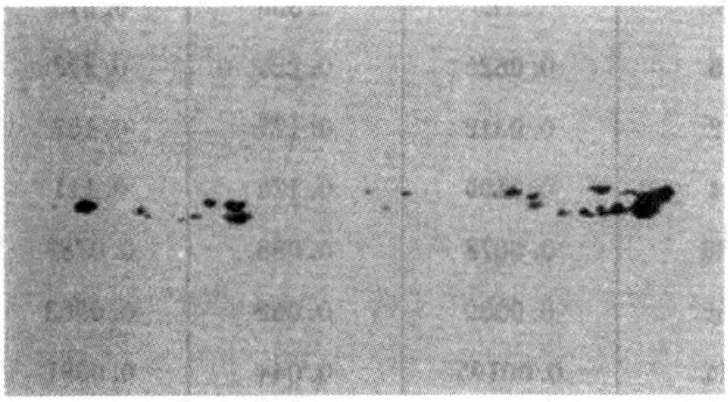

图 8-10　氧化物形态

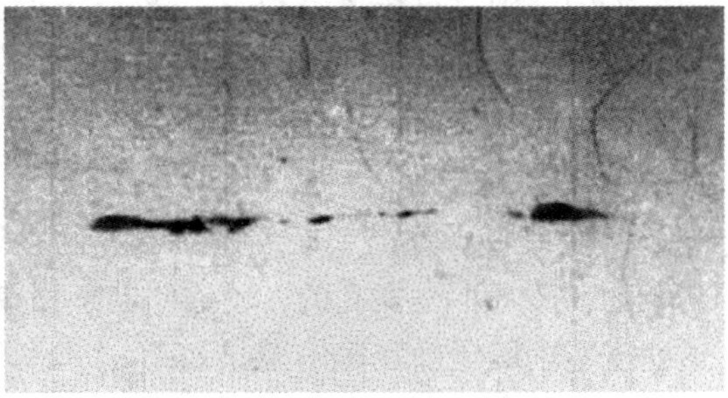

图 8-11　硫化物形态

（3）硅酸盐：硅酸盐夹杂有易变形的（如 $2MnO \cdot SiO_2$），也有不易变形的。易变形的硅酸盐夹杂与硫化物相似，沿加工方向延伸变形呈线段状，明场下呈灰色或暗灰色；不易变形的硅酸盐与氧化物相似，沿加工方向呈颗粒状分布，明场下呈暗灰色。在定量评级时，脆性硅酸盐按氧化物评级，而塑性硅酸盐按硫化物评级。

（4）点状不变形夹杂物：简称点状夹杂，铬轴承钢中的点状夹杂物主要是由镁尖晶石和含钙的铝酸盐或含铝、钙、锰的硅酸盐所组成。这种不变形夹杂物经加工后不变形，以点（球）状形式存在，如图 8-12 所示。

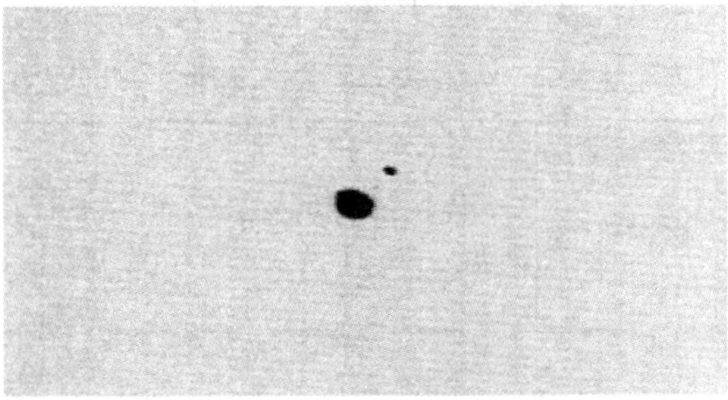

图 8-12　点状夹杂物形态

（5）氮化物：通常遇到的氮化物夹杂有 AlN、TiN、VN、ZrN 等，它们的形状一般比较规则，多呈正方形、长方形、三角形等。压力加工不变形。在明场下呈浅黄色、金黄色或玫瑰色。

非金属夹杂物的存在破坏了金属基体的连续性，它们在钢中的形态、数量、大小和分布都不同程度地影响着钢的各种性能。例如，非金属夹杂物导致应力集中，引起疲劳断裂；数量多且分布又不均匀的夹杂物会明显地降低钢的塑性、韧性、焊接性以及耐腐蚀性；钢内呈网络状存在的硫化物会造成热脆性。因此，夹杂物的数量和分布通常被认为是评定钢质量的一个重要指标，并被列为优质钢和高级优质钢出厂的常规检验项目之一。

二、夹杂的金相鉴定方法

用金相法鉴定夹杂物是根据夹杂物的形貌、分布及其在明场、暗场和偏光下的光学特征，与已知的夹杂物特征对照以确定其类型。必要时可测定夹杂物的显微硬度或经受化学试剂浸蚀的能力。

金相法鉴定夹杂物的步骤如下。

（1）制备试样通常应截取纵向试样，因为易变形夹杂物总是沿钢材变形方向伸长的，即使脆性夹杂物也是沿变形方向排列分布，所以纵剖面试样具有代表性，磨抛时，硬基体上的夹杂物一般不易拖尾、剥落，因此，试样最好先进行淬火处理，增加基体硬度，并使硬度均匀一致，这样才有利于夹杂物的检验和评定；

（2）明场观察抛光试样，不需浸蚀，就可在显微镜下进行观察，记录夹杂物数量、大小、形状及分布、反光色及形变能力，不透明的夹杂物呈浅灰色或其他淡色，透明夹杂物颜色较暗；

（3）暗场观察记录夹杂物的固有色彩和透明度，是定性分析的重要依据之一，透明夹杂物在暗场下是发亮的，不透明夹杂物在暗场下呈暗黑色，有时可看见一亮边，暗场对透明度鉴别的灵敏度比偏振光大；

（4）偏光观察主要鉴别夹杂物是各向同性（载物台转动360°时，夹杂物颜色无变化）还是各向异性（载物台转动360°时，夹杂物出现四次明暗交替变化），偏光还可观察夹杂物透明度和固有色彩，可代替暗场观察，但灵敏度不如暗场高。

此外，还可采用化学浸蚀和显微硬度测定。常规金相检验不能确定夹杂物的成分和晶体结构。目前电子显微技术已广泛地用于夹杂物的鉴定，经深腐蚀的金相试样在扫描电子显微镜下可直接观察夹杂物的形态，同时用电子探针可直接确定微区的化学成分及复杂夹杂物的各组成相。

表8-3为常见夹杂物的光学特征。

表8-3　常见夹杂物的光学特征

夹杂物类型	明　场	偏　光	暗　场
硫化物	在铸钢中呈球状或网状分布，在轧材中呈纺锤分布。一般为塑性夹杂，淡灰色	不透明，各向同性	不透明
氧化物	不变形，呈球状孤立存在，灰褐色	不透明，各向同性	周围有亮圈
硅酸盐	在铸钢中呈球形或块状分布，在轧材中呈链状分布，褐色	透明，呈黄色或红褐色，各向异性	透明
氮化物	规则的几何形状，呈方块、三角形等，橘红色	不透明，各向同性	不透明

三、夹杂物的评级

夹杂物试样不经腐蚀，一般在明场下放大100倍，80mm直径的视场下进行检验。从试样中心到边缘全面观察，选取夹杂物污染最严重的视场，与其钢种的相应标准评级图加以对比来评定。评定夹杂物级别时，一般不计较其组成、性能以及可能来源，只注意它们的数量、形状、大小及分布情况。

对钢中非金属夹杂物进行显微评定时，应采用新颁布的GB/T 10561—1989标准代替过去的YB 25—1977《钢中非金属夹杂物的显微评定法》。通常采用与标准评级图谱进行比较的方法来对钢中的非金属夹杂物进行显微评定。

标准评级图谱分为JK标准评级图（评级图Ⅰ）和ASTM标准评级图（评级图Ⅱ）两

种。如图 8-13 和图 8-14 所示，此评级图是正式评级图片经缩小之后的复制件。

JK 标准评级图（评级图Ⅰ）根据夹杂物的形态及其分布分为四个基本类型，（a）类硫化物类型、（b）类氧化铝类型、（c）类硅酸盐类型和（d）类球状氧化物类型。每类夹杂物按其厚度或直径的不同，又分为粗系和细系两个系列，每个系列由表示夹杂物含量递增的五级（1 级至 5 级）图片组成。评定夹杂物级别时，允许评半级，如 0.5 级、1.5 级等。

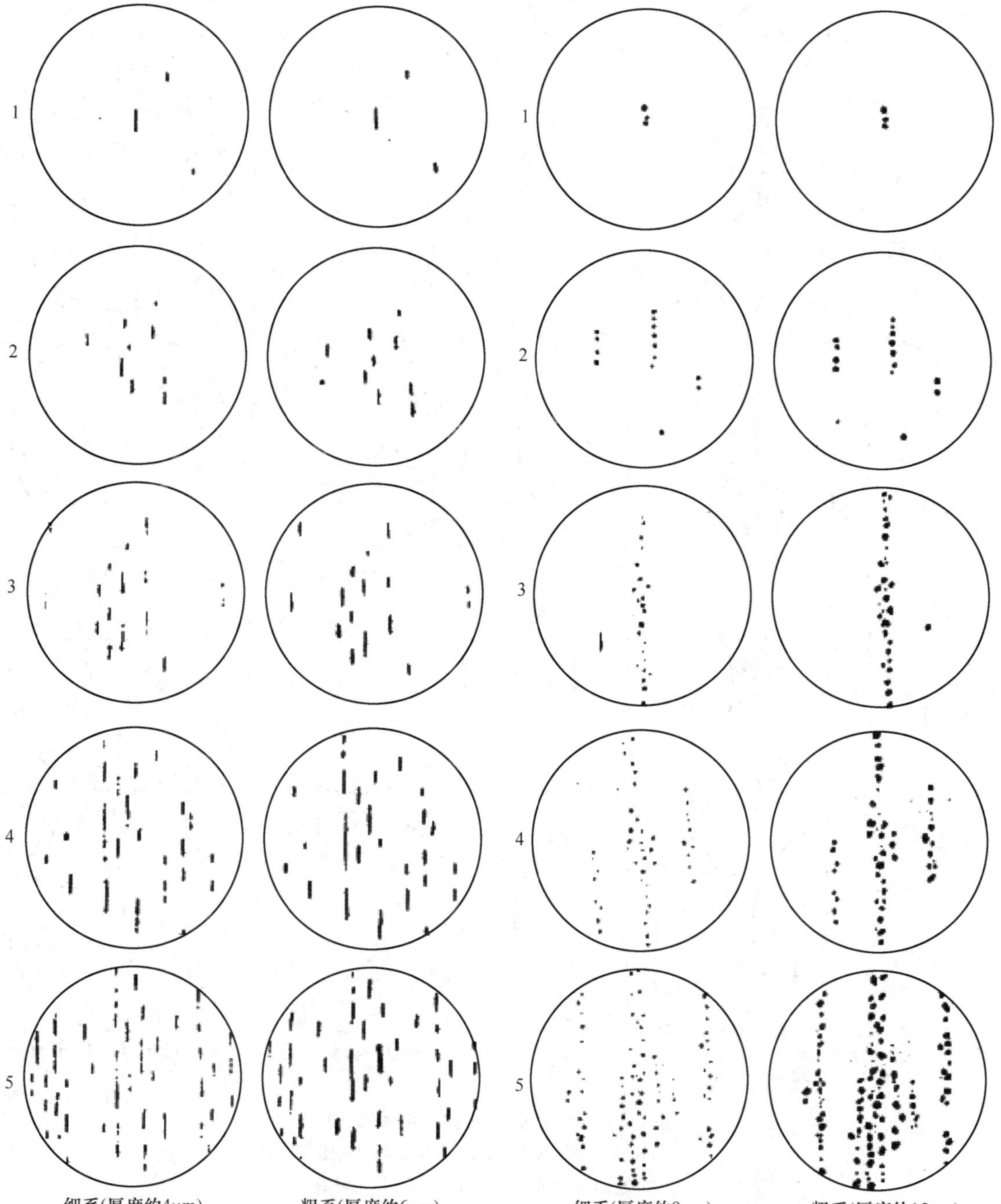

细系(厚度约4μm)　粗系(厚度约6μm)

(a)

细系(厚度约9μm)　粗系(厚度约15μm)

(b)

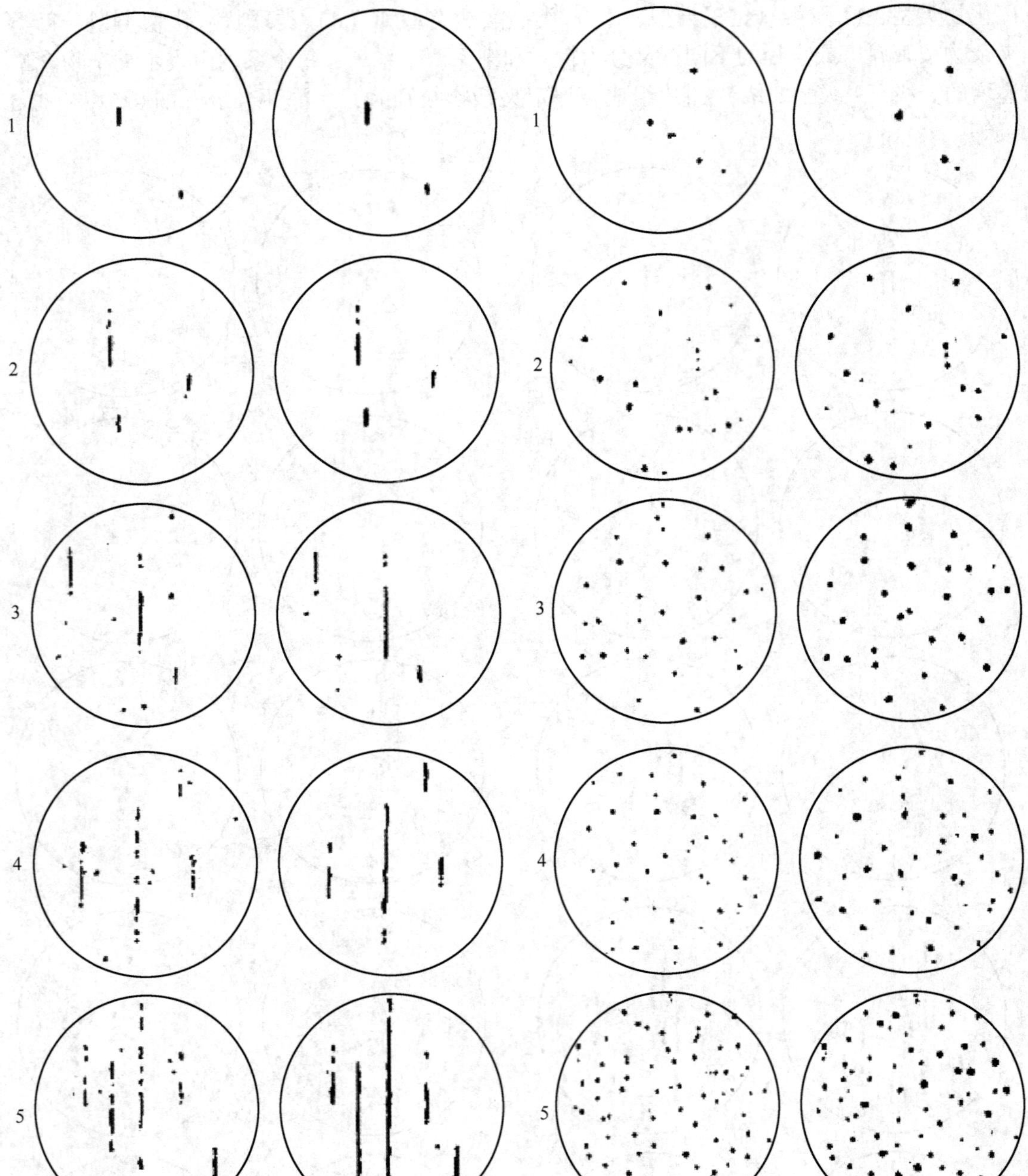

图 8-13　评级图 I——JK 标准评级图

（a）硫化物类评级图；（b）氧化铝类评级图；

（c）硅酸盐类评级图；（d）球状氧化物类评级图

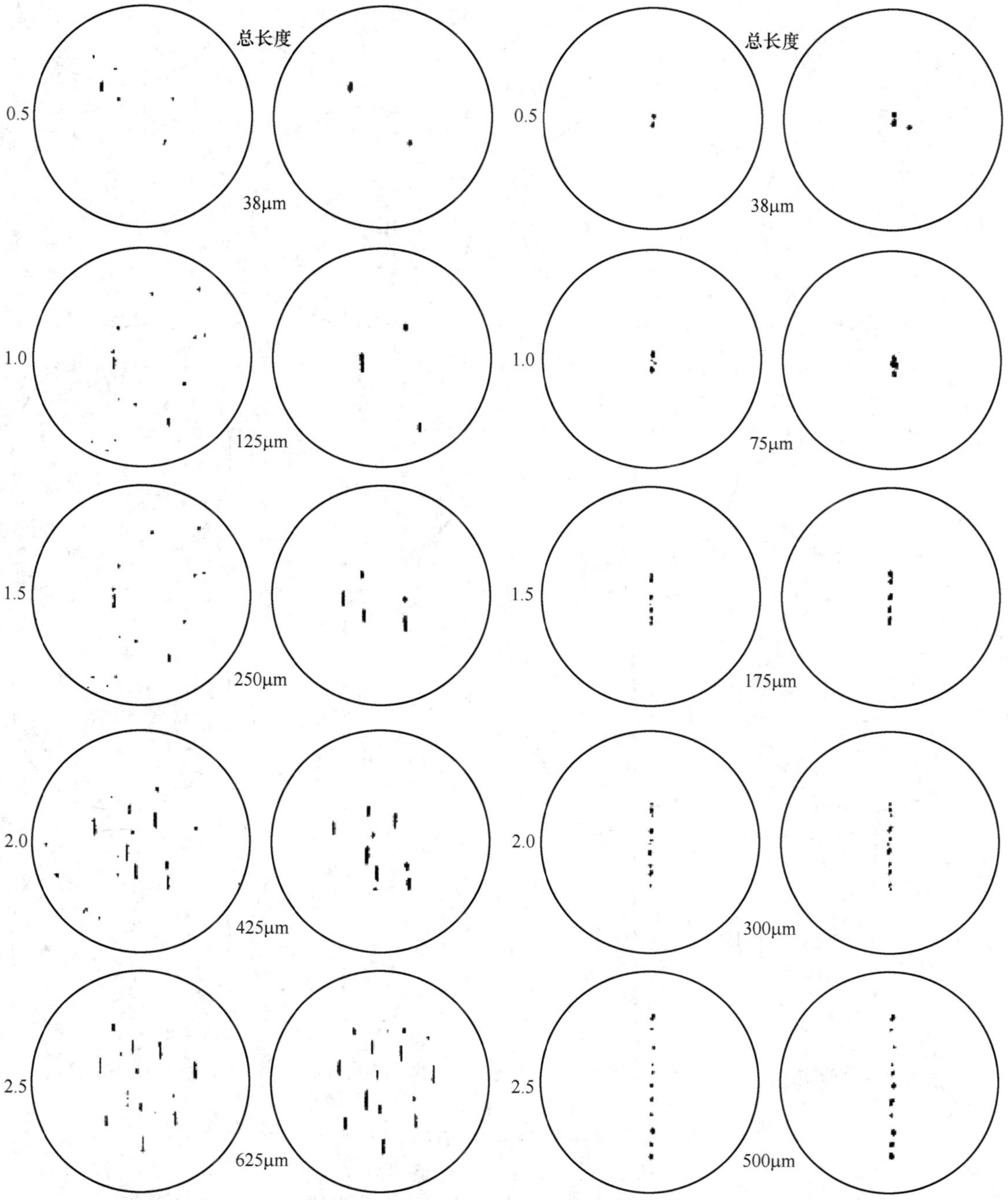
总长度
0.5
38μm
1.0
125μm
1.5
250μm
2.0
425μm
2.5
625μm
细系(厚度约4μm)
粗系(厚度约6μm)
总长度
0.5
38μm
1.0
75μm
1.5
175μm
2.0
300μm
2.5
500μm
细系(厚度约9μm)
粗系(厚度约15μm)

(a)　　(b)

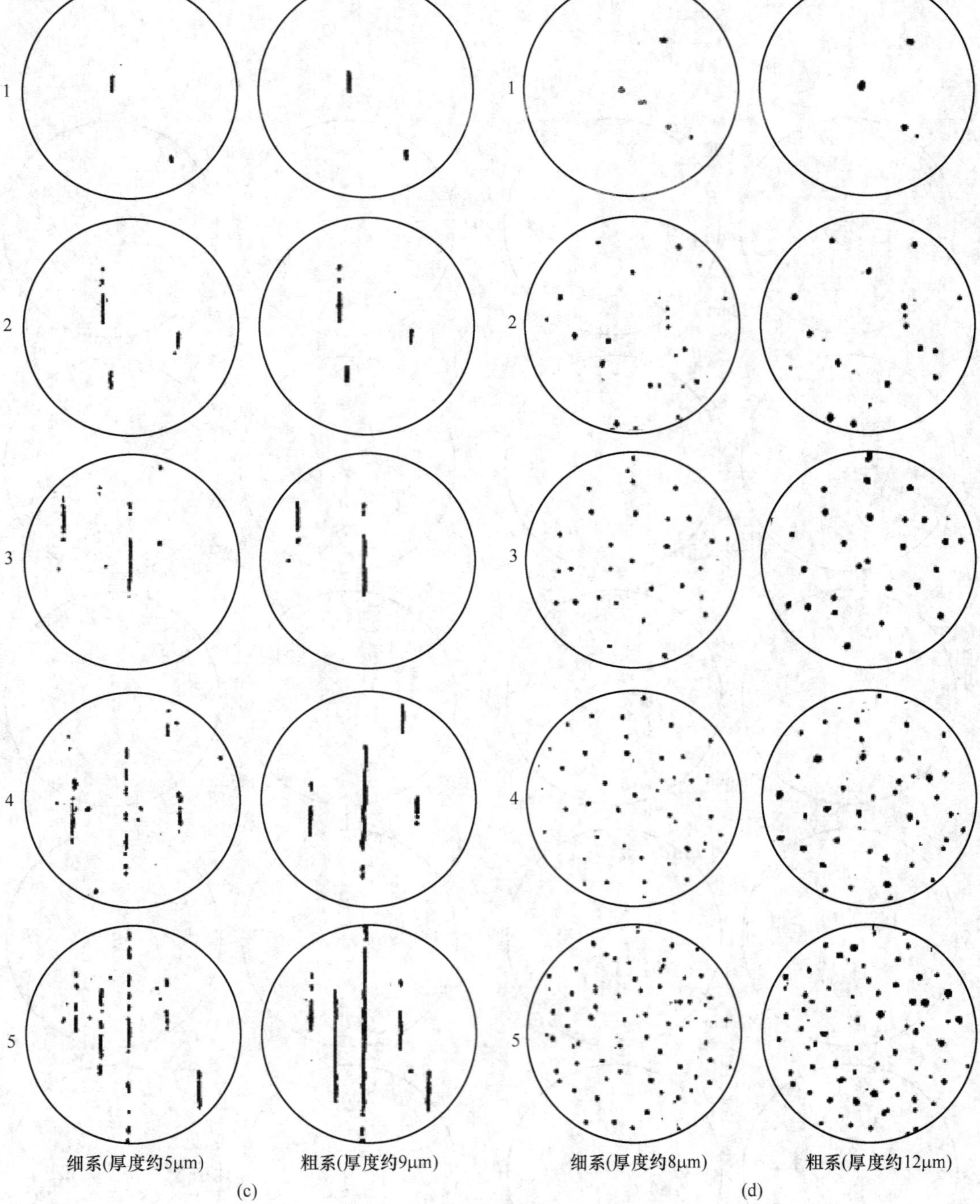

图 8-14　评级图Ⅱ——ASTM 标准评级图

（a）硫化物类评级图；（b）氧化铝类评级图；

（c）硅酸盐类评级图；（d）球状氧化物类评级图

ASTM 标准评级图（评级图Ⅱ）中夹杂物的分类、系列的划分均与 JK 标准评级图相同，但评级图由 0.5 级到 2.5 级五个级别组成，适用于评定高纯洁度钢的夹杂物。

必须指出，这两种评级图不能在同一试验中同时使用。应根据产品技术条件的规定来选用标准评级图。

按 GB/T 18254—2002 标准规定，高碳铬轴承钢应具有高的纯洁度，即非金属夹杂含量应尽量少。生产厂应对每炉钢进行非金属夹杂物检验，并按 GB/T 18254—2002 标准附录 A 第 4 级别图（相当于 GB/T 10561—1999 标准中 ASTM 标准评级图）进行评级。模注钢所有试样三分之二和每个钢锭至少一个试样以及所有试样的平均值不应超过表 8-4 规定的级别；连铸钢所有试样三分之二和所有试样的平均值不应超过表 8-4 规定级别。

表 8-4　非金属夹杂物合格级别

非金属夹杂物类型	合格级别（不大于）		非金属夹杂物类型	合格级别（不大于）	
	细系	粗系		细系	粗系
A	2.5	1.5	C	0.5	0.5
B	2.0	1.0	D	1.0	1.0

第五节　钢中化学成分偏析的检验

一、亚共析钢的带状组织

（一）概述

亚共析钢带状组织（简称亚共析带状）是指亚共析钢中铁素体和珠光体呈带状（交替成层）分布，如图 8-15 所示。亚共析钢的带状组织是与钢锭结晶时的偏析密切相关的。钢锭在结晶时，由于晶内偏析（枝晶偏析）的结果，在晶枝之间富集了磷、硫等杂质，尤其在富集磷的地方，对碳的溶解起明显的阻碍作用。热加工变形之后，富磷区被压延而伸长成带状，带状区内的碳较低，在热加工后的冷却过程中，这些低碳带中析出先共析铁素体而成为带状，随后形成的珠光体自然也就呈带状。这是带状组织形成的一个原因。此外，热变形加工时，硫化物夹杂呈长条状沿变形方向分布也可能是促使形成带状的另外一个原因。凡是在热变形中被拉长了的各种非金属夹杂物都对铁素体的析出起核心作用，形成带状铁素体，铁素体的形成促使碳向未转变的区域扩散至共析浓度后转变为珠光体，结果形成了带状组织。

图 8-15　亚共析钢带状组织

具有带状组织的钢，其机械性能具有各向异性，断面收缩率较低，并以横向最甚。纵向与横向的冲击值约差一倍，尤其对可冲压性影响很大。带状组织严重时，会影响到钢的被切削加工性，加工时其表面光洁度差，渗碳时易引起渗层不均匀，热处理时易变形且硬度不均匀。带状组织一般通过正火可以改善。元素偏析引起的带状组织要进行高温扩散退火来消除。

（二）评级原则

亚共析钢带状组织可在 100 倍（允许用 95~110 倍）的金相显微镜下，其标准视场直径为 80mm，采用与相应标准评级图比较的方法进行评定。在评级时，要根据带状铁素体数量增加，并考虑带状贯穿视场的程度、连续性和变形铁素体晶粒多少的原则确定。

根据 GB/T 13299—1991《钢的显微组织评定方法》规定，标准评级图由 3 个系列（A、B、C 系列）各 6 个级别组成。A 系列是指定作为含碳量小于或等于 0.15%钢的带状组织评级；B 系列是指定作为含碳量 0.16%~0.30%钢的带状组织评级；C 系列是指定作为含碳量 0.31%~0.50%钢的带状组织评级。

二、工具钢的碳化物不均匀度

（一）概述

高速工具钢和高碳高铬钢属于莱氏体钢，它们的铸态组织中存在着大量的骨骼状莱氏体，它在铸锭中呈网状分布。经热加工破碎，在显微组织中碳化物呈不同程度的聚集或条带，这就是碳化物不均匀度。

钢材中的碳化物不均匀度取决于冶炼和热加工工艺，热处理不能纠正这种缺陷。热加工可以改变共晶碳化物的形状和分布，使大块的共晶碳化物破碎成小粒，并趋于均匀分布。在一定范围内，随锻造比的增加，共晶碳化物的破碎程度和分布的均匀程度也增加。锻造方式也有影响，反复锻拔有利于改善碳化物的不均匀程度。

碳化物不均匀分布，对钢的力学性能有很大影响，尤其是钢的横向力学性能明显降低，并显著增加工件淬火时的变形与开裂倾向。高速钢中碳化物不均匀分布将使钢的硬度和红硬性均下降，并易使刀具崩刃、断齿等。

（二）评级原则

碳化物不均匀度可在 100 倍的金相显微镜下评定。例如高速工具钢（GB/T 9943—1988）及合金工具钢（GB/T 1299—2000）的碳化物不均匀度，可将其技术条件的附图加以比较来评定。图 8-16 为钨系高速工具钢碳化物不均匀度 5 级评级图。评级时应考虑到碳化物不均匀的各种表现形式和特征，可以参照下面两种情况进行评级：

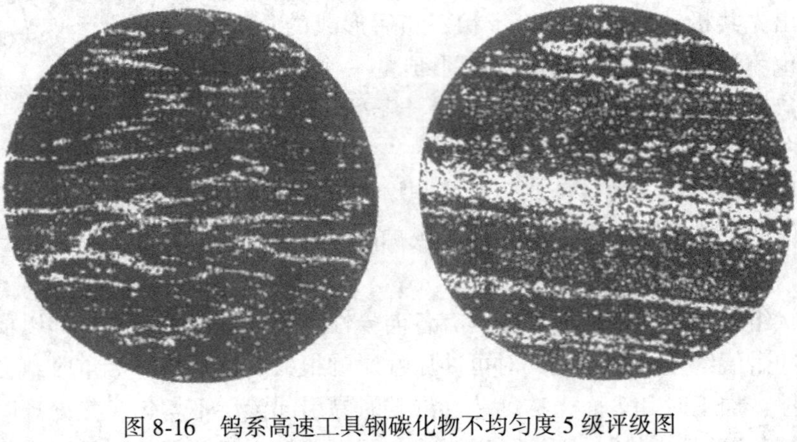

图 8-16　钨系高速工具钢碳化物不均匀度 5 级评级图

（1）在碳化物仍呈网状分布时，主要应按网的破碎和变形程度以及在网的结点处碳化物堆积的程度来进行评定；

（2）在碳化物网破碎、碳化物沿热加工方向延伸呈条状分布时，主要应按条状的宽度和碳化物聚集程度来进行评定。

例如，根据经验参照上述两种情况，对高速钢碳化物不均匀度做如下说明。

1 级：碳化物均匀分布。

2 级：碳化物呈微细带状。

3 级：带系——细带，带宽约 2mm；
网系——细带中局部有不明显分叉。

4 级：带系——明显集中带，带宽约 4mm；
网系——均匀，有明显细微分叉。

5 级：带系——明显集中带，带宽约 7. 5mm；
网系——网状残余。

6 级：带系——有明显集中带，带宽约 11mm；
网系——破碎网及少量堆积。

7 级：带系——有明显集中带，带宽约 15mm；
网系——拉长变形网及明显堆积。

8 级：带系——有明显集中带，带宽约 19mm；
网系——封闭完整网及明显堆积。

高速钢钢材应按 GB/T 9943—1988 标准所附第一、二级别图检验共晶碳化物不均匀度，其合格级别应符合表 8-5 的规定。

表 8-5　高速钢钢材共晶碳化物不均匀度合格级别

直径或边长/mm	共晶碳化物不均匀度（级）
<40	<3
40~60	<4
60~80	<5
80~100	<6
100~120	<7

钨系钢号按第一级别图，钨钼系钢号按第二级别图。且不得有不变形或少变形的共晶碳化物。

三、网状碳化物

（一）概述

碳素工具钢、合金工具钢、轴承钢等过共析钢，经锻轧热加工后，在冷却过程中会沿奥氏体晶界析出网络状的过剩碳化物（二次碳化物），称网状碳化物。网状碳化物的形成与热加工工艺规范以及钢锭中原始碳化物的偏析程度密切相关。热加工时，停锻或停轧温度越高及随后冷却速度越慢，钢锭原始碳化物偏析程度越大（热加工前未充分扩散均匀化），则形成网状碳化物的程度越严重。此外，钢的碳含量越高，网状也越严重。网状碳化物会增加钢的脆性，降低冲击韧性和强度以及耐磨性。

（二）评级原则

网状碳化物级别的评定是在500倍金相显微镜下进行的。评级时主要考虑分叉交角大小、成线和成网程度。网状碳化物的级别，应从各钢种技术条件的附图加以比较来评定，同时还应根据经验做必要的文字说明。例如，评定碳素工具钢（按GB/T 1298—1986），合金工具钢（按GB/T 1299—2000）和铬轴承钢（按GB/T 18254—2002）的网状碳化物级别时一般作如下说明。

1. 碳素工具钢

1级：碳化物分布基本均匀，局部有条状和链状碳化物。

2级：断续的碳化物链构成半网。

3级：断续的碳化物链构成不完全封闭的网状。

4级：碳化物多呈链状，并构成全封闭的网状，碳化物的连续性较3级明显。碳素工具钢退火钢材应检验网状碳化物，其合格级别应符合表8-6的规定。

表8-6　碳素工具钢退火钢材网状碳化物合格级别

钢材截面尺寸/mm	网状碳化物合格级别
≤60	≤2
>60~100	≤3
>100	双方协议

T7、T8和热压力加工用钢材，不检验网状碳化物。

2. 合金工具钢

1级：出现不均匀分布的点状碳化物和个别短线状碳化物。

2级：部分碳化物出现半网状趋势。

3级：出现由碳化物线段和点构成的网。

4级：出现条状碳化物围成的全封闭的网。

供冷切削加工和冷压力加工用的高碳铬轴承钢退火钢材碳化物网状，按GB/T 18254—2002标准中的第7级别图评定，直径不大于60mm的退火圆钢、盘条，所有尺寸的退火钢管的碳化物网状不得大于2.5级；直径大于60~120mm的退火钢材的碳化物网状不得大于3级；直径大于120mm的退火钢材的碳化物网状由供需双方协议规定。

图8-17和图8-18分别为碳素工具钢和合金工具钢网状碳化物4级评级图。

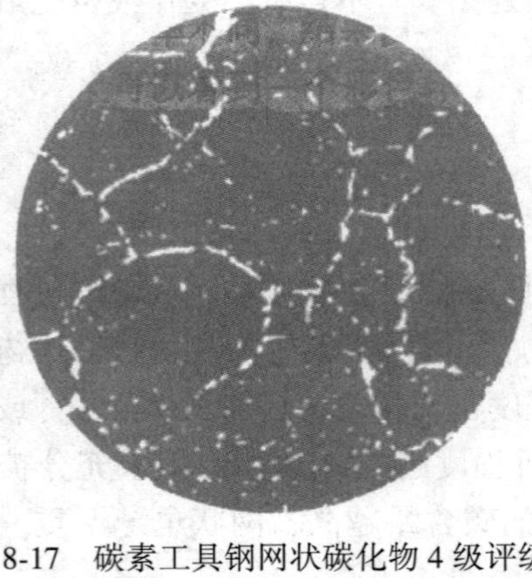

图8-17　碳素工具钢网状碳化物4级评级图

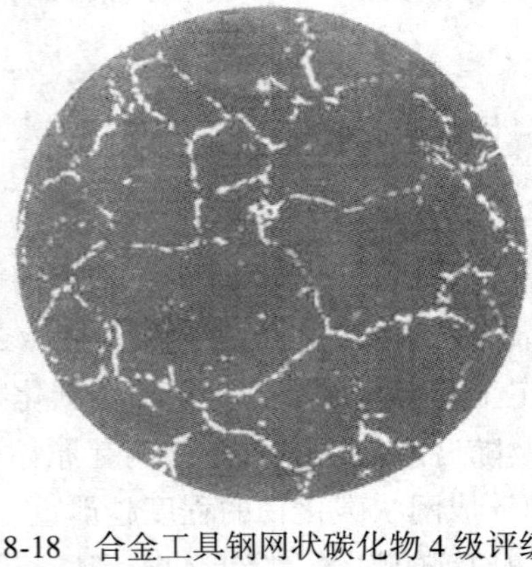

图8-18　合金工具钢网状碳化物4级评级图

四、球化组织

（一）概述

球化组织主要是指碳素工具钢、合金工具钢、铬轴承钢经过球化退火所形成的球状珠光体组织，即在铁素体基体上分布呈颗粒状渗碳体的珠光体。

经过球化退火使钢形成球状珠光体的目的是降低硬度，改善切削加工性能，并为淬火做好组织准备。如果球化得不良，仍存在片状珠光体，则不但钢的硬度高、加工困难，而且成品工件热处理也易开裂和出现软点等缺陷。因此，必须检验钢的球化组织。

（二）评级原则

球化组织级别的评定是在500倍金相显微镜下进行的。评级依据的原则是：（1）球状珠光体颗粒大小和分布均匀程度；（2）珠光体组织中片状珠光体的比例；（3）片状珠光体的粗细程度。

关于球化组织级别，应将各钢种技术条件的附图加以比较来评定，同时还应根据检验经验做必要的文字说明。例如，评定碳素工具钢（按GB/T 1298—1986）和合金工具钢（按GB/T 1299—2000）的球化组织级别时做如下说明。

1. 碳素工具钢球化组织

1级：均匀的细球状珠光体，约占25%的细片状珠光体。

2级：均匀的细球状珠光体，少量点状碳化物，约占10%的细片状珠光体。

3级：中等均匀的球状珠光体。

4级：粗球状珠光体，约占15%的粗片状珠光体。

5级：粗球状珠光体，约占30%的粗片状珠光体。

6级：粗球状珠光体，约占90%的粗片状珠光体。

截面尺寸不大于60mm的工具钢的退火钢材应检验珠光体球化组织，T7、T8、T8Mn、T9等钢号的合格级别为1~5级；T10、T11、T12、T13等钢号的合格级别为2~4级。截面尺寸大于60mm的退火钢材，根据需方要求可检验珠光体球化组织，合格级别由供需双方协议规定。热压力加工用钢不检验珠光体球化组织。

2. 合金工具钢球化组织

1级：细球状珠光体，约占16%的细片状珠光体。

2级：细球状珠光体，少量点状碳化物堆积。

3级：中等均匀的球状珠光体。

4级：粗球状珠光体（碳化物球最大直径约为5μm）。

5级：球状珠光体，约占8%的粗片状珠光体。

6级：球状珠光体，较多的粗片状珠光体。

退火状态交货的9SiCr、Cr2、CrWMn、9CrWMn、Cr06、W和9Cr2等钢应检验珠光体组织。按GB/T 1299—2000标准中所附第1级别图评定，合格级别为1~5级。经供需双方协议，制造螺纹刀具用的9SiCr退火钢材，其珠光体组织合格级别为2~4级。压力加工用钢不检验珠光体组织。

图8-19和图8-20分别为碳素工具钢和合金工具钢的球化组织3级评级图。

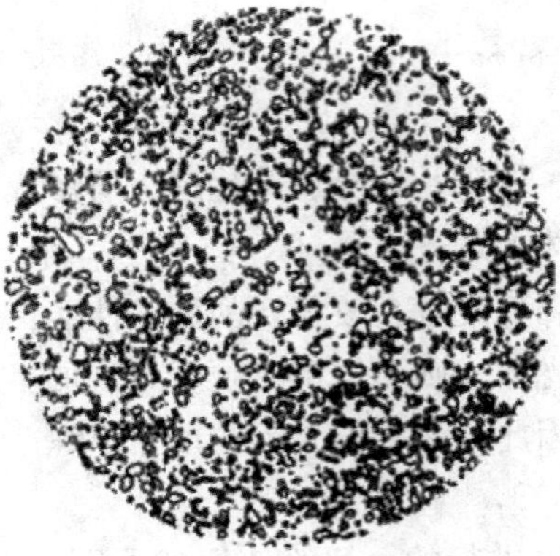

图 8-19　碳素工具钢球化组织 3 级评级图

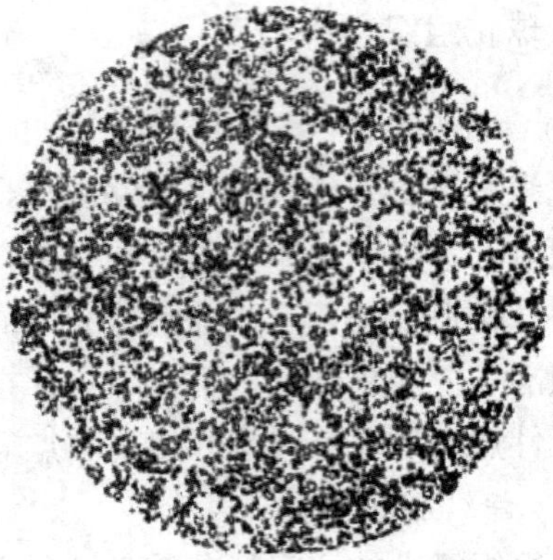

图 8-20　合金工具钢球化组织 3 级评级图

五、带状碳化物

（一）概述

带状碳化物或碳化物带状，简称带状，它是碳化物分布不均匀的一种表现。只有高碳铬轴承钢才检验带状碳化物。高碳铬轴承钢中的带状碳化物是在钢锭浇注、凝固过程中形成的结晶偏析，在热加工时延伸成碳化物的富集带。

带状碳化物的存在将使钢淬火后，硬度不均匀、耐磨性不一致、疲劳强度下降，碳化物集中处易剥落，从而影响零件的使用寿命。

（二）评级原则

按照 GB/T 18254—2002 标准规定，高碳铬轴承钢带状碳化物级别在淬火后的纵向试样上评定。试样经抛光后深腐蚀，采用放大 10 倍和 500 倍相结合的方式，与标准中附录 A 第 8 级别图相比较的方法进行评级。评级时以碳化物颗粒的聚集程度、大小、形状、带的宽度和长度等为主要评定依据（可考虑半级评定）。根据经验退火状态下带状碳化物级别特征如下。

1 级：碳化物颗粒细小、分散，带状不够明显。

2 级：碳化物颗粒细小、较分散，形成宽 1.5~2.0mm 较明显的带贯穿视场。

2.5 级：碳化物颗粒较小、集中，形成宽 2.5~3.0mm 明显的带贯穿视场。

3 级：碳化物颗粒粗大、集中，形成宽 4.5~5.0mm 明显的带。

3.5 级：碳化物颗粒粗大、密集，形成宽 7~7.5mm 明显的带。

4 级：碳化物颗粒粗大、很密集，形成宽 8~8.5mm 明显的带。

高碳铬轴承钢钢材的碳化物带状按标准中的第 8 级别图评定，其合格级别应符合表 8-7。

表 8-7　高碳铬轴承钢钢材碳化物带状合格级别

钢材规格范围	合格级别（不大于）
钢管、冷拉（轧）材， 小于 30mm 热轧退火材	2.0

续表 8-7

钢材规格范围	合格级别（不大于）
>30~60mm 热轧退火材	2.5
大于 60mm 热轧（锻）退火材， 小于 80mm 热轧不退火材	3.0
>80~150mm 热轧（锻）不退火材	3.5

图 8-21 为 GCr15 钢带状碳化物 4 级评级图。

六、碳化物液析

（一）概述

某些高碳合金钢，由于选择结晶的结果，使最后凝固部分的碳浓度能达到共晶成分或过共晶成分，这时从液体中结晶出的共晶碳化物或从液体中直接析出的一次碳化物称为液析。经热加工后，碳化物沿变形方向分布，如图 8-22 所示。这也是属于碳化物不均匀度的一类缺陷。

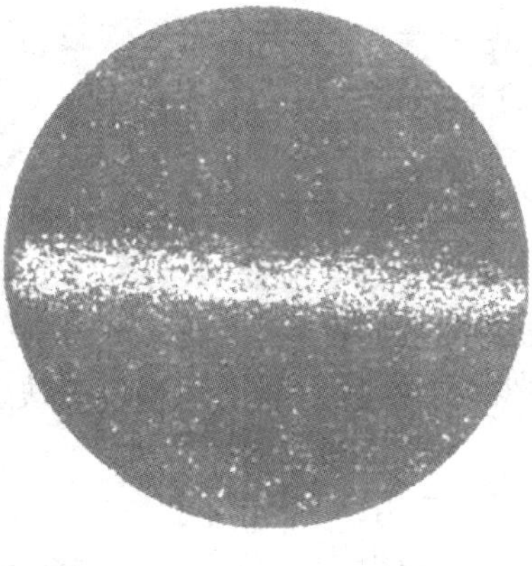

图 8-21　GCr15 带状碳化物 4 级评级图

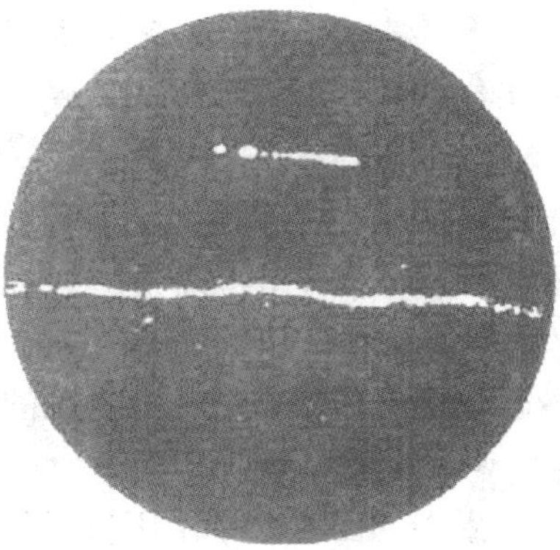

图 8-22　高碳合金钢碳化物液析 5 级评级图

碳化物液析对铬轴承钢极为有害，它将大大降低钢的力学性能，特别影响钢件的表面粗糙度，碳化物液析具有高的硬度和脆性，使轴承零件在热处理时容易引起淬火裂纹；碳化物液析的剥落将成为零件磨损的起源，使轴承的耐磨性和疲劳强度显著降低。

（二）评级原则

按照 GB/T 18254—2002 标准规定，高碳铬轴承钢碳化物液析级别在淬火的纵向试样上评定。试样经 4%硝酸酒精溶液浸蚀，在 100 倍的金相显微镜下与标准中附录第 9 级别图相比较的方法进行评级。其依据是碳化物液析的颗粒大小、长度、数量多少和分布状态等，可考虑半级评定。

高碳铬轴承钢钢材碳化物液析按标准中第 9 级别图评定，其合格级别应符合表 8-8 规定。

表 8-8　高碳铬轴承钢钢材碳化物液析合格级别

钢 材 规 格 范 围	合格级别（不大于）
钢管、冷拉材 ≤30mm 热轧退火材	0.5
30~60mm 热轧退火材	1.0
>60mm 热轧（锻）退火材， ≤60mm 热轧不退火材	2.0
>60mm 热轧（锻）不退火材	2.5

此外，合金工具钢中的 CrWMn、CrMn 钢等，其碳化物液析也均较严重，所以这些钢种轧材的使用范围受到限制。但目前国家的有关标准对液析检查未作规定，一般可参照高碳铬轴承钢的检验标准进行检查。

七、石墨碳

（一）概述

在一定条件下，某些钢中的固溶碳和化合碳能以游离状态析出。硅弹簧钢，由于含硅较多，含碳量也较高，硅能促进和加速石墨化，因此在长时间退火后易出现石墨碳；高碳工具钢，由于碳含量高，若反复热加工和热处理，也会出现石墨碳。石墨碳破坏了钢的化学成分和组织的均匀度，使淬火钢硬度降低，力学性能恶化，用热处理和热加工方法均不能消除。

钢中的石墨碳在光学显微镜下多以点状、片状和团絮状出现，呈灰黑色。在宏观断口检验时称为黑脆。为了正确鉴别，一般可采用如下两种方法：一是在光学显微镜下放大 500 倍，观看组织颜色和形状，确认存在石墨碳之后再进行评定；二是使试样用 2%硝酸酒精溶液轻腐蚀，若是石墨，其周围的碳化物将减少，而严重时其周围将形成铁素体块。

（二）评级原则

钢中石墨碳的面积含量采用与《钢中石墨碳显微评定方法》（GB/T 13302—1991）标准中的标准评级图比较的方法进行评定。将未经浸蚀的试样检验面置于放大 250 倍，实际视场直径为 0.32mm 的金相显微镜下进行全面观察，选择石墨碳面积含量最多的视场与标准评级图比较，按其石墨碳总量相近的级别评定。

根据钢中石墨碳的常见形态，标准评级图分两类：团絮状类和条片状类，其中团絮状类石墨碳按直径不同分为粗系（石墨碳直径>6μm）和细系（石墨碳直径≤6μm）两个系列。各系列标准评级图均由石墨碳面积含量递增的 4 张图片（0.5 级、1.0 级、1.5 级、2.0 级）组成。各级别石墨碳的面积百分含量见表 8-9。

表 8-9　不同级别石墨碳面积百分含量　　（%）

类　别	0.5	1.0	1.5	2.0
团絮状	0.135	0.270	0.540	1.080
条片状	0.101	0.202	0.404	0.808

图 8-23（a）（b）分别为团絮状粗系列和条片状石墨碳 1.5 级标准评级图。

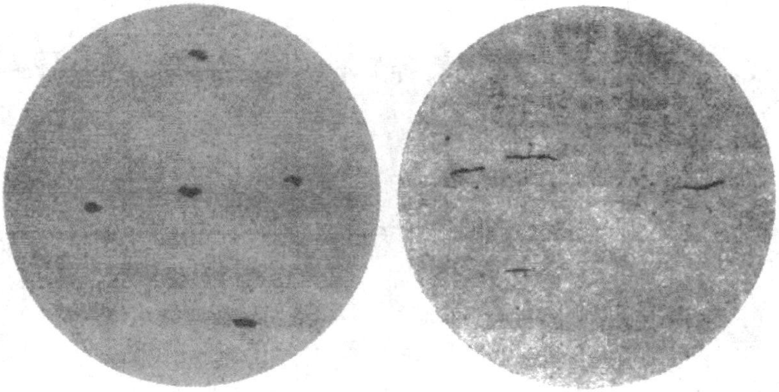

(a)　(b)

图 8-23　团絮状粗系列（a）和条片状（b）石墨碳 1.5 级标准评级图

第九单元　金属材料化学分析实验

实验一　灰石中二氧化硅、氧化钙、氧化镁的测定方法

一、作业要点

（1）二氧化硅测定：试样以碳酸钾、硼酸、碳酸钠混合剂熔融后，与 SiO_2 作用而生成硅酸钠，以稀硝酸浸取，在适当酸度下，加钼酸铵生成硅钼黄络合物，加入草硫混酸消除磷的干扰，然后以硫酸亚铁铵还原成硅钼蓝，利用蓝色进行比色测定。以水为空白，从微机高速分析仪中直接读取百分含量。

主要化学反应式如下：

$$SiO_2 + Na_2CO_3 \longrightarrow Na_2SiO_3 + CO_2 \uparrow$$

$$Na_2SiO_3 + 2HNO_3 + H_2O \longrightarrow H_4SiO_4 + 2NaNO_3$$

$$H_4SiO_4 + 12H_2MoO_4 \longrightarrow H_8[Si(Mo_2O_7)_6] + 10H_2O$$

$$H_8[Si(Mo_2O_7)_6] + 4FeSO_4 + 2H_2SO_4 \longrightarrow H_8[SiMo_2O_5(Mo_2O_7)_5] + 2Fe_2(SO_4)_3 + 2H_2O$$

（2）氧化钙测定：分取制备的母液，用三乙醇胺掩蔽铁、铝，调整 $pH \geqslant 12$，以钙黄绿素为指示剂，用 EDTA 标准滴定溶液滴定，测定氧化钙含量。

（3）氧化镁测定：镁离子与 EDTA 在一定的 pH 范围内可结合成稳定的络合物，铁、铝的三价离子用三乙醇胺掩蔽，以氨水调节 $pH = 8 \sim 10$，以铬黑 T 为指示剂，用 EDTA 标准溶液滴定钙镁含量，然后减去氧化钙所消耗的 EDTA 标准溶液的毫升数，计算镁的百分含量。

二、作业人员数量

2 人。

三、操作对象

本方法适用于灰石中氧化钙、氧化镁、二氧化硅的测定。

四、仪器及试剂

（一）仪器

（1）电子天平。

（2）马弗炉。

（3）光波炉。

（4）低温加热板。

（5）紫外加见分光光度计。

（二）试剂

1. 二氧化硅测定所需试剂

（1）混合熔剂，3 份无水碳酸钠、2 份硼酸、1 份碳酸钾研细混匀。

（2）硝酸（1+5）：1 份硝酸注入 5 份水中摇匀。

（3）钼酸铵溶液：2.5%。

（4）草酸、硫酸、硫酸亚铁铵混合液：100mL 水中加硫酸亚铁铵 1g、草酸 2g、浓硫酸 5mL。

2. 氧化钙测定所需试剂

（1）三乙醇胺：1+1。

（2）氢氧化钾溶液，30%。

（3）钙黄绿素混合指示剂，称取 1.00g 钙黄绿素，1.3g 百里酚酞及 50g 硫酸钾研细混匀。

（4）EDTA 标准溶液：0.00892mol/L。

3. 氧化镁测定所需试剂

（1）三乙醇胺：1+1。

（2）氨水，$\rho=0.90g/mL$。

（3）铬黑 T 指示液（5g/L），称取 0.5g 铬黑 T 试剂，2g 盐酸羟胺，用 95%的乙醇稀释至 100mL。

（4）EDTA 标准溶液：0.00892mol/L。

五、操作步骤

序号	作业程序	操 作 内 容	检查确认
1	二氧化硅测定		
1.1	制备母液	母液的制备：称取试样 0.2g 放在预先盛有约 1.5g 混合剂的铂坩埚中，用棒仔细混匀后放入 950~1000℃马弗炉中熔融 4~5min。取出冷却（风吹或放置）放入有 50mL 硝酸（1+5）的 200mL 烧杯中，在电炉上加热浸取至熔融物全部溶解（如出现有高锰酸的红色，可滴加双氧水使红色恰好消失，再煮沸 1min 使双氧水分解）取下烧杯，立即加少量水，将溶液移入 200mL 容量瓶中，以流水冷却至室温，以水稀释至刻度，充分摇匀作为母液，供作二氧化硅、氧化钙、氧化镁含量测定用	1. 熔融时间不宜过长，以免生成难熔的结块。 2. 熔物在烧杯中加热溶解时间不宜过长，以免硅酸凝聚，得不到准确结果。 3. 本方法试用于含 $SiO_2$30%以下的各种矿石、矿粉、石灰石、白云石。 4. 每加一种试剂，必须摇匀。 5. 铂坩埚是贵重器皿，使用时应加注意，严禁将刚取出的热铂坩埚放入酸中，必须慢慢冷却以防铂坩埚变形，如遇有对铂坩埚腐蚀之样品。应预先进行处理后再使用
1.2	制备测定二氧化硅所需试液	吸取母液 5mL（视含量而定）放入 100mL 容量瓶中，加入 10mL 钼酸铵（2.5%），在沸水中加热 30s 后，立即取出以流水冷却至室温，加 20mL 草硫-硫酸-硫酸亚铁铵混合液，加水稀释至刻度，摇匀，以水为空白，从紫外可见分光光度计上直接读取百分含量	沸水浴可加速硅钼黄的生成，时间必须严格控制，不能过长，否则会因部分 β-硅钼酸转化成 α 型而使结果偏低，因此须立即用流水冷却

续表

序号	作业程序	操作内容	检查确认
2	氧化钙测定	2.1　分析步骤：分取母液 50.00mL 移入 300mL 烧杯中，吹水至 100mL 刻度，加 5mL 三乙醇胺（1+1），加 1 滴达旦黄（0.1%），加氢氧化钾（30%）调至粉红色，并过量 2mL，加适量钙黄绿素混合指示剂使呈绿色荧光，用 EDTA 标准滴定溶液滴定至绿色荧光消失为终点。 2.2　结果计算： $$w(\mathrm{CaO})(\%)=\frac{V\times 0.00892\times\frac{56.08}{1000}}{G\times\frac{50}{200}}\times 100$$ 式中　V——滴定时消耗 EDTA 标准溶液的体积，mL； 0.00892——EDTA 标准溶液物质的量浓度，mol/L； G——试样重，g； 56.08——氧化钙的分子量，g/mol	本方法应做空白试验，如有空白应减去
3	氧化镁测定	3.1　分析步骤：分取母液 50.00mL 移入 250mL 烧杯中，加 5mL 三乙醇胺（1+1），10mL 浓氨水，加适量的铬黑 T 指示液，用 EDTA 标准滴定溶液滴定至溶液颜色由红色变为蓝色为终点，读数。 3.2　结果计算： $$w(\mathrm{MgO})(\%)=\frac{(V_1-V)\times 0.00892\times\frac{40.31}{1000}}{G\times\frac{50}{200}}\times 100$$ 式中　V——滴定钙时消耗 EDTA 标准溶液的体积，mL； V_1——滴定钙镁合量时消耗 EDTA 标准溶液的体积，mL； 0.00892——EDTA 标准溶液物质的量浓度，mol/L； 40.31——氧化镁的分子量，g/mol； G——试样重，g。 为了便于计算，(V_1-V) 的毫升数乘 0.719，即为氧化镁的百分含量	1. 指示剂不宜过多或过少，多了终点早到，少了易过量。 2. 滴定至近终点时，要缓慢滴定，最后一滴呈蓝绿色。 3. 如有其他干扰元素，可滴加几滴盐酸羟胺二巯基丙醇等
4	出具数据	记录分析数据，进行 Lims 系统维护	

实验二　萤石的化学分析方法

一、作业要点

（1）醋酸重量法测定二氧化硅：试样用稀醋酸分解，将碳酸钙分离，用氢氟酸处理残渣后，二氧化硅则生成四氟化硅挥散，按差量法求出二氧化硅含量。

（2）比色分析法测定二氧化硅：试样用混合熔剂熔融，使氟与硼结合成络离子，使不溶性硅酸盐转化成可溶性的硅酸盐，在一定的酸度下，加钼酸铵，使硅酸生成黄色的硅钼杂多酸，并络合三价铁离子，随即加入硫酸亚铁铵，将硅钼黄还原为硅钼蓝，进行比色测定（本方法适用于萤石中含二氧化硅含量在20%以下的试样）。

（3）氟化钙的测定：试样用稀醋酸分离，盐酸-硼酸分解，过滤，取部分滤液，加三乙醇胺掩蔽铁、铝，氢氧化钾调 pH 值大于 12，以钙黄绿素为指示剂，用 EDTA 标准溶液滴定，计算出氟化钙的百分含量。

（4）磷含量的测定：见 SOP-LH316 压片法测萤石中磷的含量。

（5）硫含量的测定：见 SOP-LH325 红外线吸收法测定硫含量。

二、作业人员数量

5 人。

三、操作对象

本方法适用于萤石中二氧化硅、氟化钙、磷、硫含量的检验。

四、材料及工具

（一）醋酸重量法测二氧化硅

（1）醋酸：10%；取醋酸 10mL，用水稀释至 100mL。

（2）氢氟酸：40%。

（二）比色分析法测定二氧化硅

（1）混合熔剂：3 份无水碳酸钠，2 份硼酸、1 份碳酸钾研细混匀。

（2）钼酸铵溶液：2. 5%。

（3）硝酸：1+5。

（4）草硫混酸：3 份 4%草酸与 1 份 4mol/L 硫酸混匀。称取草酸 30g 溶于 400mL 水中，以水稀释到 750mL，量取浓硫酸 56mL 徐徐倾入 150mL 水中，冷却后稀释至 250mL，将稀释好的草酸与硫酸混合摇匀即可。

（5）硫酸亚铁铵：2. 5%。

（三）氟化钙的测定

（1）醋酸：1+9。

（2）盐酸：1+1。

（3）硼酸：饱和溶液。

（4）三乙醇胺：1+9。

（5）硝酸银溶液：1%（或 1. 7%）。

（6）达旦黄指示剂：0. 2%水溶液。

（7）钙黄绿素-百里酚酞混合指示剂：称 0. 2g 钙黄绿素，0. 12g 百里酚酞及 20g 氯化钾研细混匀，贮于磨口瓶中备用。

（8）氢氧化钾：30%水溶液。

（9）EDTA 标准液：0. 01783mol/L。

五、操作步骤

序号	作业程序	操作内容	检查确认
1	醋酸重量法测定二氧化硅	1.1　称样：称取试样 0.5g 于 100mL 烧杯中。 1.2　溶解：用水湿润试样，加 10%醋酸 20mL，盖上表皿，在沸水浴上加热蒸干（同时经常用玻璃棒搅拌，以促进其溶解）。 1.3　过滤：取下加热水 40mL，搅拌均匀，用中速滤纸加纸浆过滤，以热水洗净烧杯，洗沉淀 7~8 次。 1.4　灰化灼烧：将残渣及滤纸置于铂坩埚中，小心干燥灰化，于 600~700℃马弗炉中灼烧 30~40min，取出置于干燥器中冷却至室温，称重，再烧至恒重。 1.5　然后以水湿润残渣，加氢氟酸（40%）浸没残渣，低温蒸发至干，并重复加氢氟酸蒸发两次，置于 600~700℃马弗炉中烧 10min，取出冷却，称至恒重。 1.6　结果计算： $w(SiO_2)(\%) = \frac{G_1 - G_2}{G} \times 100$ 式中　G——试样质量，g； G_1——氢氟酸处理前残渣与坩埚质量，g； G_2——氢氟酸处理后残渣与坩埚质量，g	1. 氢氟酸处理时不得加入其他酸，以免称量时不稳。 2. 灼烧温度应严格控制，以免氟化物分解。 3. 试样中如含有铁及其他重金属时，在灼烧时易氧化增加质量，使结果偏低。 4. 每批试样应同时进行空白试验
2	比色分析法测定二氧化硅		
2.1	溶液的制备	2.1.1　称样：称取试样 0.1g 置于有 1.8g 左右混合熔剂的铂坩埚中，用圆头玻璃棒搅匀，再覆盖约 0.2g 混合熔剂。 2.1.2　母液制备：将坩埚放入 950~1000℃的马弗炉中，熔融 4~5min，取出冷却至室温，放入盛有 50mL 硝酸（1+5）的 200mL 烧杯中，在热板上加热至熔融物全部溶解，加冷水 30~50mL，将溶液移入 200mL 容量瓶中，洗净坩埚及烧杯，然后流水冷却至室温，以水稀释至刻度，摇匀作为母液。 2.1.3　吸取母液 3mL（视含量而定）于 100mL 容量瓶中，加入钼酸铵溶液 10mL，于沸水浴上加热 30s，取下立即用流水冷却至室温，加草硫混合酸 10mL，立即加硫酸亚铁铵溶液 10mL，以水稀释至刻度摇匀。 2.1.4　标准曲线制作：采用含二氧化硅量不同的萤石标样，按上述操作进行。配制完成后，在紫外可见分光光度计上进行比色	1. 加入草硫混酸后，应立即加入硫酸亚铁铵，否则结果偏低。间隔时间越长结果越低。 2. 加入试剂必须按顺序加入，每加一种试剂必须摇匀。 3. 母液放置时间过久，会使 SiO_2 结果偏高

续表

<table>
<tr><th>序号</th><th>作业程序</th><th>操　作　内　容</th><th>检查确认</th></tr>
<tr><td>2.2</td><td>仪器操作</td><td>
2.2.1　标准曲线绘制。

2.2.1.1　双击电脑桌面上图标Concentra...，进入浓度主菜单。
2.2.1.2　单击图1中“Setup”键，进入参数设置页面。
2.2.1.3　按Cary，进入如图1所示仪器控制页面，在Wavelength（nm）处选择所需要的波长，即660nm。
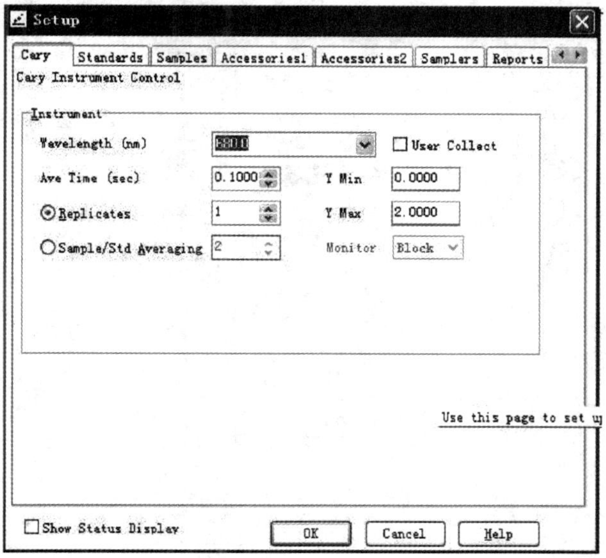

图1
2.2.1.4　单击“Standards”键，进入如图2所示标准设置界面，在Calibrate during run处打上对号，在Units处输入测量样品单位，Standards处选择标准样品个数，Conc处输入每个标准样品的浓度。
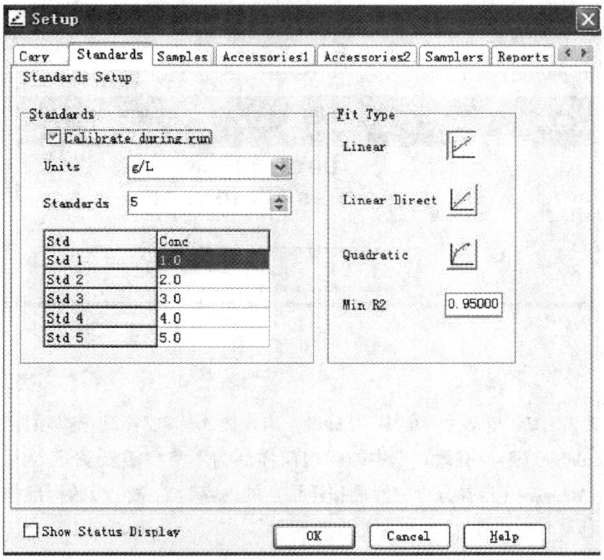

图2
</td><td>1. 标准曲线完成后检查确认曲线线性应达到0.999%以上，否则应重新进行曲线绘制。
2. 将比色皿放入样品室时只能用手接触两侧的毛玻璃面，避免接触光学面，盛装溶液时高度为比色皿的2/3处即可</td></tr>
</table>

续表

<table>
<tr><th>序号</th><th>作业程序</th><th>操 作 内 容</th><th>检查确认</th></tr>
<tr><td>2.2</td><td>仪器操作</td><td>

2.2.1.5　单击“Samples”键，进入如图 3 所示界面，在 Number of Samples 处输入样品数，Sample Names 处输入样品名称，点击确定，回到浓度主界面。

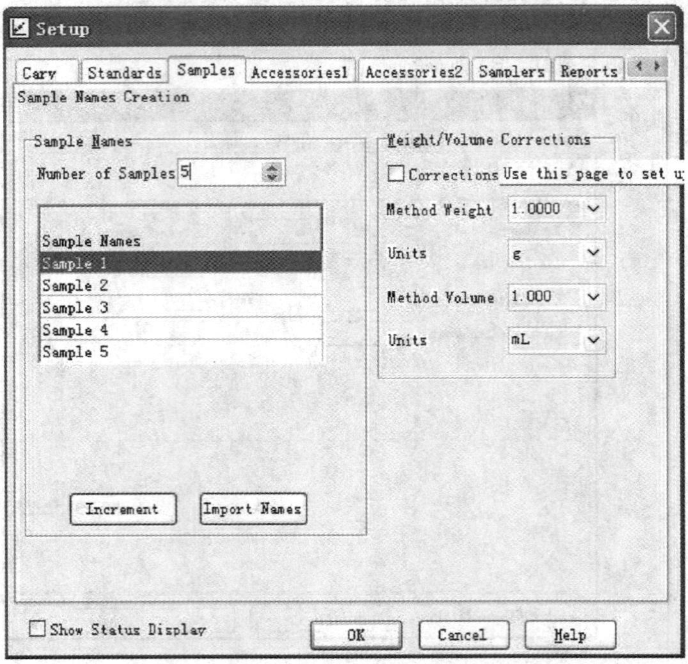

图 3

2.2.1.6　单击主界面“Zero”出现如图 4 所示提示框，将空白试样放进样品室，点击确定。

图 4

2.2.1.7　单击主界面中“Start”，出现图 5 标准/样品选择项界面。Solutions Available（溶液有效）框中的标准或样品为不需要重新测量的内容，Selected for Analysis（选择分析的标准和样品）的内容为准备分析的标准和样品，将溶液移至相应位置。

</td><td>

1. 标准曲线完成后检查确认曲线线性应达到 0.999%以上，否则应重新进行曲线绘制。

2. 将比色皿放入样品室时只能用手接触两侧的毛玻璃面，避免接触光学面，盛装溶液时高度为比色皿的 2/3 处即可

</td></tr>
</table>

续表

<table>
<tr><th>序号</th><th>作业程序</th><th>操　作　内　容</th><th>检查确认</th></tr>
<tr><td>2.2</td><td>仪器操作</td><td>
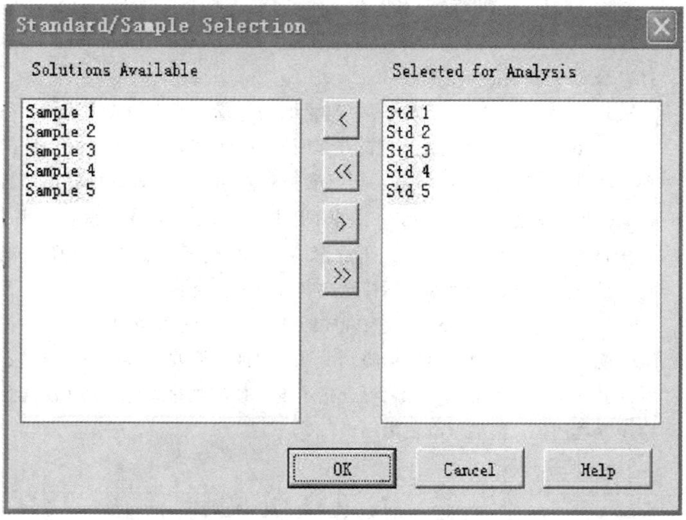

图 5

2.2.1.8　单击图 5 中“OK”键进入分析测试，出现图 6 提示框，放标准 1 然后单击“OK”键进行读数，再放标准 2 按“OK”键进行读数。直到全部标准读完。

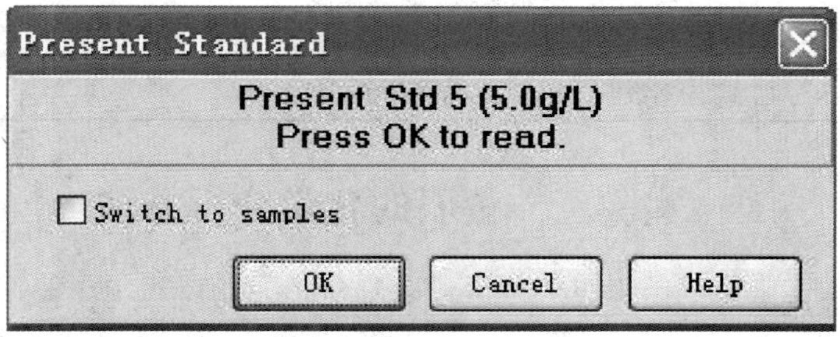

图 6

2.2.1.9　所有标样读完后，点击主界面中 File 文件菜单中“Save Method AS”，输入方法名称，保存此编好的方法。以后调用此方法，标准曲线一起调出。

2.2.2　测量样品。

2.2.2.1　双击电脑桌面上图标 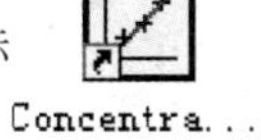

，进入主菜单，单击“File”→“Open Method”→选调用方法名→“Open”，进入已存的标准曲线。

2.2.2.2　单击“Setup”→“Samples”，在 Number of Samples 处输入所要测的样品数，Sample Names 处输入样品名称，点击确定。

2.2.2.3　单击“Zero”，将空白放进样品室，点击确定。

2.2.2.4　单击“Start”开始运行调用的方法。如用已存的标准曲线，在右框中将全部标准移到左框。单击“OK”→进入样品测试。

2.2.2.5　按提示完成全部样品的测试。

2.2.2.6　如要存数据和结果，单击“File”文件，选 Save Data As…. 在下面 File name 中输入数据文件名，单击 Save。全部操作完成
</td><td></td></tr>
</table>

续表

序号	作业程序	操 作 内 容	检查确认
3	氟化钙的测定	3.1　称取试样 0.15g 于 100mL 烧杯中。 3.2　加醋酸（1+9）10mL，加盖表皿，放入沸水浴中加热 30min，并不断搅拌，补充水保持溶液体积 10mL。 3.3　取下用水冲洗表皿，用中速滤纸加纸浆过滤，用温水洗烧杯 3~4 次，沉淀 5~6 次，弃去滤液，将沉淀及滤纸放回原烧杯中。 3.4　加盐酸（1+1）20mL，加硼酸饱和液 8mL，用玻璃棒将滤纸搅碎，于低温热板上加热 20min（勿沸），并不断搅拌，取下用快速滤纸过滤于 150mL 容量瓶中，用温水洗净烧杯，再洗沉淀 8~10 次至无氯离子（硝酸银检查）。将容量瓶溶液冷却至室温，稀释至刻度，摇匀备用。 3.5　吸取上述溶液 50mL 于 200mL 烧杯中，加水稀至 100mL，加三乙醇胺 3mL 搅匀，加入旦黄指示剂 1 滴，用氢氧化钾溶液调至溶液呈粉红色，再过量 2~3mL，加入适量的钙黄绿素混合指示剂，使溶液呈绿色，用 EDTA 标准液滴定至绿色消失，溶液呈红色为终点。 3.6　结果计算： $CaF_2(\%) = \dfrac{C \times V \times 78.08}{G \times 1000} \times 100 + A$ 式中　C——EDTA 标准液摩尔浓度，mol/L； V——消耗 EDTA 标准液体积，mL； G——试样质量，g； A——本方法氟化钙校正值，0.65； 78.08—— CaF_2 分子量，g/mol	1. 氟化钙在稀醋酸中有少量溶解，操作中要严格控制条件一致。 2. 在盐酸分解试样时，要严格控制温度勿沸，以免影响终点。 3. 由于氟化钙在醋酸溶液中有少量溶解，测得结果偏低，故加 0.65% 校正值
4	出具数据	记录下分析数据，进行 Lims 系统维护	

实验三　萤石的化学分析方法

一、作业要点

将试样通过压片的方法制备样片，用 X 射线荧光光谱仪测定样片中待测元素的 X 射线荧光强度，根据标准样品制作的校准曲线计算出元素的最终含量。

二、作业人员数量

1 人。

三、操作对象

本方法适用于烧结矿、球团矿中的化学成分及萤石中磷含量的检验。

四、材料及工具

（一）仪器

（1）YY-600 型压片机。

（2）X 射线荧光光谱仪。

（二）材料

塑料环。

五、操作步骤

序号	作业程序	操　作　内　容	检查确认
1	压片		
1.1	称样	称取适量样品于塑料环内，如图 1 所示。 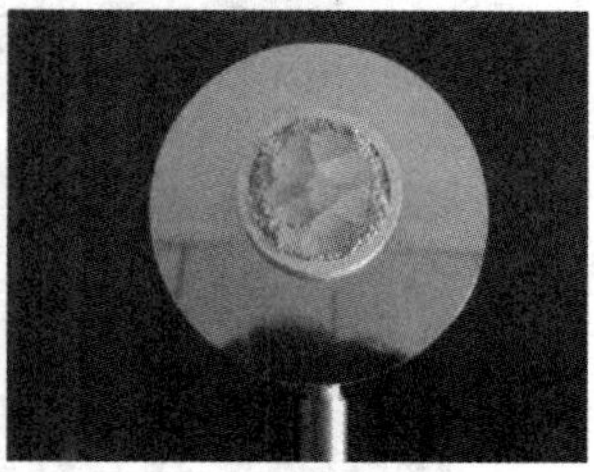 图 1	
1.2	压片机	压片机如图 2 所示。 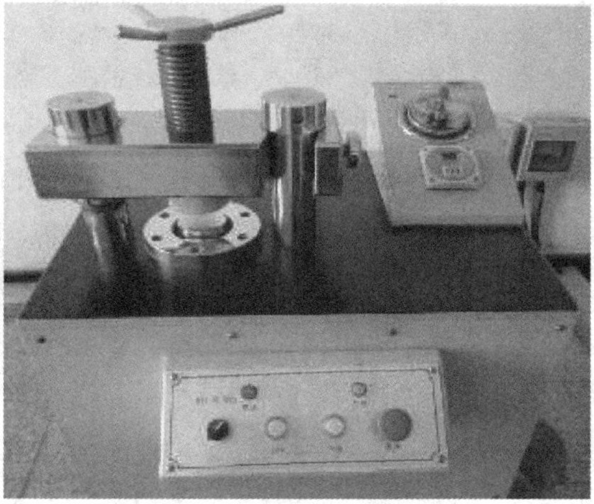 图 2	检查确认设备处于正常状态
1.3	压片过程	1.3.1　将称好的样品置于设备的模具上，如图 3 所示，将上模块拉回原来位置。 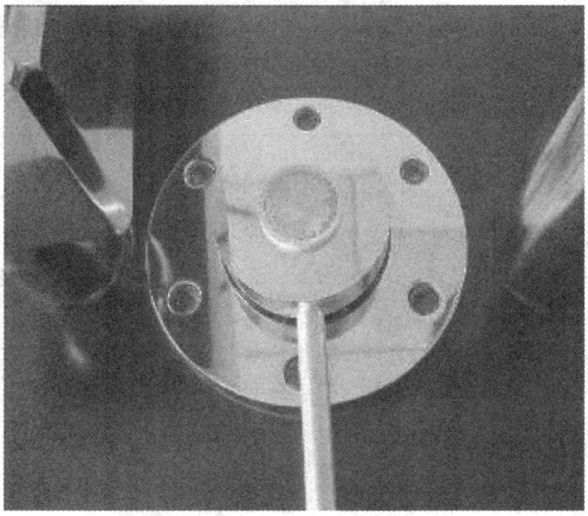 图 3	

续表

序号	作业程序	操　作　内　容	检查确认
1.3	压片过程	1.3.2　所压试样放置好后，按下控制面板上的上升按钮，如图 4 所示，此时压样机下模块自动开始上升压至所设定的吨位后，自动开始保压，保压时间到达后，自动下行，压样完成。 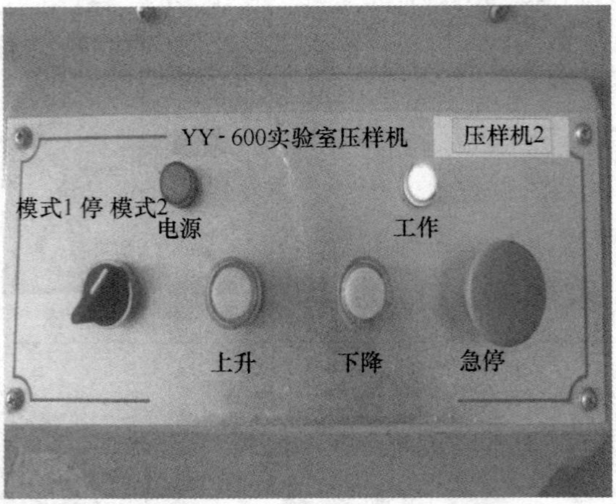 图 4	
1.4	制好的样片	取下样片后，用洗耳球将样品表面浮尘吹干净，压好的样片如图 5 所示。  图 5	
2	样片分析		
2.1	烧结矿、球团矿分析	2.1.1　点击窗口中的定量分析，随后双击上部分的浅蓝色横条，进入选择界面，首先选择样品位置，点击下一个。 2.1.2　选择（7）组分析，点击下一个，选择分析代码（及曲线名称），即分析烧结矿时选择“烧结矿压片”曲线，分析球团矿时选择“球团矿压片”曲线，点击下一个，输入样品名称，点击下一个，选择重复次数（0：缺省），点击下一个，输入操作者姓名，点击下一个，选择（2）存储，点击保存，返回。 2.1.3　将制备好的样片放入样品盒内，将样品盒按照设定的顺序放入样品盘中，点击开始→确定，试样开始分析。 2.1.4　分析完成后，结果自动在结果栏显示。	分析样片前首先进行 PHA 调节，确认仪器处于正常状态

续表

<table>
<tr><th>序号</th><th>作业程序</th><th>操　作　内　容</th><th>检查确认</th></tr>
<tr><td>2.2</td><td>萤石分析</td><td>
2.2.1　双击桌面上

图标，进入界面。
2.2.2　单击“分析”按钮，随后双击蓝绿色横条，出现如图 6 所示样品 ID 设置界面。
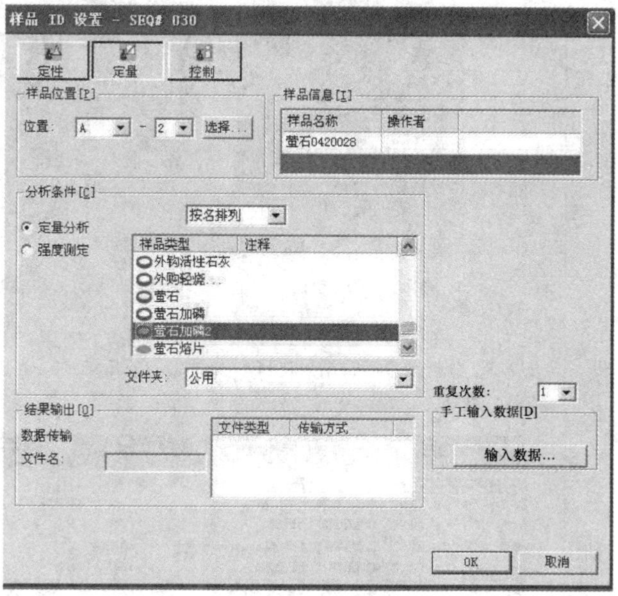

图 6
2.2.3　在样品 ID 设置界面，点击“定量”，显示为图 6 界面，在位置处选择样品所要放置的位置；在分析条件中选择定量分析，同时选择所需要用的校准曲线“萤石加磷 2”曲线；在样品名称处输入样品的名称及编号，以及操作者姓名。样品信息输入好后，点击“OK”按钮，返回上一界面，此时样品信息将在蓝绿色横条内显示，如图 7 所示。
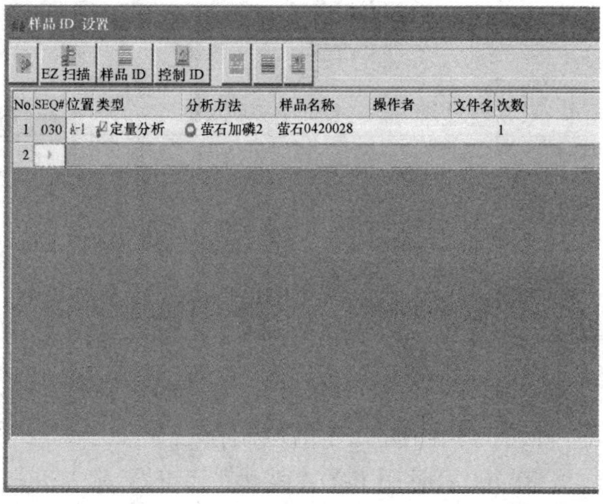

图 7
</td><td>分析样片前首先进行 PHA 调节，确认仪器处于正常状态</td></tr>
</table>

续表

<table>
<tr><th>序号</th><th>作业程序</th><th>操 作 内 容</th><th>检查确认</th></tr>
<tr><td>2.2</td><td>萤石分析</td><td>2.2.4 将制备好的样片放入样品盒内，将样品盒按照设定的顺序放入样品盘中，如图 8 所示，关闭门。点击图 7 中“分析”按钮，开始进行分析。

图 8
2.2.5 分析结束后，结果将自动出现在“分析结果”界面，即点击图 7 中的“结果”按钮，出现图 9 的“分析结果”界面。
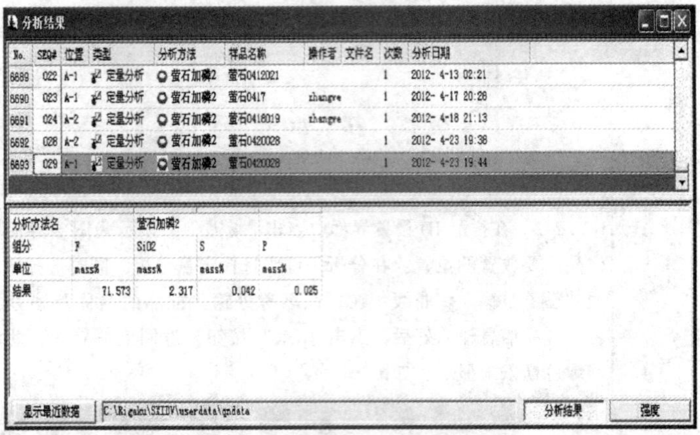

图 9</td><td>分析样片前首先进行 PHA 调节，确认仪器处于正常状态</td></tr>
<tr><td>3</td><td>出具数据</td><td>记录下分析数据，进行 Lims 系统维护</td><td></td></tr>
</table>

实验四 镁粉的测定方法

一、作业要点

（1）三氧化二铁的测定：试样用碳酸钠和硼酸混合熔剂熔融后，熔化物以稀盐酸浸出，吸取一定量的母液，当溶液的 pH 值控制在 2.0~2.5 时，三价铁离子与磺基水杨酸生成紫红色的络合物，50~60℃时用 EDTA 溶液滴定时，磺基水杨酸铁络合物中的铁离子被 EDTA 取代，至全部铁离子形成 EDTA 铁络合物后，此时溶液紫红色消失而呈柠檬黄或无色即 EDTA 铁的颜色。

（2）三氧化二铝的测定：将滴定铁后的溶液，加入过量的 EDTA，调节 pH 值为 4~5，加热煮沸，使铝离子与 EDTA 络合，80~90℃温度下，用 PAN 做指示剂，以硫酸铜标准溶液滴定三氧化二铝含量。

（3）氧化钙的测定：分取制备的母液，用三乙醇胺掩蔽铁、铝，调整 pH≥12，以钙黄绿素为指示剂，用 EDTA 标准滴定溶液滴定，测定氧化钙含量。

（4）二氧化硅的测定：分取制备的母液，加钼酸铵生成硅钼黄络合物，加入草硫混酸消除磷的干扰，然后以硫酸亚铁铵还原成硅钼蓝，利用蓝色进行比色测定。主要化学反应式如下：

$$SiO_2 + Na_2CO_3 \longrightarrow Na_2SiO_3 + CO_2\uparrow$$

$$Na_2SiO_3 + 2HCl + H_2O \longrightarrow H_4SiO_4 + 2NaCl$$

$$H_4SiO_4 + 12H_2MoO_4 \longrightarrow H_8[Si(Mo_2O_7)_6] + 10H_2O$$

$$H_8[Si(Mo_2O_7)_6] + 4FeSO_4 + 2H_2SO_4 \longrightarrow H_8[SiMo_2O_5(Mo_2O_7)_5] + 2Fe_2(SO_4)_3 + 2H_2O$$

（5）灼烧减量的测定：将盛有试样的瓷坩埚置于预先加热至 1050℃±25℃的马弗炉中重复灼烧至质量恒定，以其残留物的质量占试样质量的百分数作为灼烧减量。

（6）氧化镁的测定：本方法基于测定样品中杂质百分含量，在 100%中减去杂质含量而得氧化镁量。

二、作业人员数量

5 人。

三、操作对象

本方法适用于镁粉中的三氧化二铁，测定范围 0.20%~15.00%；三氧化二铝，测定范围 0.10%~10.00%；氧化钙，测定范围 0.20%~35.00%；二氧化硅、灼烧减量、氧化镁的检验

四、材料及工具

（一）母液的制备所用的仪器和试剂

（1）铂坩埚。

（2）高温炉。

（3）容量瓶：250mL。

（4）混合熔剂（2+1）：取 2 份无水碳酸钠与 1 份硼酸研细，混匀。

（5）盐酸（1+2）。

（二）三氧化二铁、三氧化二铝的测定所用试剂

（1）硝酸。

（2）盐酸（1+1）。

（3）氨水。

（4）醋酸-醋酸铵缓冲溶液（pH=4.5）：取醋酸铵 77g 溶于水中，加 60mL 冰醋酸，用水稀释至 1000mL，混匀。

（5）磺基水杨酸指示剂（20%）：取磺基水杨酸 20g 溶解稀释于 100mL 水中，混匀。

（6）PAN 指示剂（0.1%）：取 PAN 0.1g 溶解稀释于 100mL 乙醇中，混匀。

（7）紫脲酸铵指示剂（2%）：取紫脲酸铵指示剂 2g 与 100g 氯化钾，研细，混匀，保存于磨口瓶中。

（8）苦杏仁酸溶液（10%）：微热溶解。

（9）硫酸铜标准溶液（0.005mol/L）的配制：准确称取基准铜（99.99%）0.3177g 于 100mL 烧杯中（如果金属表面有氧化膜时，则用硝酸（1+9）洗去，再用无水乙醇洗净酸，风干后使用），加入 5mL 浓硝酸及 5 滴硫酸（1+1）低温加热溶解至冒白烟止。加少量水，加热溶解盐类，冷至室温，移入 1000mL 容量瓶中，用水稀释至刻度，混匀。

（10）EDTA 标准溶液（0.005mol/L）的配制与标定：

1）配置：称取 1.9g EDTA 于水中加热溶解，冷至温室，用水稀释至 1000mL，混匀；

2）标定：称取 20mL 硫酸铜标准溶液（1+9）于 250mL 锥形瓶中，用氨水（1+1）调至有沉淀出现，加氨水（1+1）至沉淀溶解。再过加 3 滴，加适量的紫脲酸铵指示剂，用欲标定的 EDTA 溶液进行滴定至紫红色即为终点，这样反复标定，直至两溶液误差小于 0.05mL 为止。

（11）硫酸铜标准溶液（0.005mol/L）的配制与标定：

1）配制：称取 1.3g 硫酸铜溶于水中，加 5 滴硫酸（1+1），用水稀释至 1000mL，混匀。

2）标定：移取 20mL EDTA 标准溶液于 250mL 锥形瓶中，加 10mL pH=4.5 的缓冲溶液，加热至沸，取下，稍冷，试液在 80~90℃，加 8 滴 PAN 指示剂，用欲标定的硫酸铜溶液进行滴定至玫瑰红色即为终点。这样反复标定。直至两溶液误差小于 0.05mL 为止。

（三）氧化钙的测定所用试剂

（1）三乙醇胺混合溶液：20mL 三乙醇胺加 2mL 乙二胺用水稀释至 100mL 贮存于塑料瓶中。

（2）氢氧化钾溶液（30%）贮存于塑料瓶中。

（3）盐酸羟胺 1%。

（4）钙指示剂（1+50）：取 1g 钙指示剂加 50g 氯化钾，研细，混匀。

（5）EDTA 标准溶液：用测定铁铝的 EDTA（0.005mol/L）。

（四）二氧化硅测定所用试剂

（1）盐酸（1+5）。

（2）钼酸铵溶液（1%）。

（3）草酸-硫酸-硫酸亚铁铵混合液：取 24g 草酸，溶于 300mL 硫酸（1+2）中，加 8g 硫酸亚铁铵搅拌溶解，用水稀释至 1000mL，混匀。

（4）二氧化硅标准贮存溶液：称取 0.5000g，预先在 1000℃灼烧 2h 并冷至室温，这时将二氧化硅（99.99%）放入铂坩埚中，加 5g 无水碳酸钠，盖上坩埚盖并稍留缝隙，置于 1000℃高温炉中熔融 10min，取出，冷却。置于盛有 300mL，沸水的聚四氟乙烯烧杯中，低温加热浸取熔块至溶液清亮，用热水洗出坩埚及盖，冷至室温，移入 500mL 容量瓶中，用水稀释至刻度，混匀，贮存于塑料瓶中，此溶液 1mL 含 1mg 二氧化硅。

（5）二氧化硅标准溶液：移取 50mL 二氧化硅标准贮存液（4）于 500mL 容量瓶中，用水稀释至刻度，混匀，贮存于塑料瓶中，此溶液 1mL 含 100μg 二氧化硅。

（五）灼烧减量的测定所用仪器

（1）瓷坩埚。

（2）高温炉。

（3）电子天平。

五、操作步骤

序号	作业程序	操　作　内　容	检查确认
1	母液的制备		
1.1	试验步骤	1.1.1　称取 0.5g 试样（精确至 0.0001g）置于盛有 4g 混合熔剂的铂坩埚中，混匀，再覆盖 2g 混合熔剂盖上坩埚盖并稍留缝隙，在 1050℃±25℃高温炉中熔融 25min，取出。旋转坩埚使熔融物均匀附着于坩埚内壁，冷却。 1.1.2　用水冲洗坩埚内壁，置于盛有煮沸的 75mL 盐酸的烧杯中，加热浸出熔融物至溶液清亮，用水洗出坩埚及盖，冷却至室温，移入 250mL 容量瓶中，用水稀释至刻度，混匀，供测定硅、铁、铝、钙、镁等使用	
2	三氧化二铁、三氧化二铝的测定		
2.1	试验步骤	2.1.1　移取 50mL 母液于 500mL 锥形瓶中，加水至 100mL，加 10～20 滴硝酸加热煮沸，取下，加 5 滴磺基水杨酸指示剂，用氨水中和至浅黄色，用盐酸中和至紫红色，再过加 3 滴，试液在 50～60℃，以 EDTA 标准溶液缓慢滴定至柠檬黄色或无色即为终点 V_1（铁含量低为无色）。 2.1.2　在滴定铁后的溶液中，加 2 mol/L 苦杏仁酸 5mL，准确滴加 EDTA 标准溶液 V_2（视铝含量而定），一般过 5mL，加 25mL pH＝4.5 的缓冲溶液，加热煮沸 3min，取下稍冷，试液在 80～90℃加入 8 滴 PAN 指示剂，以硫酸铜标准溶液，在不停地摇晃下一直滴定至玫瑰红色即为终点 V_3	1. 测定三氧化二铁时加入氨水至浅黄色出现为止，不可多加，过多则结果偏低。 2. 滴定时温度应在 50～60℃，加热时不得煮沸，否则结果偏高。若温度过低反应不灵敏，易过量。 3. 测定铝含量时，加入醋酸－醋酸铵缓冲溶液后，煮沸时间不得少于 3min，因铝与 EDTA 络合物不能瞬时形成。 4. 快到终点时要缓慢滴定，快速搅拌，否则易过量

续表

序号	作业程序	操作内容	检查确认
2.2	计算方法	按下式计算三氧化二铁，三氧化二铝量： $w(Fe_2O_3)=\dfrac{c(EDTA)\times\dfrac{M(Fe_2O_3)}{2000}\times V_1}{m}\times 100$ $=\dfrac{0.005\times\dfrac{159.7}{2000}\times V_1}{0.1}\times 100$ $=0.3992\times V_1$ $w(Al_2O_3)=\dfrac{c(EDTA)\times\dfrac{M(Al_2O_3)}{2000}\times(V_2-V_3)}{m}\times 100$ $=\dfrac{0.005\times\dfrac{102}{2000}\times(V_2-V_3)}{0.1}\times 100$ $=0.255\times(V_2-V_3)$ 式中　0.005——EDTA 标准溶液摩尔浓度，mol/L； V_1——滴定铁消耗 EDTA 标准溶液，mL； V_2——滴定铝过加 EDTA 标准溶液，mL； V_3——回滴定量 EDTA 标准溶液消耗硫酸铜标准溶液，mL； m——分取试样量，g	
3	氧化钙的测定		
3.1	试验步骤	移取母液 25mL 置于 500mL 锥形瓶中，加水至 200mL，加 10mL 三乙醇胺混合液，20mL 氢氧化钾，5mL 盐酸羟胺，适量的钙指示剂，用 EDTA 标准溶液直接滴定至蓝色为终点即为 V	
3.2	计算方法	按下式计算氧化钙量： $w(CaO)=\dfrac{c(EDTA)\times\dfrac{M(CaO)}{2000}\times V}{m}\times 100$ $=\dfrac{0.005\times\dfrac{56.08}{2000}\times V}{0.05}\times 100$ $=0.568\times V$（镁石 $0.2804V$；白云石 $0.696V$） 式中　0.005——EDTA 标准溶液摩尔浓度，mol/L； V——滴定钙消耗 EDTA 标准溶液，mL； m——分取试样量，g	
4	二氧化硅的测定		

续表

序号	作业程序	操 作 内 容	检查确认
4.1	试验步骤	4.1.1　空白试验：随同试液做空白试验。 4.1.2　移取3mL（二氧化硅含量0.10%~1.00%，移取5mL）待测试液于100mL容量瓶中，加25mL钼酸铵溶液，混匀，于室温放置20min（根据室温的高低而定）。 4.1.3　加入25mL草酸-硫酸-硫酸亚铁铵混合液，混匀，用水稀释至刻度，再混匀，用1cm比色皿，于分光光度计波长690nm处，以随同试液的空白为参比测量其吸光度。 4.1.4　工作曲线的绘制：移取0.00，0.10，0.30，0.50，0.70，0.90，1.10mL及0.00，0.50，1.00，1.50，2.00，2.50，3.00mL二氧化硅标准溶液，分别置于两组100mL容量瓶中，各加入2.5mL盐酸，以下按操作步骤中的第4.1.2、4.1.3款进行，以试剂空白为参比，分别绘制工作曲线	当二氧化硅含量大于5.00%~10.00%时，应称取0.1g试样，按照母液的方法制备及操作步骤中第4.1.2、4.1.3款进行，选取合适的标样或二氧化硅标准溶液换算分析结果
4.2	计算方法	按下式计算二氧化硅量： $w(SiO_2)=\dfrac{m_1}{m\times\dfrac{V_1}{V}}\times 100$ 式中　m_1——由工作曲线查得二氧化硅量，g； V_1——分取试液的体积，mL； V——试液的总体积，mL； m——试样量，g	
5	灼烧减量的测定		
5.1	试验步骤	5.1.1　试样需预先在105~110℃烘1h。取出，置于干燥器中冷却至室温。 5.1.2　称取1g试样，置于瓷坩埚中，精确至0.0001g。 5.1.3　将称有试样的瓷坩埚置于高温炉中，在1050℃±25℃保温1h（菱镁石、轻烧镁粉试样初以低温逐渐升至高温灼烧2h）取出，稍冷即放入干燥器中，冷却至室温，称量。重复灼烧（每次30min），称量直至恒重	两次灼烧称重差值不超过0.5mg，即认为恒重
5.2	计算方法	按下式计算灼烧减量： $w(LOI)=\dfrac{m_1-m_2}{m_1}\times 100$ 式中　m_1——灼烧前试样质量，g； m_2——灼烧后试样质量，g	
6	氧化镁的测定		
6.1	计算方法	按下式计算氧化镁量： $w(MgO)=100-[w(SiO_2)+w(CaO)+w(Fe_2O_3)+w(Al_2O_3)+w(LOI)]$	
7	出具数据	记录下分析数据，进行Lims系统维护	

实验五　各物料中碱金属的测定方法

一、作业要点

（1）原子吸收法测定氧化钾、氧化钠、氧化锌：试样采用盐酸-氢氟酸-高氯酸溶解蒸干后，盐酸溶出；用原子吸收分光光度计于波长 766. 5nm、589. 0nm 和 213. 9nm 处，分别测定氧化钾、氧化钠和氧化锌的吸光度。从而得其含量的质量分数。

（2）电位滴定仪测定氯离子含量：用硝酸浸取试样取滤液，用氢氧化钠除去氢氧化物沉淀后调节 pH 为中性，再用自动电位滴定仪滴定。

二、作业人员数量

2 人。

三、操作对象

本方法适用于高炉平衡物料中氧化钾、氧化钠、氧化锌与氯离子含量的测定。

四、材料及工具

（一）原子吸收法测定氧化钾、氧化钠、氧化锌

1. 仪器及工作条件

仪器：AA800 型原子吸收光谱仪。

光源：钾、钠、锌空心阴极灯。

燃气：乙炔。

波长：钾 766. 5nm、钠 589. 0nm、锌 213. 9nm。

2. 试剂

（1）盐酸：ρ= 1. 19g/mL。

（2）氢氟酸：ρ= 1. 15g/mL。

（3）高氯酸：ρ= 1. 67g/mL。

（二）电位滴定仪测定氯离子含量

1. 仪器

TIM865 型电位滴定仪。

2. 试剂

（1）硝酸：1+1、1+4。

（2）酚酞指示剂（1%）：称取 1g 酚酞，溶于乙醇（95%），用乙醇（95%）稀释至 100mL。

（3）氢氧化钠溶液（50%）：称取 500g 氢氧化钠溶于盛有水的塑料烧杯中，冷却至室温，加水稀释至 1000mL，摇匀，最后储存在塑料容器中。

（4）氯化钠标准溶液：将基准氯化钠在 600℃ 马弗炉灼烧 2h，冷却至室温后，准确称取 0. 5000g 溶解并定容到 100mL 容量瓶中，此氯化钠标准溶液浓度为 5. 0000g/L。

五、操作步骤

<table>
<tr><th>序号</th><th>作业程序</th><th>操　作　内　容</th><th>检查确认</th></tr>
<tr><td>1</td><td>氧化钾、氧化钠、氧化锌的测定</td><td></td><td></td></tr>
<tr><td>1.1</td><td>试样准备</td><td>除炭：对于煤粉、焦炭、炉前灰等含有大量炭的样品，需要首先进行除炭反应。在1000℃条件下灼烧过夜，灼烧样品时保持样品平铺、烧透</td><td></td></tr>
<tr><td>1.2</td><td>溶样</td><td>1.2.1　称取0.1～0.5g试样于100mL聚四氟乙烯烧杯中，依次加入5mL浓HCl、5mL浓HF、5mL浓$HClO_4$，放置电热板上低温消解，至试液接近蒸干；继续加入5mL浓HCl，用少量水冲洗杯壁，加热几分钟溶解盐类；取下，定容于100mL容量瓶中，混匀、待测。
1.2.2　工作曲线的制备：按下表分别取标准溶液，标准溶液浓度（非金属氧化物）为（100μg/mL），定容到100mL
<table>
<tr><th>V/mL</th><th>0</th><th>0.1</th><th>0.5</th><th>1.0</th><th>3.0</th><th>5.0</th></tr>
<tr><td>$w(K_2O)$/%</td><td>0</td><td>0.0121</td><td>0.060</td><td>0.121</td><td>0.362</td><td>0.603</td></tr>
<tr><td>$w(Na_2O)$/%</td><td>0</td><td>0.0135</td><td>0.067</td><td>0.135</td><td>0.404</td><td>0.674</td></tr>
<tr><td>$w(ZnO)$/%</td><td>0</td><td>0.0125</td><td>0.062</td><td>0.125</td><td>0.374</td><td>0.623</td></tr>
</table></td><td>称样量视试样各元素含量大小为准，含量大的称样量小</td></tr>
<tr><td>1.3</td><td>仪器操作</td><td>1.3.1　开机。
1.3.1.1　乙炔气压力大于0.6MPa，开通风系统。
1.3.1.2　打开计算机和主机。
1.3.1.3　双击电脑桌面  图标进入工作界面。
1.3.2　仪器稳定。
1.3.2.1　灯设置：点击图1工作界面中工具栏中的  按钮，打开钾、钠、锌灯（分别点击开/关一列中相应灯的按钮），再点击设置一列中灯1按钮，钾灯开始优化（测元素含量前首先对相应灯进行优化）。
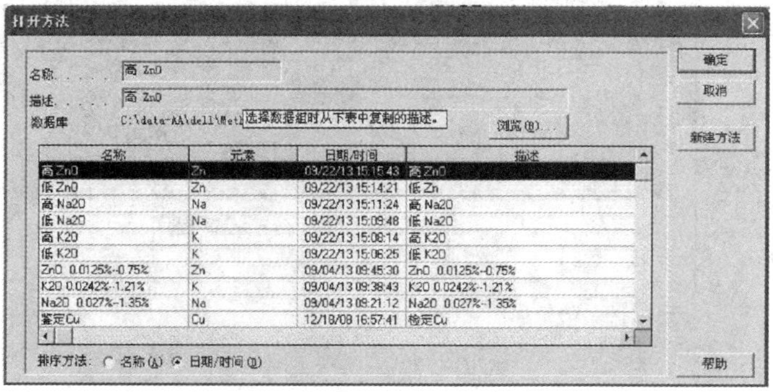
图1</td><td></td></tr>
</table>

续表

序号	作业程序	操 作 内 容	检查确认
1.3	仪器操作	1.3.2.2　打开火焰：点击工具栏中按钮，点击火焰开关按钮，点燃火焰。 1.3.2.3　火焰点燃后，仪器稳定 10min 后开始分析。 1.3.3　试样分析。 1.3.3.1　选择方法：点击人工界面对话框中按钮出现如图 1 所示对话框，选择已经保存好的工作曲线（新方法的建立见 SOP-LH103 仪器操作使用和维护），点击确定，返回主界面。 1.3.3.2　分别点击工具栏中按钮（手工分析控制界面）、按钮（分析结果界面）、按钮（校准曲线显示界面）出现相应对话框，如图 2～图 4 所示。 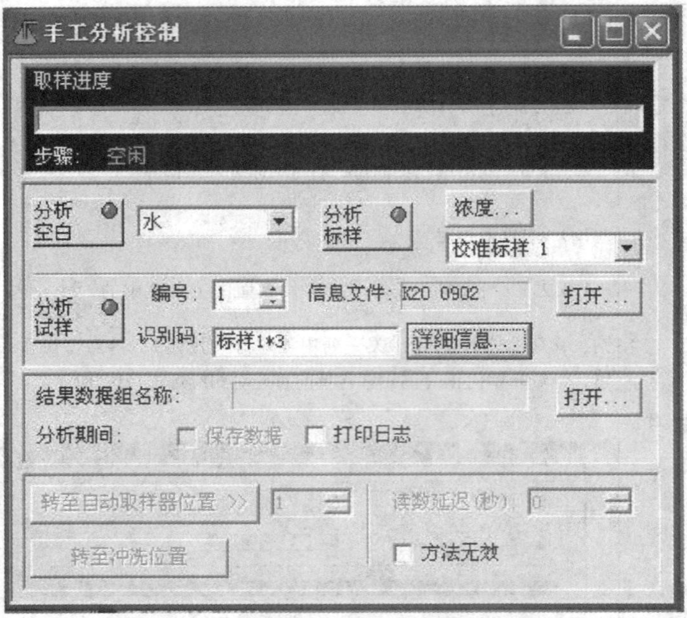 图 2　手工分析控制界面	

续表

<table>
<tr><th>序号</th><th>作业程序</th><th>操　作　内　容</th><th>检查确认</th></tr>
<tr><td>1.3</td><td>仪器操作</td><td>
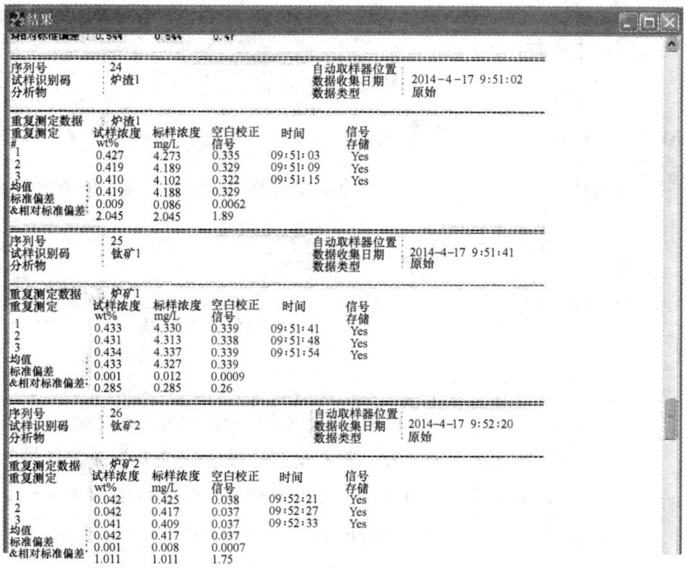

图 3　结果界面

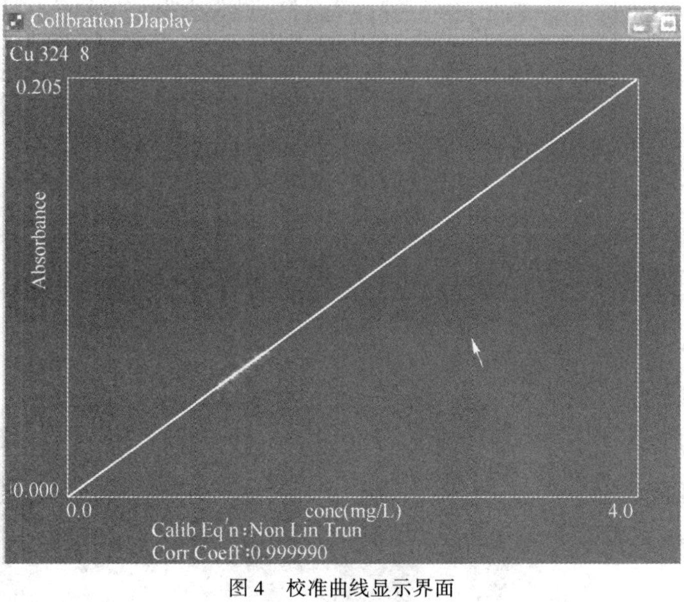

图 4　校准曲线显示界面

1.3.3.3　点击图 2 手工界面中上方“打开”按钮，选择试样信息（建立样品信息方法见 SOP-LH103 设备操作使用和维护），再点击下方“打开”按钮，选择数据保存路径。

1.3.3.4　信息设置完后开始分析，首先进行校准曲线的绘制：吸入空白，点击图 5 对话框中“分析空白”按钮，即开始分析空白，空白分析完后，依次吸入校准曲线溶液，点击“分析标样”按钮，校准曲线溶液分析完后，校准曲线将显示在图 4 中的界面内，曲线系数应不小于 0.999。
</td><td></td></tr>
</table>

续表

序号	作业程序	操作内容	检查确认
1.3	仪器操作	1.3.3.5　样品分析：吸入空白，点击“分析空白”按钮，再吸入待测样品溶液，点击“分析试样”按钮，分析结束后，数据将自动出现在如图 6 所示的结果界面。 1.3.3.6　分析结束，仪器稳定 10min。 1.3.3.7　点击  按钮，在火焰控制界面中点击“关”熄灭火焰，关闭乙炔气瓶，点击“排气”按钮排除管路中残留的乙炔，关闭排风系统。 1.3.3.8　点击  按钮，在灯设置界面中点击“关”，关闭灯。 1.3.3.9　关闭 WinLab32 软件，退出主菜单，关闭空压机、主机、计算机	
2	氯离子的测定		
2.1	制备试样	2.1.1　称量：根据试样氯含量的不同把试样分为四个类型。 （1）氯含量 10%以上：称 0.2g 试样用 0.1mol/L 的 $AgNO_3$ 标准溶液测定。 （2）氯含量 1%～10%：称 0.1g 试样用 0.005mol/L 的 $AgNO_3$ 标准溶液测定； （3）氯含量 0.1%～0.99%：称 2g 试样用 0.005mol/L 的 $AgNO_3$ 标准溶液测定； （4）氯含量 0.1%以下：称 5g 试样用 0.005mol/L 的 $AgNO_3$ 标准溶液测定。 2.1.2　溶解：向盛有试样的烧杯中加入 100mL 蒸馏水，放置电热板上加热，盖上表面皿，煮沸保持 1h，取下，冷却。 2.1.3　快速过滤残渣，用水洗涤烧杯和沉淀数次，滤液和洗液收集于 200mL 烧杯中，作为主液保留。 2.1.4　调节 pH：在主液中滴加 1～2 滴酚酞（1%）指示剂，用氢氧化钠（50%）或硝酸（1+4）调节 pH 至红色消失。使用电位滴定仪检测氯离子浓度	洗涤沉淀时要少量多次，控制待测液体积在 120mL 以内
2.2	仪器操作	2.2.1　稳定仪器：打开电源，稳定 10min。 2.2.2　选择方法：按“③”键后用“↑”“↓”选择相应的方法，如图 5 所示。0.1mol/L 的 $AgNO_3$ 标准溶液对应的方法为“CL0328”；0.005mol/L 的 $AgNO_3$ 标准溶液对应的方法为“A41005”。 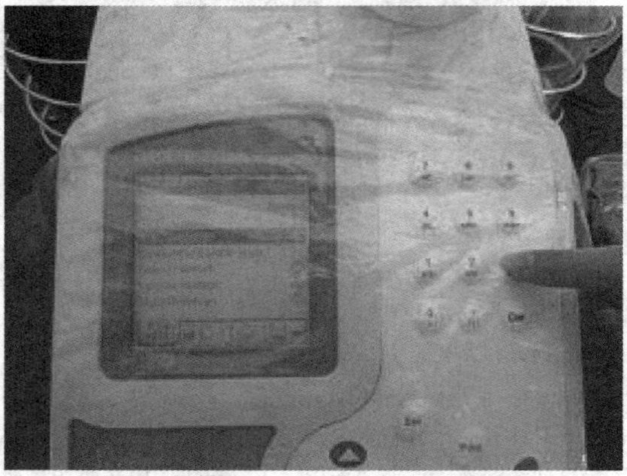 图 5	1. 电极及滴定管要保证干净再进行测量。 2. 电极发黑时要用氨水浸洗。 3. 称样量要记录到 0.1mg，称取试样质量与输入的样品质量保持一致

续表

序号	作业程序	操作内容	检查确认
2.2	仪器操作	2.2.3　测定标准样品验证仪器状态。 2.2.3.1　标准样品制备：5.0000g/L的氯化钠标准溶液，将基准氯化钠在600℃马弗炉灼烧2h，冷却至室温后，准确称取0.5000g溶解并定容到100mL容量瓶中。 2.2.3.2　吸取1mL氯化钠标准溶液于待测塑料杯中，加入约80mL水，放入搅拌子，置于滴定台上调整滴定位置，待测试样的液面必须要浸没电极及滴定管。 2.2.3.3　按“①”键运行方法→在“User”栏输入名称“①”→“↓”输入0.005后按“√”键→“①”→“①”开始分析。 2.2.3.4　测定结束后先冲洗滴定管及电极并擦拭干净待用。 2.2.3.5　此时分析结果为60.52%±0.20%则说明仪器状态良好，可以进行试样测定。 2.2.4　测定试样：按“①”键运行方法→在“User”栏输入名称“①”→“↓”输入“试样的称样量”后按“√”键→“①”→“①”开始分析，分析结束后检测结果自动出现在屏幕上，按“①”保存，继续检测。 2.2.5　所有试验结束后，关闭电源，将电极放入电极液中，将放液口密封	1. 电极及滴定管要保证干净再进行测量。 2. 电极发黑时要用氨水浸洗。 3. 称样量要记录到0.1mg，称取试样质量与输入的样品质量保持一致
3	出具数据	记录下分析数据，进行Lims系统维护	

附　录

附表1　常用浸蚀剂

序号	试剂名称	成　分	适用范围	注意事项
1	硝酸酒精溶液	硝酸（HNO_3）1~5mL，酒精100mL	碳钢及低合金钢的组织显示	硝酸含量按材料选择，浸蚀数秒钟
2	苦味酸酒精溶液	苦味酸2~10g，酒精100mL	对钢铁材料的细密组织显示较清晰	浸蚀时间为数秒钟至数分钟
3	苦味酸盐酸酒精溶液	苦味酸1~5g，盐酸（HCl）5mL，酒精100mL	显示淬火及淬火回火后钢的晶粒和组织	浸蚀时间较上例快些，约数秒钟至一分钟
4	苛性钠苦味酸水溶液	苛性钠25g，苦味酸2g，水（H_2O）100mL	钢中的渗碳体染成暗黑色	加热煮沸浸蚀5~30min
5	氯化铁盐酸水溶液	氯化铁（$FeCl_3$）5g，盐酸50mL，水100mL	显示不锈钢，奥氏体，高镍钢、铜及铜合金组织，显示奥氏体不锈钢的软化组织	浸蚀至显现组织
6	王水甘油溶液	硝酸10mL，盐酸20~30mL，甘油30mL	显示奥氏体镍铬合金等组织	先将盐酸与甘油充分混合，然后加入硝酸，试样浸蚀前先用热水预热
7	高锰酸钾苛性钠	高锰酸钾4g，苛性钠4g，	显示高合金钢中碳化物、α相等	煮沸使用浸蚀1~10min
8	氨水双氧水溶液	氨水（饱和）50mL，H_2O_2（3%）水溶液50mL	显示铜及铜合金组织	新鲜配用、用棉花醮擦
9	氯化铜氨水溶液	氯化铜8g，氨水（饱和）100mL	显示铜及铜合金组织	浸蚀30~60s
10	硝酸铁水溶液	硝酸铁（$Fe(NO_3)_3$）10g，水100mL	显示铜合金组织	用棉花揩拭
11	混合酸	氢氟酸（浓）1mL，盐酸1.5mL，硝酸2.5mL，水95mL	显示硬铝组织	浸蚀10~20s或棉花醮擦
12	氢氟酸水溶液	氢氟酸（HF（浓））0.5mL，水99.5mL	显示一般铝合金组织	用棉花揩拭
13	苛性钠水溶液	苛性钠1g，水90mL	显示铝及铝合金组织	浸蚀数秒钟

参考文献

[1] 司卫华. 金属材料化学分析. [M]. 北京：机械工业出版社，2009.
[2] 刘天佑. 钢材质量检测. [M]. 北京：冶金工业出版社，2007.
[3] 甘峰. 分析化学基础教程 [M]. 北京：化学工业出版社，2007.
[4] 张慧波，韩忠霄. 分析化学 [M]. 大连：大连理工大学出版社，2006.
[5] 赵泽禄. 化学分析技术 [M]. 北京：化学工业出版社，2006.
[6] 张燮. 工业化学分析 [M]. 北京：化学工业出版社，2003.
[7] 钟国清，赵明宪. 大学基础化学 [M]. 北京：科学出版社，2003.
[8] 王英杰. 金属材料及热处理 [M]. 北京：机械工业出版社，2007.
[9] 郭文录，袁爱华，林生岭. 无机与分析化学 [M]. 哈尔滨：哈尔滨工业大学出版社，2004.
[10] 王戟. 金属材料及热处理 [M]. 北京：中国劳动社会保障出版社，2004.
[11] 谭湘成. 仪器分析 [M]. 北京：化学工业出版社，2001.
[12] 宋卫良. 冶金化学分析 [M]. 北京：冶金工业出版社，2008.
[13] 北京矿冶研究总院测试研究所. 有色冶金分析手册 [M]. 北京：冶金工业出版社，2004.
[14] 邓珍灵. 现代分析化学实验 [M]. 长沙：中南大学出版社，2002.
[15] 吴诚. 金属材料化学分析300问 [M]. 上海：上海交通大学出版社，2003.